U0685868

我
们
一
起
解
决
问
题

治愈系
心理学

童年之谜

了解儿童内心世界的
心理学指南

［以色列］罗尼·索兰（Ronnie Solan）著

丁瑞佳◎译　　张沛超◎审校

人民邮电出版社

北　京

图书在版编目（CIP）数据

童年之谜：了解儿童内心世界的心理学指南 / （以）
罗尼·索兰著；丁瑞佳译. -- 北京：人民邮电出版社，
2020.1
（治愈系心理学）
ISBN 978-7-115-52290-0

Ⅰ. ①童… Ⅱ. ①罗… ②丁… Ⅲ. ①儿童心理学
Ⅳ. ①B844.1

中国版本图书馆CIP数据核字(2019)第225691号

内 容 提 要

本书从发展心理学和精神分析的视角，细致解读了儿童生命初期的情绪发展理论，指出自恋有健康和不健康之分，并对健康自恋的发展与形成过程做了详细阐述。本书内容可以帮助父母理解孩子的内在心理过程、孩子的情绪记忆及其对以后关系的影响，让父母学到落地的儿童心理学知识，真正按照孩子的心理发展规律教育孩子，给孩子提供相应的帮助与指导。

本书也解读了原生家庭如何对人产生影响，又是如何产生影响的。作者指出了这种影响在伴侣之间互动及育儿过程中将会起到什么样的作用，同时指出应如何对原生家庭的影响进行觉察，以便能够终止这种"原生家庭神话"，真正吸纳原生家庭的资源，摈弃原生家庭的劣势，为孩子创设一个不同的成长环境。

本书适合父母、老师、心理学工作者，也适合所有希望了解儿童成长规律及其对人的持续影响的人群阅读。

◆ 著 ［以色列］罗尼·索兰（Ronnie Solan）
　　 译 丁瑞佳
　责任编辑 柳小红
　责任印制 彭志环

◆人民邮电出版社出版发行　　　北京市丰台区成寿寺路11号
邮编 100164　　电子邮件 315@ptpress.com.cn
网址 https://www.ptpress.com.cn
涿州市般润文化传播有限公司印刷

◆开本：700×1000　1/16
印张：24　　　　　　　　　　2020年1月第1版
字数：310千字　　　　　　　　2025年10月河北第14次印刷
著作权合同登记号　图字：01-2016-8602号

定　价：89.00元
读者服务热线：（010）81055656　印装质量热线：（010）81055316
反盗版热线：（010）81055315

献 给

激发我写作的海姆·索兰博士，

我挚爱的丈夫及终身伴侣！

说　明

　　★本书英文版翻译编辑为伊恩·德雷尔（Ian Dreyer），科学编辑为露丝·希达洛（Ruth Shidlo）。

　　★在整本书中，凡泛指婴儿、儿童或成人——即不涉及某个特定的有名字的人时，性别代词（例如，他／她；他的／她的）统一使用男性代词。这是为了确保文章的一致性，以免读者揣测文中泛指代词所指对象到底是谁。当涉及特定的性别（例如，母亲、父亲）或者临床个案时，则使用相应的特定性别代词。

创立家庭的爱在文明中依然保留着其威力……它执行着将为数众多的人相互结合起来的任务……在陌生人之间产生了新的纽带。

——弗洛伊德
《文明与缺憾》（*Civilization and its Discontents*）

推荐序

勘破童年的秘密揭示幸福的秘诀

能够审阅自己的老师和朋友、索兰博士的这本《童年之谜》译本并为之作序，我感到非常荣幸。

本书首先以希伯来语（以色列的官方语言）写就，后来又被翻译成英语，读者现在阅读的译本是由我的朋友丁瑞佳精心翻译的。作者罗尼·索兰博士出生于以色列，在瑞士求学取得儿童心理学博士学位并接受了精神分析培训，后回到以色列，成为一名临床心理学家和精神分析师，并在特拉维夫大学及以色列精神分析学会任教多年。她曾受教于多位知名的心理学家，例如，让·皮亚杰（Jean Piaget，1896—1980）——儿童发展心理学大师、瑞士精神分析学会会员，雷内·斯皮茨（René Spitz，1887—1947）——儿童发展精神分析学家，雷蒙德·德·索绪尔（Raymond de Saussure，1894—1971）——语言学家索绪尔的儿子、瑞士的第一代精神分析师，等等。索兰博士精通英语、法语和希伯来语，并以这三种语言发表过许多论文和著作。也正因如此，本书涉及的内容全面而丰富，换言之，本书不仅多次参考精神分析的各种经典著作，也吸收了目前儿童实验发展心理学和神经科学的最新进展，并兼顾了盎格鲁撒克逊系精神分析和拉丁系精神分析的见解。

正如作者本人在书中所说：

《童年之谜》是我的理论创新与临床实践的结晶。这本书有助于澄清个体早期的心理体验，以及它们如何影响婴儿的正常或病理发展路径的演化。它还关注童年体验如何在成年、伴侣和父母身份中得到体现。我的理论来源于我多年来对公认的精神分析和心理文献以及我对临床工作的理解，两者相互借鉴，相辅相成。

作为一本专业著作，本书以自恋的发展与谱系为轴，整合了自弗洛伊德至斯特恩的儿童心理发展理论，聚焦于口欲期和肛欲期（预计索兰女士会推出论述俄狄浦斯期及其之后的专著），探索了儿童的认知、情绪、客体关系与自体、主体间发展的各个方面，不可谓不精深。作为一部创新之作，索兰博士巧妙地将免疫学的概念引入到对自恋现象及病理的理论中，提出了"自恋免疫系统"理论，并且将之细分为自恋有益图式、自恋伤害图式、自恋破坏图式，用来解释各种正常及异常的发展现象。这显示了其师皮亚杰对其的影响，也拉近了我们与大师的距离。在我个人看来，这是自科胡特之后，有关自恋现象及病理的最具整合性和创意性的理论。本人虽然在本科时学过免疫学这门课，读硕士时学过有关皮亚杰的专题，但从来没有从这个角度思考过问题，老师的理论让我耳目一新，对很多疑难个案都有了更深刻的认识。例如，边缘型人格障碍的来访者，似乎处于一种特殊的"自恋免疫亢进"的状态。我相信，各位同道都会从索兰博士的理论中有不同的收获。

本书虽然精深，但仍适合相关领域的人员阅读，如早教工作者、社会工作者、儿科医生及儿童精神病学家等，因为本书涉及的人物和所参考的文献几乎可以深入到从精神分析角度看待儿童心理发展的各个方面。即使是一般读者，包括父母和准备成为父母的人，都能从贯穿全书的一系列故事中获益。索兰博士以夹叙夹议的风格娓娓道来，在书中叙述了很多故事，有些是有关其本人及家人的，有些是她所观察的婴儿和儿童的，有些则来自她超过 50 年的临床实践。这些小故事的存在，不仅佐证了索兰博士的理论，也增加了本书的可读性。哪怕暂时不能深刻理解书中的理论，读者至少可以感到，这些或许也发生在自己生活中的故事是可以理解的，也是正常的。

在全书的最后，索兰博士以一句深情的话总结——

爱，和工作或任何有创造性的事业一样，都隐含了我们幸福的秘诀。

读罢此句，我不禁想起在以色列时与老师共处的温馨时光，她是如此温暖、亲和，让人能够完全放松，从而自然产生创造性。她是一个幸福的人，也将这样的幸福带给了许许多多人，现在她也将之呈现在读者面前。

张沛超

哲学博士

精神分析师

2019 年 10 月于深圳福田

英文版序

在本书中，临床心理学家、精神分析师罗尼·索兰（Ronnie Solan）将她对儿童发展的解析置于我们面前，在随后的章节中，我们会看到她以一种新鲜、有趣的视角，对自我、自体及其与他者关系的动力学进行了深入的研究。索兰在精神分析、个人成长和专业上都受到让·皮亚杰（Jean Piaget）的影响，将自己作为观察者的特殊敏感性运用到工作中。在心理治疗性关系（临床或督导）中，索兰的方法帮我们对父母和孩子、夫妻和伙伴间的人类关系的挑战有了更深入和更广泛的理解。

在对后弗洛伊德学派关于儿童早年性心理发展模型进行详述和更新的一系列努力中，艾琳·乔斯琳（Irene Josselyn）的经典著作《儿童社会心理发展》（*The Psychosocial Development of Children*）会首先进入我们视野中，然后就是近些年转向实证研究的代表性人物丹尼尔·N·斯特恩（Daniel N. Stern），以及由约瑟夫·玛斯琳（Joseph Masling）和罗伯特·波恩（Robert Bornstein）所收集的论文集。他们每一位都强调了整个阶段至关重要的一个新板块，但近期没有人试着对弗洛伊德最初的阶段理论重新总结归纳。即使是玛格丽特·马勒（Margaret S. Mahler）新做出的、具有标志性转折意义的对早年分离−个体化阶段的描绘，也需要用近年出现的对性心理发展的微观研究的修正见解进行重新调整。

1

我特别注意到法国各精神分析学派和后克莱因学派的著作所做出的独特贡献。事实上，在这些早期作品出版后的几十年里，在理解前语言期心理体验、镜像和审美领域、前客体关系、早期感知地图和初级心理包膜、内化和象征化的途径，以及心理化萌芽的精细维度和自体-他者的经验表征方面，我们经历了重大的改变。这些领域的进步扩大了我们临床工作可以"企及"的程度；反过来，临床成果也帮助我们提升理论。然而，目前仍缺乏一个在学术和临床方面同时具有灵敏性的概说，我们可以以此为基础收集和组合，并进一步完善这些发展，为我们提供一个适当的儿童心理发展的增强模型，用以指导学习精神分析的学生。

罗尼·索兰希望在这本重要的书中阐明的有关童年之谜，从本质上讲是在人类发展所固有的矛盾维度中显现出来的。这个谜并不总是被如此体验（也就是说，我们往往在童年时经历了一种早期的焦虑，而无法定位或具体化这种体验）；除了透过哲学家、诗人和心理治疗师的眼睛将其问题折射出来外，这个谜一般都不会被道出。然而，不管我们是否理解这一谜题，它确实于我们的内在搅动着——驱动着我们的发展，使其复杂或冲突，或完全妨碍我们——就像孩子们的成长过程，说话的主体（他们必须将让我们感受到差异性之前就存在的语言模式内化，我们也必须通过语言才能够明确地表达我们自己），以及关系中的伙伴双方。同样的道理也适用于精神分析学家和心理治疗师的工作，他们在治疗过程中挣扎着寻找和表达出在治疗过程中展现出来的独特而又常常相互矛盾的关系品质，对他们来说，内心和主体间动力学的神秘特质是工作的中心。作为心理治疗师，考虑到我们的实际目标，我们不太能让童年的谜团不经探索或只是个隐喻。

我很幸运地注意到罗尼·索兰对这个问题的思考，她的研究成果最早是以最恰当的形式发表在《儿童精神分析研究》（*The Psychoanalytic Study of the Child*）上的。很明显，她捕获了自恋最基本的健康作用，即自恋可以作为一种必要的心理缓冲，用于缓解在自体的分离（separateness）和联合（joinedness）[索兰称之为 "联合性" （jointness）] 之间的持续运动中存在的痛苦。尽管海因茨·科胡特（Heinz Kohut）在20世纪70年代末写了有关自恋的革命性著作，但其对自恋的主要观点是将之视为一种病理性表达，因此索兰的观点仍是新颖的。有意思的是，因为能够将罗尼·索兰作品中表达的内容与徘徊在我脑海里的内容和工作联合起来，这鼓励我邀请她参与我正在编辑的文集，从而进一步探索她的研究，也是这种探索让她产生了 "待不熟悉为友" （befriending the unfamiliar）的概念。

如前所述，童年之谜是一种令人困扰的悖论，可以说其描绘了人类的天性和作为人的体验；因此，这种神秘感是不容忽视的。事实上，索兰所关注的矛盾维度是一种双重现象或两极分化的现象。第一个维度——我们可能认为是外向型——我们的自体感是建立在差异性之上的，是模仿我们周围的其他人或 "非我" ，并且在整个生活和所有关系中保持这种对他者和自体（other than self）在数量上的敏感，这可以是令人愉悦的。第二个维度——最初是内向型的——源于这样一个事实，即自体从自恋的状态中浮现，完全没有差异性，我们通常称之为自私。在很大程度上，如果没有自恋性投入的补充，我们就不会拥有足够的自体感来将自己与他人进行区分。

这些相互独立但相互关联的张力很快变成自我（ego），尽管它们还不能被概念化。自我必须扪心自问，我们可以想象：为了保护自体，我们需要多少自恋，又要牺牲多少自恋，或者为了让我们欢迎、承认、善待他人他物，我们要屈服于多少其他的心理运作。古犹太圣人希勒尔（Hillel）问道："如果我不为我自己，那么谁将为我；当我只为我自己，我到底是谁？"

这个悖论在婴儿（如果不是胎儿）张开嘴的那一刻起就诞生了，因为婴儿体验到一个间隙，而外来的实体进入其中，婴儿对感官周围的刺激有所反应，特别是通过我们所知的皮肤这一有着双面孔（Janus-faced）的屏障——这基本上定义了口欲期。孩子再次体验到这个残酷的悖论，是当其更能意识到（口欲期的成就让孩子具备了这样的能力）食物和粪便在消化道内的存在以及身体更多入口的意义——这定义了肛欲期。性别、竞争性的性目标以及客体的多面性意象的增加将更早阶段的成就进一步复杂化和性欲化，这种双重效价的张力也呈指数级增长。在这里，我必须指出，索兰主要强调的是口欲期和肛欲期的分离–联合，而且有时读者会很明显地感觉到她不够重视俄狄浦斯期的作用；我们期待她通过进一步的工作来完成对随后发展阶段的概述。

这种双重悖论的角度极其重要。当代理论构建和临床经验告诉我们，自恋是一种"健康的"或规范的次级自恋，与仅将自恋这个概念视为一种病理性的心理状态不同，它并不是站在健康的自我感（selfhood）或与他人关系的对立面。最重要的是，自恋是用来遮盖、包封（隐喻性的包封，也可以作为自体被包含在内的包膜）并保护自体、调节其在与他人交往中的损耗的。

自体经验的乐趣与我们的容忍、寻求、享受或拥抱谜题（"悖论"并不是一个情感状态）的能力以及准确地关注那些表明谜题的强度或数量可能与很快超过安全基线的信号的能力直接相关。索兰用她独特的方式阐述了自体如何与这种两难进行斗争，她谈到了自体对差异性"待其如友"，在与他人的关系中创造了一种对差异性的熟悉感。她对这个词的使用是恰当的，因为"朋友"这个词的词根与爱和快乐这两个词① 的关联十分紧密。如果我正确地理解了索兰的想法，应该说，她描述的是

---

① 古英语 frēond 意味着朋友、情人或亲戚，与老撒克逊人的 friund、古高地德语 friunt（德语 freund）以及哥特式无限 frēogan 表示"去爱"同源。

一种保护装置，这个保护装置不断补充自体内在的尊严、敏锐和隐私，同时恢复与他人交往的能力。在她的理论的众多应用中，索兰慷慨地选择了我的一个研究领域，并强调了笑话和幽默感在根本上是如何被设计的，以保持一个保护的包膜，包裹着我们对差异性之谜的最早的感知。

在索兰的观点中——我认为新颖是至关重要的——自恋被重新定义为一个名副其实的自体免疫系统，阐述了弗洛伊德关于刺激屏障（或保护性壁垒）的最富有成效的概念。这使她能够进一步假设一个更广泛的自恋性自身免疫系统，在整个生命过程中持续运作，并且她能够区分这一系统的 11 种功能。健康和病理在舒适和高效的自体-他者的关系中——主要是在非自体刺激、实体和发展的世界中维持自体熟悉感的能力——现在可以被更准确地概念化为自恋免疫功能的不同水平和素质，除了其他因素以外，这取决于对这一系统的亚成分获得的成就进行内化的程度。

罗尼·索兰在本书中详细描述了这个迷人悖论中最重要的几个部分（这些直到现在也只是对其的部分描述），以减少本身童年/自我感（selfhood）之谜在我们内在激起的困惑感。我并非希望在此看到一个枯燥的、智力上的谜题最终被解开，而是一个深层次存在的结，它跨立于心理体验的核心——对自体和他者的体验——当跨越这个结的时候，我们会绊倒或者学会享受。

那么，地狱不仅仅是"他人"，这是萨特（Sartre）在他的戏剧《禁闭》（*No Exit*）中典型的误读。地狱不是另一个人，它不是"在那里"；地狱是自体不可磨灭的差异性部分。这种原则上的精神焦虑源于一个事实，即自体永远都神秘地预示他者；我们不可避免地将自己视为他人意识世界中的一个客体，并且语言的神秘特质使我们无法对之完全辨别或破译①。这个谜既是陌生的，又是熟悉的，索兰认为，自恋发展的任务就是帮助自体维持一个平衡。

　　童年之谜、自体与自恋及他人他物之间关系的谜团，可能与很久以前引起弗洛伊德注意的体验范畴相似，也自此一直令人关注。我在想离奇、可怕的体验，奇怪、陌生感以及朋友的反义词……一些让人同时感到知道和不知道、熟悉和不熟悉的奇妙感和神秘感。我们一般能意识到，我们不能很轻易地冲淡这种奇怪的不安感和恐惧感，并期待这种神秘感由坚持"它是什么"这个结论激活。如果一个人把这种经历强加到一个绝对的二分式框架中，就会扭曲其真实的价值，就像唐纳德·温尼科特（Donald Winnicott）巧妙地告诫我们不要强迫孩子宣称他是否找到了或创造了过渡性客体一样。这样做将破坏所有关于过渡性经验的特别之处，并最终阻碍象征化的发展。此外，任何过早或不自然地修改包含精神发展特定维度的"神秘"或"谜"之体验，都将导致缩减、麻木或偏执性妥协。正如索兰所定义的那样，自恋免疫系统保护谜团柔和而光亮的品质。

　　我将引用下面这段话来结尾。这是令人耳目一新的，它与自体、自恋和他者之谜间具有间接却不可避免的相关性。下面这段话是弗洛伊德所写的一段很酸楚的人生经历，那是在众多的精神分析文献中（令人难以理解地）被遗落的珍珠。

---

①　与索兰看待自体、自恋的作用谜一般的品质相似，尚·拉普朗虚（Jean Laplanche）认为从纯粹的病理学范畴对"诱惑"的评估，我们能够更好地理解其在精神发展最早的架构中的基本作用。在此不能进行详细的讨论，我只说说，不同于弗洛伊德的原始或经典的"一般诱惑理论"，拉普朗虚强调另外一个成人以及这个成年他人的潜意识在孩子形成其心理装置过程中的关键作用。在拉普朗虚看来，特别让人想起拉康，那些基本的内在能动性——自我、潜意识和超我——在某种程度上被视为次要于原始、神秘的他人铭文（由语言传输的），而自身的特异性是源于婴儿试着掌控、象征和"翻译"这些铭文获得了部分成功和必要的失败所得。拉普朗虚的观点和索兰对自体-他者和分离-联合之谜"待其如友"的概念交叠的部分值得更进一步的探索。

因为"双重"（double）的神秘效果也属于［对神秘的研究］，有趣的是未经请求和不被期待地遭遇自己的意象是什么效果……我一个人坐在火车卧铺小隔间中，当火车比平时颠簸得更加猛烈时，邻近清洗间的门在用力摇晃，一位上了年纪的绅士穿着睡衣、戴着旅行帽进来了。我以为他是离开两个隔间之间的清洗间时走错了方向，误入了我的隔间。所以我跳起来，想让他找对地方，但我立刻意识到，那个闯入者只不过是我在打开的门上的镜子里看到了自己而已。我仍然记得我完全不喜欢他的样子，反而被我们的"双重"吓到……我只是未能识别［它］。然而，我不喜欢这种双重的感觉，这是一种古老的反应的残留痕迹，那种"双重"的感觉是不是神秘的？

当我思考弗洛伊德的错综复杂的例子时，他似乎也为我们提供了一种对分析性心理工作的浓缩式同构！我们也许可以重新构建私人隔间——暂停在两种心理状态之间，在跨越边界的梦幻模式中进行非空间穿梭——火车上隔间里打开的门上的镜子，和心理空间之间描绘的阈限，就是分析性框架概念的模拟物。短暂地偏离了习俗和礼貌的举止、心不在焉的心理、幻想中的心理，此时变得更能够被关注或理解。通过正常发展动力魔术般的退化，框架被设计来允许对某些人和某种差异感重复"自体"的"古老"的不友好的"痕迹"。在弗洛伊德的例子中，另一个人被暂时体验为一种离奇的双重；在其他时候，也有类似于旧事如新和似曾相识的轻度解离的经历，以及在急剧的精神病性体验中，想象一个孪生兄弟姐妹。我们习惯的"夜行衣"或包膜不能总是隐藏这个谜，或者把它凝结到我们能处理的情感方面的二分法、分裂、黑白价值观和礼节上。无论是怎样的内心冲突让弗洛伊德遭受了一种精神上的折磨和侵入性的我-他体验，罗尼·索兰会希望我们能"待其如友"。对分析师和病人的挑战在于逐渐重新学习如何容纳和结交这些经历，并恢复对谜更加友好热情的态度。

摩西·哈勒维·斯佩洛博士（Moshe Halevi Spero，Ph,D）

巴伊兰大学社会工作学院精神分析心理治疗研究生项目的教授兼主任

《以色列精神分析年刊》主编

本文选自该刊物

目　录

　　我写本书的目的是为了让读者了解，每一个成年人的背后都隐藏着一个孩童，这个孩童被认为代表了该个体早期生活经历的记忆痕迹的总和。我们每个人自身都包含有源于不同发展阶段的各种客体关系叙述的层层记忆痕迹。这个隐藏的孩童在我们的内心深处回荡，影响我们对当下情景的身体感觉和情绪反应。这对我们创建的新关系有很大的影响，诸如我们作为父母时和自己孩子的关系，以及各种形式的伙伴关系中的一方，等等。

　　写本书的想法源于我想与他人分享孩子从出生开始的情绪发展进程；这是一个令人振奋的主题，也是我多年带领的研讨会一直讨论的主题。这些研讨会是特拉维夫大学心理学家、精神病学家和社会工作者的心理治疗继续教育项目中的一部分。对我来说，这是对参加研讨会的数百名与会者表达感谢的良好机会，他们对我形成有关儿童动力学发展的新理论都做出了个人的贡献。我将在本书中阐明这一理论。我的有些观点已经在各种专业论文以及本书最初的希伯来语版本中阐述和呈现。

　　我的基本观点，用温尼科特的术语来说，即大多数父母都是"足够好"的，他们会根据自己的个性、自己的理解及其对孩子的爱尽最大努力为孩子付出。

……无论如何你都会犯错误，这些错误会被孩子看到并被其感觉为灾难性的，他们会试着让你为这些挫折负责，即使你对此并没有责任……如果有一天你的女儿要求你为她照顾婴孩，你会觉得得到了奖励。因为这表明她认为你可以做得很好；或者你的儿子想要在某些方面和你一样……

《童年之谜》揭示了婴儿在口欲期和肛欲期的早期心理发展及其对婴儿正常或病理性发展过程所产生的影响，以及父母对孩子情绪发展的影响。在情绪发展阶段所提到的年龄划分是被大家普遍接受的平均年龄，个体的发展阶段与之有些偏差也是正常的。将发展的不同方面之间进行切割具有某种程度的随意性，这是为了便于在教学中进行描述时可以更加清晰，也是为了让那些对分析和临床工作不熟悉的读者也能读懂。值得注意的是，在日常生活中，这些方面相互交织，很难客观地将之分开。

从临床观察和治疗中截取的例子可以帮助读者提高他们对早期发展过程的理解，也让他们了解隐藏于自身内在的孩童。

《童年之谜》集中在四个重要的主题上：自恋、自我、客体关系和分离-个体化。这些熟悉的基本概念在情绪发展中被整合和概念化在新的理论和临床术语中。

我的主要贡献在于将健康自恋的功能运作概念化，我将其视为一种情绪免疫系统，保护着我们自体的熟悉感、抵制任何挑战这种熟悉感的陌生或差异性。这种概念化将在生物免疫系统的语境下进行研究。此外，我建议重新审视自我的功能运作，包括适应机制和防御机制的区别，以及它们在口欲期和肛欲期的运作模式。这一区别将阐明，我们如何通过自我适应的功能运作来改进和实现我们的智力潜能（精神运动、认知和情感）、应对现实，以及如何保护自体抵御陌生感和随之而来的、可能破坏我们稳定性的恐惧和焦虑。

我也对正常的客体关系进行了新的阐述，并将其定义为"联合-分离"，即在整个生命中从出生时具有口欲期的亲密特征到肛欲期时具有的协调特征。这一阐述将表明，为什么我将原始母婴关系中存在的共生视为对客体关系的损害。

综上所述，这些概念有助于更好地理解正常情感发展的基础。它们还提供了洞察自恋功能和（可能导致自体易碎和脆弱、不成熟的个体化、自恋障碍和病理性现象的）客体关系受损的可能视角。

我所提出的创新的理论定义最早是在精神分析前辈的温室中由我的导师培育的，现在我在此基础上进行了延续。我知道，任何理论创新最初都会引起一种陌生感和抗拒感。与此同时，我希望我的理论方法能够得到充分的理解，它将有助于保持情感渠道的开放，以吸收熟悉的内容，也能待新奇如友，而不需要我回顾众所周知的理论立场。

在我的书里出现了很多婴儿、儿童和成年人。他们中的一些人展示出正常的发展过程，另一些人展现出情感障碍的发展过程。本书引用的治疗中的描述都是基于我对婴幼儿的观察，以及我对儿童、青少年、成年人和伴侣的临床和诊断工作。基于我多年的经验，依靠精神分析和心理动力学的理论背景，我选择了比较突出的例子（诚然是一个小样本）来说明我的理论。

为了保密起见，本书所提及的病人信息都很模糊。然而，对情感过程的描述、个人叙述和事件的顺序是真实的，所以过程的本质和关联性得以保留。我借此机会感谢我的病人，从他们身上我学到了很多。

第一部分

口欲期——亲密阶段：
从出生到 18 个月

Homo sum，humani nihil a me alienum puto

I am a man：nothing human is alien to me

我亦人也，人之事，焉能与我无涉？

——罗马剧作家　泰伦斯（Terence）

第一章

开端

清晨，肖恩（Sean）一路向前，从自己熟悉的母亲的子宫进入到一个崭新的世界——充满着光的陌生空间。这个空间里的生活环境与他曾经所习惯的地方完全不同。来自母亲子宫和出生这一瞬间的感官刺激，作为生活初始体验的记忆痕迹被永久地铭刻在心，也为他区分熟悉和新世界中的陌生与新奇奠定了基础。

情绪生活的开端

我们惊叹于胎儿在母亲子宫内的成长。胎儿原是由两个完全不同的细胞结合而成的，这一结晶具有与两个祖细胞相似的特征，但又和它们有所不同。母亲和胎儿是两个独立的实体，却共享着一个空间——子宫，他们通过脐带和胎盘相互连接。有时候，胎儿睡着了，母亲醒着，母亲会焦急不安地想，为什么胎儿不动了；有时候，母亲睡着了，但是胎儿却醒着，干扰母亲的睡眠。然而，母亲时不时否认胎儿的可分离性，并试着去感受它融合在自己体内，仿佛他们结合成了一种独特的实体。这种人与人之间从分离到结合的流动持续贯穿于整个生命过程中。

母亲十分留意胎儿运动和反应的节律，并对其进行解释，通过抚摸肚皮或唱歌与胎儿交流。母亲通过腹壁形态的改变来观察胎儿的活动，也可以通过超声波对其进行观察。她开始了解胎儿，试着想象它出来时长什么样。当她在"设想现实"的时候，借用布伯（Buber）的说法，她将自己不熟悉的胎儿变成了一个更加熟悉的客体，期待着能将宝宝抱在怀里的那一刻。这一刻，她对宝宝的爱汹涌而至。

子宫中的胎儿受到子宫内心理环境和母亲情绪状态的影响，但是胎儿没办法理解这一切。虽然如此，子宫是它所熟悉的地方，在封闭的空间里移动、生存，一种熟悉和幸福的感觉在胎儿心中升起，直到它完全准备好来到这个世界上。

现在，新生儿进入一个完全不同的陌生世界，他被迫靠自己呼吸。哭声从他的喉咙里释放出来。他大概感到自己也是陌生的，并且从一个全新的、不熟悉的视角与母亲邂逅。毫无疑问，对新生儿来说，这是很具有戏剧性和创伤性的时刻。在面对新的陌生世界时，他完全依靠父母的帮助才能生存并保持自己的自体熟悉感（sense of self-familiarity）。

在母亲看来，分娩阵痛和宫缩意味着分离过程：胎儿从她体内出来，与子宫分离，她最终与新生儿相遇。他全新的存在与母亲之前的想象完全不同。母亲不再依赖于胎动（这种运动的活力曾经给她安全感）来感知孩子，而是不得不专心留意孩子，留意他在子宫外是怎么做的。她从全新的角度来看待自己的后代——不再是"体内"的胎儿，而是"体外"的宝宝。这次相遇充满了不确定性、忧虑和快乐，也伴随着身体的疼痛、情绪和荷尔蒙的爆发。

父母带着他们所有的生活经验留心地照看着需要全天候看管的新生儿。尽管他们为宝宝的到来已经有所准备，但这种不熟悉的相遇还是具有其复杂性。为了在新的情绪状态中体验到更多的熟悉感、信心和掌控感，父母会寻求指导者，也会回忆起类似的过往经历。连接到父母自身的情绪历史及其根源让他们都有一种与自己独特过往的直接连续感，还能感到与夫妻、孩子的伙伴关系以及他们共同的未来。除了继承父母遗传基因之外，孩子还延续着代际间的历史遗产。

孩子的出生赋予了我们一个新的头衔——母亲和父亲。娜塔莉（Natalie）是家庭的第一个孩子。她的到来让家庭生活发生急剧的变化，父母感到自身责任重大。在感到极大的快乐的同时，他们也变得敏感和脆弱，有时候也被疲劳和焦虑感所淹没。他们能成功应对手头的难题、确认孩子的需求、对其予以回应、保护孩子不受所有的伤害吗？

三天后，娜塔莉离开了产科病房回到家。家是父母所熟悉的地方，对她而言却是陌生的。在生命的头几天，娜塔莉尝到了初乳的味道，但现在奶水从母亲的乳房喷涌而出，味道和稠度都改变了。娜塔莉拒绝吮吸，开始"逃离"到睡眠中。同时，母亲的乳房开始堵塞。娜塔莉带着强烈的饥饿感醒来，却发现很难将自己附在乳头上吮吸。为了生存，娜塔莉爆发出令人心碎的哭声。父母试着安抚她，却未能成功。他们可能会感到无助。他们发现，奶水稠度和味道的轻微不同都会激起娜塔莉的陌生感，这让他们难以掌控。

从出生那一刻起，宝宝对周围以及自身体验到的任何变化都是非常敏感和脆弱的。我们现在知道身体接触，如拥抱和亲吻、摇篮里有节奏的摇晃、说话和唱歌、闻嗅和照看以及定期按摩①等，有助于提高孩子的免疫功能并形成孩子和父母之间的情感纽带。渐渐地，孩子感到自己熟悉的自体感开始结晶，伴随着一种自我认同、自体连续性、自体恒常

---

① 母亲为婴儿提供的轻柔的抚摸、关心、照看、熟悉而有节奏的按摩能够唤起婴儿的感官系统，激活其大脑中和发展过程中的大量神经元，影响着婴儿的免疫能力。反之亦然，缺乏刺激会导致大脑活跃的神经元退化，孩子更倾向于自我毁灭（如前所述）。进行婴儿观察的研究人员发现，给婴儿按摩不仅有利于生理免疫系统，还能促进体重平衡增长、规律的睡眠模式以及疼痛缓解。

性和客体恒常性的感官感知——所有这些最终发展成为安全感。孩子在改变的环境中开始将自己视为熟悉的、区分于让他感到陌生的一切（非自体）。

幸运的是，我们拥有与生俱来的情绪"救生包"（生物生存系统的一部分），它包含发展所需的天生感官-情绪潜能和控制、调节的作用机制。这伴随我们终生的"救生包"受我们与父母和环境的关系的影响而更加复杂。情绪救生包受三种情绪系统的支持。

1. **情绪免疫系统**（emotional immune system）代表着健康自恋的功能运作，健康自恋的功能是捍卫熟悉感以及自体（self）的良好状态不受外来感觉的侵犯。免疫作用在被熟悉吸引和拒绝陌生新奇之间摇摆，换句话说，就是在既定熟悉的良好状态和面对陌生的警觉间踌躇。

2. **情绪自律系统**（emotional self-regulation system）代表着自我（ego）的功能运作，自我的功能是调节驱力和情绪，通过挖掘潜在的智力（其精神运动、情感和认知的成分）来管理适应性和防御机制。这种调节性的过程在情绪骚动和情绪克制两极间摇摆。

3. **情绪依恋系统**（emotional attachment system）代表着客体关系的进程，客体关系的功能是创造带有情感交流和人际交往特征的依恋，并维持和他人的关系，尽管彼此之间有着差异性和不可避免的利益冲突。这种依恋过程在个体化和依恋两个对立的状态间摇摆。

这三个系统的和谐、交互运作，有时候很难追溯或区分来自于其中哪一个的单独作用。这种区分在某种程度上很武断，却是因教学目的而为之。在本书的两大部分中，我会从三种情绪系统的功能运作来纵览口欲期和肛欲期（前性器期两个阶段）的发展。

精神分析有关自恋和客体关系的概念回顾

我提出的创新性理论构想是在现有精神分析发展概念的基础上的延续和扩展。从开始我就想强调一点，我认为的自恋与我们所熟知的自恋在概念上并没有本质的区别，但我认为区分健康自恋突出了自恋的新特性。借鉴早期文献，我会阐释这些精彩主题的主要内容，即在我的临床工作中呈现的自恋和客体关系的主题，并解释先前概念化的主题和我提出的理论之间的关联及连续性。

对我而言，自恋和客体关系在以下四个方面对我的精神分析理论构想发展具有重要作用：

1. 自恋的概念；
2. 保护自体免受外来刺激的需要；
3. 自恋、自体和客体关系；
4. 健康自恋与病理性自恋对比。

接下来我会讨论和这四个方面相关的重要文献。首先简单介绍这些理论背景是如何形成我的概念化构想基础的。我选择的是对我的精神分析性思维影响最大的文献。

自恋的概念

自恋的概念从古希腊神话而来，年轻的那喀索斯（Narcissus）爱上了池塘中自己的倒影。自弗洛伊德在其理论中强调自恋的重要性后，自恋的概念就同自体爱（self-love）联系在了一起。哈弗洛克·艾利斯（Havelock Ellis）是首位将神话中的自恋和心理学上讲的自恋相关联的人，他采用了"水仙样"（narcissus-like）这一术语。纳克（Nacke）提出了"自体爱"（love of the self）这样的措辞，并用在对性倒错的研究中。1910 年，弗洛伊德在对倒错和同性恋的临床研究背景下探讨了自恋。兰克（Rank）将自恋视为对身体之爱的正常发展，是一种自负和自体欣赏。弗洛伊德又补充了自恋的起源性（发展性）内容，假定它是力比多发展的一个阶段（自体和客体间还没有清晰界限的阶段），同时也是一种动力因素（自我被体验为力比多客体，让个体可能为之骄傲甚至爱自己）。

从 1899 年至 1914 年，自恋这一领域的核心主题是"初级自恋"，即力比多投注在自我和理想自我（自我还未从自体中分化）上。弗洛伊德说："从这个意义上来说，自恋不是倒错，而是对自体保存本能的自我主义的力比多补充物，可能被认为对每一个生物都是合情合理的方法。"在情绪发展的过程中，力比多也被指向客体（次级自恋），弗洛伊德认为力比多从投入到客体上撤回而投入到自体/自我上构成了病理性自恋的基础。所有形式自恋的共同特质（正常的和病理的）都是对自己的爱，引申到对自己身体或者将自己作为性对象的爱。

弗洛伊德所称的初级自恋和次级自恋的概念都涉及三种现象：客体的选择、关系模式、理想自我（自此，自尊的概念事实上已发展为自恋的同义词）。从这层意义上来讲，力比多投入单独指向自我/自体或客体引发理想化、全能感和迷恋之间的至高欢欣体验。当从表面上看不再需要外在客体时，可能也激发了被定义为幸福的极乐状态。

早在 1908 年，弗洛伊德声称，没人会放弃任何东西，更确切地说，只是用其他东西将其替代。随后，他甚至补充道："人并不甘心放弃童年时期的自恋完美主义。"

杜鲁兹（Duruz）认为，没有形成自恋理想，就没有心理生活，而理想的目标就是所谓的原始极乐自恋王朝的复辟。弗洛伊德将自恋的源泉（这种极乐的状态，带着"广阔无垠感"和得意扬扬）定位于子宫期

（单孢体），视其为正常发展过程的连续。

保护自体免受外来刺激的需求

1950 年，弗洛伊德沉浸于神经系统中刺激的渗透性和不能渗透性及其与感知和记忆的关系的问题之中。他创造了"刺激防护屏"（protective shield against stimuli）这一概念，并将该概念中滤除刺激的目标视为自体保存（self-preservation）的本能。

在弗洛伊德之后，很多心理学家提出不同的术语来表达自体保护的需求，例如，比昂（Bion）的"容器客体"，卡恩（Khan）的"作为防护屏的母亲"，温尼科特的"抱持的母亲"，比克（Bick）的"精神皮肤和第二层皮肤"，伊斯曼（Esman）的"甄别机制"，安吉欧（Anzieu）的"自我-皮肤""精神包膜"，塔斯廷（Tustin）的"保护壳"，乌泽尔（Houzel）的"薄膜、家庭外衣、结构稳定性"，等等。赛明顿（Symington）认为，自恋具有对抗急性精神痛苦的保护性特征。

《论自恋》（On Narcissism）是弗洛伊德最富深刻见解的文章之一，他揭示："众所周知……一个人经受了器官的疼痛和不适，会放弃对外在世界一些事情的兴趣……在康复以后再次生发出来。"马勒也描述了类似的观察，她指出，在母亲离开房间时，孩子撤回到自己的世界中，显然沉浸在之前自己与母亲同一性或亲近状态的记忆中，呈现出来的状态就是对周遭的兴趣减少，并试着维持其情绪平衡。

安吉欧构建了精神包膜和自我-皮肤的概念，内、外在刺激在其上留下记忆的痕迹，经由它们相互连接产生一种本体感受①和感觉的感知地图。这种感知地图是区分内在与外在、熟悉与陌生的基本框架。自

———————————
① 本体感受（名词）：源于拉丁语 proprius（自己的）+receptive（善于容纳的）。本体感受刺激是一种感官的内在体验，与身体的位置和运动相关联。

我-皮肤则促成自体的安全界限。安吉欧进一步认为，旨在保护自体的自我-皮肤也受到孩子死本能中毁灭性成分的影响，且常常受到母亲具有的缺陷的影响，而这被视为孩子自恋整合方面的病原。

在这方面，克莱因（Klein）认为，自恋情形是与死本能相关的攻击性和毁灭冲动造成的结果。这种毁灭性活动引导婴儿（以及任何自恋型人格）投射其憎恨。当这样的情形发生时，他人被体验为一种威胁，婴儿则内化威胁性客体表征。汉娜·西格尔（Hanna Segal）发展了克莱因理论，详细说明了自恋结构是对死本能和嫉羡的表达和防御。

弗洛伊德试图在生理（神经）和心理过程之间找到一种共同的标准。联系到在神经系统科学中占支配地位的学说，帕利（Pally）强调"心理现象都源自于生理……是在神经回路中的事件"。在恒常高唤起状态中的神经回路创造了恒常的网络图式，代表着外在或内在感官刺激的记忆。神经回路之间的组合连接和不同的大脑中枢联合起来唤起"熟悉感"以及熟悉的历史连续性。

这些研究认为，记忆被编码并储存在神经网络中，已形成的索引印记为将新刺激识别为熟悉物提供了对比基础。马丁（Martin）表明，特殊的神经元接收器将恒常的刺激能量转换为神经编码，这种神经编码就是所有感官系统的"共同语言"。熟悉的意义归功于自体体验。桑德勒（Sandler）认为，感官整合的组织活动代表着"试图对到来的激励附上意义……依据过去的经验和将来的活动……形成一个内在的参照框架，通过这个框架来评估外在的世界"。另外，大脑自动持续加工感官刺激、匹配模式和产生观念。这样，模式匹配与心理分析有着特殊的关联性，特别是移情。如果当下的情形激活了一种与所存储记忆相类似的模式，那么，因为大脑仅仅寻求足够好的匹配，针对这两种不同的情形可能会得出它们是相同的这一结论。也正是因此，我们会倾向于看到我们之前看到过的东西。

汤姆金斯（Tomkins）和他的学生、同事内桑森（Nathanson）让我们关注依恋和客体关系心理表征中的关键元素——情感的重要性，作者称其以"浓缩的/抽象的编码"为特征。举例来讲，在讨论影响家庭的羞耻情感时，内桑森写道："每一次羞耻情感被激活，我们都被及时往回吸引，体会生命中与羞耻感相似或相关的表征，而不管我们是不是将事件识别为典型的羞耻。"其情感理论还触及其他方面："……回想的现象远不止于此……与曾经的羞耻感共同储存的回忆还有我们在受伤时让自己感到好些的所有方式……与情感密切相关的是我们对此的反应史。"

19世纪晚期弗洛伊德已经认识到生理和情绪系统有很多类似的特征。我的关注点在于生理免疫进程和情绪免疫系统功能之间的相似性。

免疫学者将生物免疫系统描述为遍及身体的细胞和组织的网状物，通过整体运作来保护身体，抵御入侵和感染。同样，我也将自恋进程构想为受熟悉所吸引及对陌生有所阻抗，健康自恋通过提供情绪免疫系统从而保护自体。除其他因素外，两者都依赖于完整的神经回路和大脑加工来达成最佳的功能运作。我们还能发现在生理自身对疾病的免疫和自恋免疫系统的病理特征之间的共同特性（见第六章防御机制）。

我将自恋设想为自体免疫，用以抵御外来者入侵自体熟悉感，其方式最初为抵抗不熟悉的刺激（包括个体的差异性），随后识别出陌生中根植的熟悉感并在其受到挑战和伤害后予以修复。几年后，布里顿（Britton）也提出假设，认为心理系统和免疫系统之间存在相似性。但他并没有特定地考虑与自恋特征相关的相似性。布里顿的观点让我的设想得到了支持：

我认为可能存在对其他心灵产物的过敏，类似于身体的免疫系统——一种心理上的过敏症……识别非我或者不像我，心理回应所履行的心理功能与躯体回应的类似……我们担心，当遇到外来心理信息时，维持自身现存信念系统整合性的能力会唤起伤害性的冲动。

弗洛伊德提出另外两种重要现象，即"自体爱"和"微小差异的自恋"，正是相似的人之间所存在的微小差异形成了他们之间陌生感和敌意的基础。三年后，他写道：

那些对陌生人感到的不加掩饰的反感和厌恶，我们将其识别为自体爱的表达，即自恋的表达。自体爱效力于个体的保存，表现得好像与个体独特的发展线有任何分歧时都是对其予以批判及要求其改变。我们不知道为什么这样的敏感性本该针对的正是这些差异的细节。

加伯德（Gabbard）认为，弗洛伊德提出的"微小差异的自恋"这一概念可以扩展为识别基础的自恋需求，即维持作为一个自主个体的自我感。在我看来，弗洛伊德的评论可能也反映了一种痛苦、受伤的状态或者因自恋对偏离熟悉的敏感所导致的异化感，正是这种偏离开启了对外来刺激的阻抗。

自恋、自体及客体关系

我认为自体感的出现受到作为自体熟悉感的自恋进程的免疫，自体和自恋都是在客体关系发展的过程中被激发出来并逐步发展的。

很多理论学家都将自恋与自体及自体表征或客体表征联系在一起论述，而客体关系、自体和自恋概念之间的差异看起来似乎变得比较模糊。

基于自我心理学的启示，哈特曼（Hartmann）第一次区分了自我和自体，也区分了理想自我和理想自体。哈特曼将自我定义为一种心理结构（带有不同功能的装置），自体是整体人格，而自恋则是力比多投注。这时候，自恋不是弗洛伊德所认为的存在于自我中，而是存在于自体中。自弗洛伊德后，我们持续地将自恋归功于力比多投注，而变量因素是自恋力比多投注的对象。安妮·赖西（Annie Reich）认为，自恋力比多投注于自体表征上，而非真实自体上，同时，她称，对自体的正性评估显然是一个人健康幸福状态的前提条件，此后，科胡特将自恋重新定义为发展自体中的正性投注。

在自体心理学的基础上，科胡特提升了自体的三个主导性问题：

1. 单独"核心自体"的存在，是自体所有成分的凝聚群；

2. 正常的心理发展依赖于自体的凝聚性，区别于自恋型人格障碍；

3. 维持自尊是对自恋脆弱性最佳的防御。斯特恩进一步阐释了"核心自体感"的概念，认为"（核心自体感）由整合而产生……四种基本的自体体验（self-experience）"，即自我能动性、自我统一性、自我情感性和自我历史感。

尽管大部分精神分析师都接受客体关系和自恋的相互影响及其对儿童自体形成的作用，但在有关早年客体关系模式方面依然存在观念上的分歧。有些精神分析师，如查斯特盖尔－史密尔热（Chasseguet-Smirgel）、斯特恩、埃姆特（Emde）、福纳吉（Fonagy）和塔吉特（Target）等，也包括我自己，认为新生儿从生命之初就开始将自己从非自体中区分出来。而有些精神分析师则相反，如科恩伯格（Kernberg）、马勒和麦克德维特（McDevitt）、科胡特、史托罗楼（Stolorow）及其追随者，他们认为，婴儿在生命早期并不能将自己从非自体中区分出来，就好像生活在与客体共生的融合或自恋的融合中。但大家都赞同自恋关系和自恋客体的选择是否认或拒绝自体和客体之间分离性的结果。

马勒形容初级自恋是在生命开始几周的"正常自闭"，此时，婴儿似乎是在一种原始幻觉般的迷失方向状态中，在这种状态中，需要的满足应归于自己全能、自闭的轨道。马勒认为，婴儿并不能区分自己和他人，尽管她宣称，婴儿试着摆脱不愉快的压力。从第二个月开始，婴儿在行为和功能运作上就好像他和母亲是一个全能的系统——共有的边界内一个双向的统一体。这种"正常共生"描述了未分化的、和母亲融合的状态，在这种状态下，我（I）还没有从非我（not-I）中区分出来。

科胡特认为正常发展建立在自体的凝聚性之上。作为婴儿的自体客体，如果父母在情感上能满足婴儿的需求，则婴儿能实现其正常发展。个体若不能感知客体的独立性，则极度需要或渴望自体客体的存在，以维持自体存活。科胡特及其追随者提出了自体客体从古老到成熟的发展路线。

福纳吉和塔吉特创造了富于启发的"心智化情境"概念，描述孩子反映、思考情绪情境的能力。他们认为，这种能力取决于父母是否能够从孩子独立性的角度来识别其需要被理解的内在世界。

健康和病理性自恋

大家普遍认可自恋是人类情绪系统发展的重要元素，但在我看来，精神分析文献中对以下问题并无足够的阐述，即自恋是如何运作的，其目的是什么，其重要性何在以及如何区分正常的自恋和病理性进程或行为。弗洛伊德将正常自恋视为自体爱，是为个体的保存而效力的，个体"从爱的客体（当其痛苦时）撤回力比多兴趣……康复后会再次生发出来……我们的行为应该正是以同样的方式进行的"。其他人认为的正常自恋的观点包括：自尊的调节；接纳一个人的不完美和理想的局限；在现实感知和正性自尊之间的匹配；在早年初始正性体验基础上的正性自体和客体表征；自体凝聚性的维持；结构化的凝聚力、暂时的稳定性和正性情感色彩的自体表征的维持；力比多投注在整合性的自体结构中；区分个体和他者的心理过程。

当自尊受到威胁并大大地降低，甚至被摧毁时，自恋活动就会被唤起，以行使保护、恢复、修复和稳定自尊的作用。这些可能被理解为持续性的补偿手段。

赖希强调，自恋本身是一种正常现象，只有在特定的情形下才会发展为病理。例如，当客体投注和自体投注之间的平衡受到干扰时，当客体投注不足或完全没有投注时，当对身体或特定的器官极大地高估时。自恋性病理在自尊调节方法运用上特别引人注目。史特罗楼还强调，健康自恋与不健康自恋在功能术语上的区分根据为其是否能成功维持具有凝聚性的、稳定的和有正性色彩的自体表征。麦克莱兰（McClelland）认为，自恋是人类正常心理发展和正常功能结构的一个维度。他在三个大的类别下讨论自恋，即经济、情绪快乐和情绪焦虑。

大部分专业文献都讨论了自恋的病理性。弗洛伊德将自恋描述为不正当的力比多发展。其后，他又认为次级自恋是病理的潜在来源，即力比多从客体退出投向自体／自我。

自 1960 年起，特别是 1980 年后，赖希、科胡特、科恩伯格和其他人都倾向于从人格障碍的角度来看待自恋。科胡特认为，这种病理并不在于自恋，而是由于在损坏或缺失的结构中不能维持自体凝聚力所导致的。他将人格障碍的病因学置于发展的更早期阶段，这个时期所遭受的沮丧、受挫或创伤（所有这些都涉及与发展需求相关的不同程度的共情失败）导致人格在脆弱的基础上发展。科恩伯格认为，病理性自恋通过紊乱的客体关系、通过防御来对抗整合（如力比多和攻击性之间的分裂）、通过依赖于外在环境来调节自尊这三个方式，从而将力比多投到了一个结构分裂的自体上。症状常常作为防御机制以抵御在受挫后呈现出的负性自体或客体表征。格林（Green）还描述了产妇抑郁时孩子所经历的哀悼过程，即对孩子而言，母亲物理上存活着，但心理上已死。他指出，这是一种"母亲已死"的状态。杰尔济（Gerzi）进一步阐述了创伤破洞（traumatic holes）的概念。

现在，我们回到生理免疫进程的概念上。免疫学家认识到中枢神经系统和免疫系统之间的联系。丹恩伯格（Dannenberg）和肖恩菲尔德（Shoenfeld）及其他人认为，免疫系统保护熟悉的、恒常的人类细胞蛋白质编码，识别并阻止有着不同蛋白质编码的外来侵入者，因为它们对身体细胞的完整性带来危险。费希尔（Fisher）将免疫系统定义为"细胞、组织和分子的集合体，其作用是保护身体不受环境中许多致病性微生物和病毒的侵犯……这种对微生物的抵御被划分为两个基本反应类型：先天免疫反应和适应性免疫反应。先天和适应性免疫可以被视为免疫系统同等重要的两个方面。从其名称就可以看出，免疫系统由细胞和组织构成，它们时刻存在并随时准备行动起来对抗感染现场的微生物。"先天/天生免疫系统在没有用到抗体时，会动用白细胞来毁灭侵入者。

适应性免疫系统用来对抗的致病菌则是能够规避或跨越先天免疫防御的。该系统随着人的发展而增强并通过对入侵者进行记忆就能在其再来时与之战斗。当免疫系统正常工作时，外来入侵者驱使身体激活免疫细胞来对抗它们，此时产生的被称为抗体的蛋白质依附于入侵者，这样就能识别并毁灭它们。一般来讲，与适应性免疫反应相比，先天免疫反应更加迅速，但持续时间较短。

我认为自恋是一个情绪免疫系统，立足于健康自恋所具有的先天功能运作良好的调控系统的特征。这一系统在和自我适应机制结合起来获得其适应性形式时会随之增强，从而让我们可以接纳和帮助建立新的熟悉感，这也是一个跟记忆相关的过程。当然，健康自恋还是建立在受熟悉吸引、对外来阻抗的基础之上的，这和生理免疫系统的进程非常相似。

自身免疫性疾病是指获得性免疫系统反应出现了问题。在自身免疫反应中，抗体和免疫细胞错误地将身体自身的健康组织作为目标，向身体发出信号来袭击健康组织。病理性的自恋也可以被视为情绪自身免疫性疾病，其症状和生理免疫性疾病非常相似。根据（生理）自身免疫的概念，即指免疫系统不能区分自体和非自体。这一发现可能构建了自体免疫、精神疾病和觉察受损之间的关联性，可能意味着一组精神分裂症病人亚群体会呈现出自身免疫过程的特征，这一理论受到不断积累的研究数据的支持。

免疫学家认识到中枢神经系统和免疫系统之间的关联，进一步的研究聚焦在心理神经免疫学（psychoneuroimmunology，PNI）上，即研究心理过程和人体神经及免疫系统之间的关联。

本人概念模型的理论背景总结

弗洛伊德铺陈的理论基础——在上述引用的精神分析性文献中已详细阐述——让我形成了自己整体上的精神分析性思路，也让我努力尝试去阐明健康自恋的根源。我想总结一下这些积累起来的知识如何促成我对健康自恋（见第二章）及正常客体关系中两个分离的个体间的"联合-分离"的构想（见第四章）。弗洛伊德提出在自恋和"作为每个人正常手段的自我保存"之间的联系，还有"自体爱的本能""力比多投注唤起极乐的体验，一种被定义为幸福的喜悦状态"。这些激发了我对自恋的正常运作或进程的思考，让我意识到其对我们自体保存和幸福康乐是如此关键。在正常发展中，胎儿持续着快乐的"万能感"，这激发了我的兴趣，发现天生自恋不仅能够维持现有生活的喜悦情感状态，其本身还被视为胎儿在子宫内的生活记忆痕迹的连续和重演，从而形成了健康发展的基础。

像先前所提到的，精神分析文献包含广泛的针对不同问题的参考文献，在这些不同问题中，存在着"对刺激的防护屏"或"精神防护包膜"的心理需求。我认为自恋的进程是为保护自体不受外来刺激的防护屏，因为外来刺激可能威胁到我们的幸福状态。这一进程揭示了自恋在区分任何非自体发出的特征方面的敏感性。弗洛伊德将这些对外来刺激的敏感性称为对必须与之互动的陌生人感到的"无伪装的反感和厌恶"。上述这些帮助我巩固了有关天生健康自恋的想法，它是独立的自体-熟悉感、自体-连续性的维持者，也是对外来刺激的防御者，本质上是对差异性的防御。作为一种自体-保存力量，自恋被与熟悉物间存在的或大或小的差异所激怒，被摆脱不愉快的意识和急性心理痛苦所激活。

一个受器质性疼痛和不适折磨的人，或者不能忍受母亲离开房间的孩子，只要他痛苦便易于从其爱的客体脱离或撤回力比多兴趣。弗洛伊德的阐释性评论让我深化了自己的观点，即在自体被伤害或创伤后，撤回到自己的"自体-独立-空间"是健康（生存）的需要。撤回意味着力比多投注于自体，这样，自体-熟悉感被保存，对非自体的差异性和对陌生性的痛苦感觉的入侵形成免疫（并使其缓解）。因此，自恋承载着调节和恢复"自体统一性"的任务，结局便是保留独立于客体的自体凝聚力、增强自体统整、恢复原初的幸福满足的自恋并维持情绪平衡。

弗洛伊德说："病人撤回其力比多投注到自我，在他们康复后会再次向外投注。"与之形成对比，我强调的恰恰是他（病人）的自体熟悉感得以恢复，使其对不熟悉的他物免疫，或者当他恢复时朝向自己或朝向客体的爱的感觉觉醒了。这一推导也说明了很多精神分析师都注意到的自恋、自体爱、自尊、客体爱之间的联系，还有那些自恋、理想化、迷恋和"幸福的快乐状态"的极乐之间的联系。

此外，自我-皮肤的概念作为对刺激的记忆痕迹的感知地图，引领我将自恋作为一种熟悉的感知地图或累积的情绪体验的记忆痕迹网络（其中大部分体验相互交织，提供了连续性和凝聚力）。

这一网络对将新事件鉴别为熟悉或陌生起到框架作用，因为其聚焦于先前"与母亲亲密"状态的记忆上。它为新的体验进行"过得去的匹配"提供支持，而新的体验又让我们再次"回看"我们之前的体验。通过匹配，一个人可以让其现实感知与其对自身潜在的可能性、不完美和理想的局限性的认识相吻合。

作为临床心理学家，心理生理领域并不是我的专长，但很多年来我都对弗洛伊德尝试寻找到生理（神经）和心理过程之间的共同点十分感兴趣。对我特别有吸引力的是情绪和生理系统功能的相似性，此外我也受到精神生理、心理生理研究、神经-精神分析理论的启发，所有这些引领我得出健康自恋是一种情绪免疫系统的结论。我从一开始就知道这些系统是依据相似的程序和"共同的语言"运作的。它们有共同的熟悉感原则；也就是说，被熟悉感所吸引和对陌生感拒绝。在这方面，我认可史托罗楼的说法，即之所以上演自恋行为是要保护、恢复和修复自尊，并保持自体凝聚性和稳定性。

我还能够看到自身免疫性疾病和自恋免疫系统病理特征之间的相似之处（见第二章）。借助于相似的自身免疫机制，自恋受损或创伤紧随而来，通过致命的错误，病理性自恋可能被表达为对自体的攻击，从而产生心理病理症状，如咬甲癖、自我毁灭行为、假性自体、自恋型障碍、人格障碍，甚至自杀。这就意味着一个人的自恋进程是在抵抗或大或小的陌生感/差异性的无能或失败，可能最终被表达为情绪自身免疫症状。

鉴于上述精神分析方法和我自己提出的有关自恋、自体和客体关系的理论假设，我饶有兴致地想要阐释正常客体关系的本质特征（见第四章）。有些精神分析师认为，新生儿及其父母将对方感知为非我的他人，我在自己的假设中也持这种观点。这不可避免地产生差异感，自体熟悉感便需要对此做出应对。

因此，我认为正常客体关系——联合-分离建立在父母意识到维持自我感（自动个体化过程）的基本自恋需求之一，这和天生的自恋对任何非我的阻抗和被非我中的熟悉感所吸引是一样的。在这种父母和婴儿之间以联合关系为特征的亲密之中，分离和界限的感知暂时被模糊了，之后便是恢复自体和客体之间的分离性。个体的自体熟悉感被保存在分离性中，随着其逐渐获得对客体差异性的耐受力，婴儿和父母天生的健康自恋得到增强。在亲密中，随着联合-分离的发展，其他领域也得到了增强，如正性自体、客体表征及正性客体关系和表征。

有些精神分析师，诸如马勒及其同事，在客体关系中将父/母亲-婴儿描述为共生状态，客体被个体视为自己的一部分，履行"自体-客体"功能。与我之前描述的作为自然天生与非自体的分离性不同，在这些不同的环境中，表现为自恋可能维持了参与者双方的自体熟悉感（即共生中具有自身免疫的融合自体客体）——阻抗任何可能挑战或者给融合的自体客体带来危险的刺激。在我看来，这构成了病理性自恋的根源。这里重申，健康免疫性系统表明自体对客体的分离性，同时也作为一个独立的实体保护自体免受他人损害，而自身免疫性病理维持的自体包含了融合的自体客体表征。

结局就是个体极度需要自体客体的存在以维持自身的自体存活，即意味着维持其自体凝聚性和自尊。这种情形可能导致客体关系紊乱，负性的自体表征或客体表征占优势——换言之，即我们通常理解的病理性自恋。用情感理论的语言来讲，负性情感可能是羞耻-耻辱、厌恶和恶心，而不是骄傲和其他正性情感占据主导地位。用躯体化体验（somatic experiencing，SE）的语言表述，便是"创伤漩涡"盖过了天生但更虚弱的"治愈漩涡"。

在借鉴和深入阐释上述文章的基础上，我认为健康自恋是一种天生的心理结构—— 一种情绪免疫系统。通过鉴别自体熟悉感的进程，个体的自恋为自体保存、自体调节、自体恢复奠定了基础，能够阻止任何非自体的外来入侵者，并通过在客体关系中促进联合-分离而得到增强。

第二章

自恋：自体的免疫系统

讨人喜爱的小小新生儿肖恩（Sean），从他所熟悉的母亲的子宫里出来，出现在一个完全不同的世界里。在予以保护的熟悉的子宫中，胎儿能够认识自己，将手指头放入嘴里，在羊水中绕来绕去，触到子宫壁。他感受到母亲有节奏的心跳，听到不同的噪声、声音（特别是母亲的声音和说话的语调）和音乐声，所有这些都被采纳为自体熟悉感的一部分。

和其他所有新生儿一样，肖恩的出生意味着迄今为止所有他熟悉的东西瞬间都改变了，变得奇怪而又陌生。与子宫中熟悉而封闭的混沌相比，外界的日光异常强烈。婴儿的体重及其感觉也与在羊水中时完全不同，任何触碰到他的东西对他而言都是不熟悉的刺激。肖恩从喉咙中爆发出哭声，他被迫运用自己的资源来呼吸、进食。新生儿体验到的是混乱和无边无际，并且对他而言，不存在逃回子宫里这一选项，所以他并没有熟悉的地方可躲。陌生人看上去是在入侵；这让他十分困惑，出生以及从一个世界到另一个世界的转变于是成为创伤性的体验。在毫无准备的情况下，新生儿在这些改变中是如何存活下来的？他是怎么"知道"在突然冒出来的新世界里给自己定位的？

如果我们想想宇航员在进入太空前做准备时要付出多少努力才能在宇宙飞船内外失重的情况下最大限度地控制好自己的动作、感官和周围的环境，那么大抵可以阐释新生儿突然从狭窄、熟悉的子宫转移到不熟悉的空间里所经历的过程；这个新奇的、扩展的世界具有新的节奏、次序和规则，一些"外人"居住于此，而新生儿将与他们共同生活。

自恋——情绪免疫系统

弗洛伊德称："对生物体而言，抵抗刺激的保护功能远比接受刺激的功能更为重要。"专业文献也证实了这一基本前提，即精神系统容易受到刺激的影响，需要防护物或保护膜来保卫自身（见第一章）。

多年来，作为分析师，我探究了自恋对儿童情绪发展的作用。我发现了健康自恋与生理免疫系统运作的相似之处。于是我提出了这样的假设，即存在着自恋免疫活动来保护和维持自体熟悉感，以抵御外来刺激。这一活动将源自内在和外在的类熟悉感（semi-familiarity）刺激吸收到自体熟悉感中。这一平行过程是极其吸引人的，因为它让我们可以理解正常自恋和熟悉的病理现象的发展。我之前提到两个免疫系统——生物和情绪——在生命之初就进行着类似的功能进程；也就是说，受熟悉感所吸引，对陌生感之抵抗（见第一章）。

让我们更深入地看看新生儿在出生时的情绪状态及其对外在世界的熟悉感。出于生存需要，新生儿依附于任何让他感到就像在母亲子宫里一样熟悉的迹象上。倚靠在母亲的胸前，他识别出母亲心跳的节奏和母亲的声音，那都是之前他在子宫里听到的。母亲的臂弯和包裹他的襁褓让人忆起包裹他的子宫壁，母亲的乳头唤起他出生前吮吸大拇指的感觉。

我用谢丽尔（Sheryl）及其儿子利奥（Leo）的故事为大家证实上述假设。"有人告诉我，胎儿的听觉是在 17 周到 24 周的时候开始发育的，所以我就当他能听见我的声音，能记住他听到的旋律。于是，我经常给他唱一首我喜欢的歌，也会常常和他'对话'。在我儿子出生时，产科病房的护士抱怨很难让利奥停止哭闹，可当他听到我唱这熟悉的旋律时，即使在我们去托儿所的路上，他也能立即平静下来。我相信是因为他听到了这首歌，我可以从他脸上看出来，他听这首熟悉的歌时十分专注，能够立刻停止哭闹——在产科病房如此，在家里更是如此。"

新生儿被这些熟悉的感觉所吸引，也会抛开陌生的东西，逃避到深睡眠中，那是一种涅槃和完美的体验，仿佛在他的世界中陌生感不复存在一般。

当我知道细尾鹩莺母亲对未孵出的蛋唱歌，教里面的胚胎"密码"（一种独特的符号，雏鸟如果想要被喂食就会在他们的求食声中涵盖这样的密码）时，我感到十分惊奇。雌鸟也会把密码教给他们的伙伴。教雏鸟寻求食物的密码帮助父母避免喂养冒名顶替的"骗子"。

在怀孕期间还存在另外一个有趣的生物免疫进程。胎儿原本对母亲的身体很陌生，所以在怀孕期间，母体的生理免疫系统中存在避免胎儿对母亲子宫排斥的机制。只有接近孕晚期直至生产过程开始的时候，胎儿才会像一个外来体一样被"驱逐"出去。

免疫过程引出一个有趣的问题：自恋是不是一个情绪免疫系统，让父母为其孩子所倾倒，把孩子作为"世界上最美妙的事物"？婴儿散发出来的味道让人心旷神怡，而其他人的气味则可能让我们感到厌恶。作为父母，我们爱孩子，即使他们和我们对自己所熟悉的体验不同。我们发现很难将他们视为独立的、不同的个体，虽然同时我们还是难以忍受其他人的差异性。只有在青少年晚期我们才开始接受孩子要离开家、寻求他们自己独立的道路这个事实，但即使到了那个时候，分离依旧和生产过程一样困难。

在正常孕期，除了出现某些特定的异常情况，我们很难知道胎儿在子宫里的体验。当其通过超声波或现代新生儿研究这样难得的机会呈现时，我们可以惊奇地发现婴儿出生后对在胎儿时期子宫内感知的潜意识熟悉感在产后予以重复的程度。

皮翁泰利（Piontelli）观察了双胞胎的宫内超声波，在一对龙凤胎的超声波中，她观察到女胎常常触及男胎，"但是大部分时候他必然将她推开"。她发现另一对龙凤胎中的男胎"通过分隔羊水膜……温柔地触碰到女胎的脸，当她因此转过脸来朝向他时，他很轻柔地脸颊对脸颊进行触碰"。"在 1 岁的时候，他们最喜欢的游戏就是藏起来，在窗帘的一边，窗帘就好像那一层分隔羊水膜一样。"皮翁泰利总结道，"气质和行为在出生后以同样的方向持续着。"也就是说，第一对双胞胎持续避开接触，而第二对双胞胎持续进行深情接触。

弗洛伊德描述这样一项不可思议的观察时曾写道："比起我们所认为的人在出生那一刻引人注目的停顿，胎儿在子宫内的生活和婴儿初期之间的连贯性更甚。"

来到新世界的新生儿拥有其天生的遗传性、基因组成以及基于子宫内各种感知体验的生理感知记录。我们逐渐将后者视为潜意识和前语言期的记忆痕迹，由其组成了新生儿自身的熟悉感。我在理论构想中将健康自恋作为天生情绪免疫系统，我们假定出生后婴儿对熟悉感的自恋性搜寻被激活，且其基于对子宫内体验的记忆痕迹的潜意识回响。这些对产前记忆痕迹的回响影响新生儿对其主观体验的情感意义。个体要想生存下来并适应充满刺激的新世界，有赖于其在保卫自体熟悉感时对自恋的有效管理。

自恋，在我看来是一种天生的人格要素，其运作和管理先于我们常常提到的"自我功能运作"。如果依照弗洛伊德的结构理论以及随后查斯特盖尔－史密尔热对其进一步的详细阐述，除了在文献中谈到的四个元素之外（本我、自我、超我和自我理想），自恋可以被视为第五元素。

通过自恋，我们能够完成以下内容。

1. 识别我们内在和周围的熟悉物。
2. 对我们内在和周围的陌生物予以抵抗、保持警觉。
3. 保护我们的连续性、幸福健康、自尊和自体统整。
4. 由差异性唤起的压力产生不可避免的伤害后，恢复自体熟悉感的凝聚力。
5. 应对我们和同伴之间存在的差异性。

此外，通过健康自恋进程我们可以享受幸福和快乐的愉悦或极乐时光，不管是独自一人还是同他人一起。在谈及自恋时，我们倾向于使用自恋受损、自恋型人格障碍和倒错这类词语，而忽视自恋所具有的正性的、必要的功能。我想指出，虽然我所谈到的自恋是取其健康和正常的状态，但它和之前的文献中谈到的自恋并没有任何差异，只是我选择强调其健康和正性的一面。

我认为自恋免疫系统由三个部分组成：自恋感应器将体验的记忆痕迹印记在一个自恋信息网络上，自恋免疫记忆从其中提取相关的记忆痕迹，该痕迹在当下的体验中产生回响。

自恋感应器识别自体熟悉感

一般来讲，自恋感应器和我们谈到的直觉是类似的。任何被其识别为不熟悉的事物都被归类为非我或陌生物。

我们可以反复听同一曲交响乐很多次，享受我们听到的曲调和我们记忆中的曲调之间的和谐匹配，而如果两者间存在极大的差异，即我们听到的曲调和我们记忆中的曲调不匹配（例如，同一位或另一位指挥家对其中某一段有了不同的诠释），一种不安、不协调或不相容的感觉便油然而生。当我们确认某事（物）是我们知道的，我们就会在熟悉感所带来的"如家般的感觉"中放松下来。相反，当我们确认某事（物）是陌生的，则我们的紧张感升级，甚至我们会进入警觉状态；我们准备好采取一些应对策略，以避免陌生感入侵熟悉的自体感（我将之称为"自体熟悉感"）所带来的危险。这样的入侵常常会激活自恋受损感、受辱感、失望感、羞耻感、羞辱感和愤怒感。

弗洛伊德曾强调，识别出熟悉的事（物）会激起愉悦感。最小的差异都可能会激起陌生感甚至愤怒感，而较大的差异会招致难以逾越的厌恶感，如种族主义和排外等。从另一个角度来看，太多的相似性（如同卵双胞胎之间）又可能会令其不安，激起自体熟悉感中的混乱感。

1个月大的巴拉克（Barak）用舌头将乳房推开，拒绝吮吸。他的母亲努力想搞清楚他拒绝的原因，后来她想起自己擦了一种新的乳霜。巴拉克的感应器拒绝陌生的东西。当母亲清洗了乳头之后，巴拉克重新将乳头视为熟悉物，愉快而热情地吮吸起来。

7个大月的哈利（Harry）意识到家里有人到访。他通过感官识别出熟悉的人，但是对那些不认识的人的气味和声音则表示出畏缩和厌恶，从而区分了熟人和陌生人。在口欲期，哈利依赖于其自恋感应器，就好像感应器会投出一束光从而为他提供了感觉定位。慢慢地，这种能力变得更加精细，并且更大程度地依赖于其智力（精神运动、认知和情感）。

1个月大的桑迪（Sandy）接受了疫苗接种。当母亲看到桑迪像前几天那样微笑时，她放松了。在无法进行语言交流的情况下，母亲倾向于依赖和改善其直觉，以识别女儿那些偏离常规、偏离熟悉的行为。

通过自恋感应器、身体感知和建立于天生情感基础之上的直觉，我们自己就像身体感官一样地运作。对于正在发生的事情，我们依据自己面部/身体的呈现、基本情感的表达在感知上给自己定位。通过内感作用①，我们感知到内心世界和外在环境，认识到我们的各种关系。这样，在这些新的熟悉的发现中，我们扩展和丰富了自己的自体熟悉感。对意识到我们感知和直觉的过程以及精炼感知能力的过程的延迟和抑制，可能会破坏真实自体的熟悉感和人对周遭环境的定向感。

自恋网络

在有关我们自体、客体以及自体与客体的关系的很多体验中，感知信息既输入自恋感应器，也从其中输出。这些丰富的数据作为记忆痕迹②都印刻③、储存在自恋网络中，以链接的形式相互连接（就好像身上尿片湿了，换上干尿片的感觉）。由此创建了动力的自恋信息网络——一个有其历史性的感知-情绪信息及独特的、个人信息资源的丰富的存储库。我认为，通过感官接收器（视觉、听觉等），自恋信息网络和大脑神经网络之间存在着相似和交互的情况。在记忆痕迹簇中的这种连接和联系让自体得以生存，这可能就是生本能。

随着记忆痕迹之间持续不断地改变连接，在信息（由联合的自恋和自我功能运作造成的）协同整合的基础上，累积起来的信息以一种特定的秩序被组织起来，并且其具有持续性和一致性的模式。这种信息可能根据自恋和自我心理学，或者客体关系、自体心理学和情感理论会有不

---

① 来自外在感官的内感受和感官信息，如视力和听力。

② 大量研究指出，在生命初期印记获得对学习进程的重要性。对年幼猴子的观察发现，在他们与环境的互动中，与柔软、愉悦的皮肤有感知、有节奏的接触，和他们的情感、社会、性、感知和智力发展直接相关。在旅馆中被忽视的幼儿因缺乏与环境的互动和良性的印记，表现出情绪发育受损以及社会、知觉、运动和交流功能的不协调。这些痕迹不可逆转。

③ 记忆痕迹——弗洛伊德在他的工作中一直使用的术语，表示事件被铭刻在记忆中的方式。根据弗洛伊德的理论，记忆痕迹存在于不同的系统中；他们永久存在，但只在精力聚焦于此时才会被激活……只要是被唤起，记忆就会在联想中再次浮现，如果不是的话，它仍将无法进入意识……这些记忆得到编码并储存在神经网络中，并集结成印记的索引，用来作为识别新刺激的对比信息，新的刺激被连接到一个熟悉的历史序列中，在重新唤起后提取其表征。

同的解释。感官信息储存在网络站点上，被压缩成图式，如编码、感知信号、身体感官（正性、中立和负性）和情感填充的记忆、表征、意象和象征化等。精神结构是交织而成的，包含了独特的感官特性。一些作者已经开始谈及这个主题，包括斯特恩、埃姆特、奥格登（Ogden）、莫德尔（Modell）和莱文（Levine）。累积的情感体验（包括累积的创伤体验）是抽象、浓缩、可储存及可恢复的，并且常常可以被提取以形成"脚本"。整体感知开始与其单独元素之和有了区别，代表着核心自体或自传式自体，或者依照我的概念，代表着对整体的主观感知和整合了的自我熟悉感的"整体"。

每一样印刻在网络上的东西，不管是潜意识的还是意识的，都成为自体资产，通过我所描述的免疫性自恋加工，被认定是熟悉的。这样，对孩子、父母甚至治疗师的负性评价常常让人无法忍受，因为这些人都变成了自体熟悉感的资产，所以我们很快就开始急于为他们辩护。这样，我们把我们自身和我们的资产当作一个熟悉感实体或整体——一个在环境不断变换的混乱中的安全岛屿。我们将自己的独特性宣示于人，这样他们就能将我们视为熟悉的。我们学会去区分自己和他人，也学会允许我们自己认识他人，反之亦然。

自恋免疫性记忆

自恋免疫性记忆构成了现有感官体验和来自于过去经验的记忆痕迹之间的中介因素，印记在自恋网络中且难以磨灭。与过去事件类似的记忆痕迹，包括带有情感的体验，都从自恋免疫性记忆中提取，这些作为联想记忆在我们的内心回响。我将这种记忆痕迹模式称之为自恋图式，它表现情绪内容，如情感、联想、意象、幻想、记忆、梦、反思和思想等。"反思性自体功能""元认知""社会关系的一般心理模型"和心理化这些概念大都指的是同样的过程。内桑森在谈到其情感理论时，描述了羞耻记忆的"回响现象学"（通过包含场景和脚本的类似过程）。最后，躯体体验理论也将身体／心理的语言视为"被感知到的体验"（felt sense），这一术语源于简德林（Gendlin）。这种体验是通过感知、想象、行为、情感、意义通道获得的，并且直接将我们与内、外在环境连接起来。

1个月大的利奥（Leo）正在大哭，因为他饿了。当他的母亲靠近他时，记忆痕迹在他的心里回响，同时伴随着与他的饥饿相关联的特质，如味道、吮吸、流动以及母乳在嘴里温暖的感觉——这些属性都明确地联系到母亲温暖的情感上。这是瞬间的感官感觉，弗洛伊德将此描述为幻觉，温尼科特则认为这是嘴里母乳感的幻想。在我看来，幻想满足代表着记忆痕迹回响，类似于条件反射。甚至在喂奶前，其感觉唤起便暂时平复了由恼人的饥饿引发的陌生感。利奥以吮吸的姿态移动他的双唇，直到他找到乳头并热切地抓住这个自己熟悉的物体来满足自己的饥饿感。

8个月大的简（Jane）在祖母家听到钟摆的声音。这是她第一次注意到这种声音，所以被吓到了。她的祖母将她抱在怀里，然后一起靠近钟摆来观察其运动。祖母安抚她，在她耳边细语"轰，轰"。自此，当简听到钟声的旋律时，她就开始自己对自己说"轰，轰"。通过免疫性记忆，她创造了钟表、声音和祖母安抚之间的联系。当再次遇到钟表时，这种联系便激活了过去经历的记忆痕迹（过去的体验可能包含行动方案或应对策略）。这样，12个月大的时候她指着任何样子的钟表都会说"轰"。

雅格布（Jacob）在他30岁的时候说："昨天做完精神分析诊疗后，我努力从体验深处带回进行感知，以便收集所有记忆碎片并将其拼合到一起，一块又一块，这样我的童年事件就可能更清晰了。现在我甚至能闻到我母亲身上的味道。"

　　这种免疫性记忆是一种情绪工具，它帮助我们适应现实。没有这个，我们可能会将所有新的体验视为外来物，认为其具有不可预测性甚至创伤性。在过去和现在之间交叉检验信息创造一种过去记忆痕迹与现在体验的混合物。这样，健康自恋的过程通过免疫性记忆痕迹的过滤，为现在的体验建立了熟悉的意义—— 一种似曾相识的感觉——在从过去到现在的事件中赋予其一种熟悉感。另外，除了时间差距和物理距离，现在的经历和将来的期望都在过去的模型的基础上得以具体化。

　　和所有的婴儿一样，5个月大的肖恩对陌生的感官刺激很敏感。在一个暴风雨的冬夜，他被频繁的雷鸣惊醒后变得焦躁不安，痛哭起来。他显然经受着不熟悉的事物对他的过度刺激，这甚至对他构成一种创伤性体验。作为他的"护盾"，他的母亲冲到他的身边试图安慰他。与肖恩不同的是，她的免疫性记忆为她提供了熟悉的记忆模式，使她能够识别闪电和雷声的感官刺激，对她而言，这是一种熟悉的信号，预示着即将下雨。母亲的情绪反应因而得到了调整和控制，从而未破坏她作为"护盾"的角色，否则便意味着累积的创伤洪流——肖恩的哭泣引发了额外的情感回响；与此同时，人们意识到闪电和雷声可能是非常可怕的。最有可能的是，在她抱起孩子走到窗口时，她的其他童年记忆痕迹被提取出来，于是在电闪雷鸣间她用平静的语气给他唱起他所熟悉的歌，"砰砰，雷声响砰砰"，以此帮助他调节感受。

　　在这次经历之后，肖恩的自恋网络上便留下了新的记忆痕迹。这些痕迹是沿着一个连续谱组织起来的，与一个记忆模式（自恋型图式）联系在一起，与他经历过的相似体验密切相关。下次肖恩经历电闪雷鸣时，他的免疫记忆会检索到这些矛盾感知和心理生理感觉以及应对的方式：闪电和雷声警报，加上他的母亲的安慰以及他的母亲发出的"砰砰"声。事实上，他也可能自己咕哝着类似的"砰砰"声。当他第二次听到雷声时，肖恩很可能会受到惊吓，但在连续提取记忆痕迹和他与母亲情感联合的帮助下，他可以让自己平静下来。

9个月大的肖恩在玩一个自行交替开关的手电筒。看到光的变化，他的免疫记忆显然让他回想起在闪电和雷暴时与母亲联合的记忆模式情景，即使现在母亲不在身边，他依然喃喃自语"砰砰"声。将来，肖恩内心也可能会回响起这样的记忆模式，即在原初事件发生时印记的关联，还包括对事件的回应。这有助于他对自己越来越多地进行情景掌控，甚至会在不记得这一重复回应的构成事件下，对他的孩子也嘀咕这样的"砰砰"声。

其实作为成年人，我们也像和我们生活在一起的宝宝一样，在我们能够友好接纳陌生和随机变化之前，也倾向于抓住熟悉和不变的东西。我们的行为、情绪反应以及准备好改变的能力都依赖于自恋的健康进程：感觉和感知、印记、检索和回响相关的记忆痕迹。通过我们终身发展的自恋免疫性记忆，自我情绪调节和客体关系属性与现实形成匹配或不匹配的情况。

当父母帮助孩子对预期发生的事件（如雷雨）做好准备时，因为父母预见其发生，于是其自恋免疫性记忆有足够的时间来检索与新的情绪体验相匹配的记忆痕迹。这一过程是自动发生的，属于内隐记忆，而不是意识层面的（外显记忆）；此时个体的自我可以自由调动适应机制。因此，改变和事件作为一个整体被体验为准熟悉物，可以管理和控制。这很重要，也就是说，在我们遇见甚至开始新的挑战之前，通过保留其恒常性来使熟悉的事（物）获得免疫性，以便接收发生在我们内部和周遭环境中与变化相关的即将到来的、准熟悉物信息。与此并行的是，我们必须为这些事件腾出空间，或者换句话说，就是做出调整以适应这些事件。

相反，当一件事或一种改变——无论是让人快乐的还是令人害怕的——突然发生且未能做出充分准备时，便没有为回响匹配的记忆痕迹和情绪调节留下足够的时间。这可能导致自恋受损和焦虑，增加创伤和创伤后应激障碍的风险。因此，诸如结婚、出生、搬新家或突然得到一大笔钱等这样的事件，可能让我们的生活陷入危机，尽管这些事件也伴随着幸福。当下的体验引起了过去创伤中产生的记忆痕迹（即使其内容与当下的体验并不相同），将人拽入一种破坏性的漩涡中，而创伤的内容已经被压抑了。在这种情况下，自体可能会被陌生感浸没，唤起焦虑，其范畴可以从脆弱到人格解体，同时还有空洞感、"虚无"感、抑郁、丧失客体和/或丧失客体的爱以及活着的理由。例如，使用狗来驱散示威游行唤起了大屠杀幸存者对流放的痛苦记忆，在某些时候可能会导致毁灭焦虑。

所有的信息系统，如细胞、大脑，甚至互联网，都有一个共同点，即信息以输入的形式进入后形成记忆痕迹，而其某些表现形式则以共振和联想的形式输出。从这个视角看，我们认为自恋是由三个部分组成的信息系统：信息从自恋感应器流向记忆痕迹的自恋记忆网络，然后通过自恋免疫记忆的回响过程来过滤和转换。有时，印记包含了未处理的传入感知信息，它们可能保存在无意识中（内隐）。或者，在输出之前在某种方式上包含其变形，是一个将这些信息带入意识的过程。

因此，一天中无数的记忆痕迹（大部分都是无意识的）在我们的内心回响，影响着我们如何感知现实、他人、人际关系和我们自己。带有情感色彩的共鸣会引发我们的乐观或悲观的感受，自尊或自卑感，或者是能够享受所存在的，或者是对丧失其存在感到焦虑。这样，我们每个人心中隐藏的孩子便影响着我们的日常生活。

有时我们可能不愿意面对或可能害怕由记忆痕迹来支配当下。然后受到熟悉感的吸引，让其引导我们的思想变得更易管理。

侦探海伦·米尔金（Helen Mirkin）在让她受到启发的系列侦探小说的第一部《玫瑰丛谋杀案》（*The Rosebush Murders*）中就对此有所描

述，她在凶杀案调查期间极力免除自己的职责。

现在，似乎有一些黑暗和令人战栗的秘密弥漫在空气中。为了公平聆听医院发出的多种声音以及将这些声音与我自己和我死去的父亲相区别，我问自己，自从他早早过世后，我是不是对医院的不当行为过于敏感。我努力保持我的分析中立，一直到调查结束，我问自己，我的判断是不是做出了妥协。

爱丽丝（Alice）是一名30多岁的移民，两个男孩的母亲，在接受精神分析期间她与我分享她在新国家的痛苦："我在特拉维夫找不到我的一席之地。我走在街上，可这里没有我的童年记忆，没有什么是我可以与之相连接的，我也没有什么归属感，只有我的父亲有关以色列的梦。我和这里的人还没有找到共同语言，也没有共同可以谈论的过去。而我的孩子们已经感到自己属于这里了，他们有一群朋友。他们很高兴，觉得自己属于这个国家，但我觉得自己格格不入。"

我们会观察人们如何以不同的方式应对失败，这种功能又如何具有了不同的情感体验的特征：有些人可能会检索与一个支持性人物相关的记忆痕迹，感到有必要与亲近的人分享受伤的经历。还有些人可能会提取那些将失败的责任推到别人身上的记忆痕迹，然后说："我因为他失败了。"或者他们将每一次失败都联系上自尊，表明："我失败了，因为我就是个失败者。"还有一些人会提取那些与竞争动机有关的记忆痕迹，如"我必须成功"，尽管失败了他们也认为自己是在开始新的、创造性的事业。因此，对现在所发生的事情的感受，总是受到对已经发生的事情的感受的影响。

对于自恋进程作为情绪免疫性系统这个观点，瑞秋（Rachel）带入精神分析中的内容是一个很好的例子。她兴奋地谈论着她的丈夫在她病得很重时讲给她的一段回忆："当我住院时，我的丈夫回忆起在我们结婚之前，有一次我告诉他一个看手相的人说我的命很长，但我可能会得重病。当他再次说起这些的时候，我记起了那个小组会议，当时其中一个参加者要求看看我的手掌，并说了上述我的丈夫回忆起来的话。我当时对她说的话感到很兴奋，也很高兴居然能从一个人的手掌上看出她的未来，然后我把它告诉了我当时的男朋友，也就是我现在的丈夫。那件事已经过去很多年了，我们俩其实都不记得了，但突然之间这个内容就又出现了。"

丈夫的自恋感应器纵览了他与妻子一起经历的创伤以及她的疾病，一个主观而兼容的暗示无意识地触发了他的联想。联想的表面就像交叉检验的信息，将过去的事件与现在的事件联系起来，从早期提取出一个关联的、熟悉的经验记忆，激发出令人鼓舞的、充满希望的信息，即她的命很长。他的自恋性回响唤醒了瑞秋的记忆痕迹，否则这个信息可能永远隐藏着。这种自恋免疫性记忆进程帮助免疫系统重建了他们两个人的自体熟悉感，以此对抗现在对死亡的恐惧。

德里克（Derek）是一名30多岁的男子，每当妻子回家晚时他都感到十分痛苦和焦虑，为此前来寻求治疗。在治疗过程中，德里克讲述了童年时期的创伤。在他大约2岁的时候，每天早上他的母亲都会把他放在婴儿围栏中，陪他的哥哥穿过街道去上学，然后又立刻返回。他说："一天早上，在回家的路上她滑倒了，摔倒在地，失去了知觉，后来被送进了医院。大约两小时后，我仍然独自一人在围栏中，直到我的阿姨过来，她发现我吓坏了，一直在哭。"这段创伤经历铭刻在德里克的信息网络即自恋免疫性记忆中，直到其能够被理解，这个记忆无意中给当下等待的体验染上了生存焦虑的色彩。因此，即使对特定事件并无有意识的记忆，创伤记忆痕迹也可以通过自恋免疫性记忆的回响浮出水面。

如上所述，精神分析治疗或动力学心理治疗可以促进免疫性记忆对联想、记忆痕迹、幻想、梦、情感和移情属性进行提取。这些对过去经验的回响，是让现在的体验能够成为意识的内容并变得熟悉的一种途径，这些回响在新情景下得到加工、管理和理解。这种新的意识和洞察力可以防止过去的无意识模式支配当前的情绪体验。

先天自恋的加工模式

简而言之，我们认为自恋来源并基于四个互相关联的进程：（1）确认熟悉事（物）；（2）对自体熟悉感进行预防接种，以形成免疫，同时将熟悉感作为一种明显的、有形的整体和一个常量保存下来；（3）对陌生的侵入保持警觉，并予以抵抗；（4）在遭受了破坏整体感的伤害后，恢复自体熟悉感的凝聚力。

根据熟悉感原则，先天的自恋功能保护婴儿脆弱的自体，因为它在两极之间交替，即受熟悉感吸引和对陌生感抗拒。

这些进程发生在周围神经系统本能或自主神经系统（autonomic nervous system，ANS）[①]的背景下。最初，自恋的功能与神经本能的活动相似，是基于绝对的"全无"原则的。渐渐地，自恋的功能运作变得更加复杂，活动在两极之间的剧目也变得更加丰富。例如，对熟悉的事（物）保持冷静，对陌生的、意想不到的或不同寻常的事（物）保持恰当的警惕。

利奥 5 个月大，已经对常玩的玩具感觉很熟悉了，对如何使用这些玩具也有了一些自己的观念。当他叔叔西蒙（Simon）和他一起玩并向他展示名为克里斯托弗的玩具熊时，他的眼睛闪闪发光，他用兴奋的运

---

① ANS 包括交感神经和副交感神经系统，顾名思义，它是独立运作的，在大多数情况下我们对之并没有进行有意识的控制。它负责调节我们身体的基本自主功能。对这种动力学的理解，躯体体验者将增加在身体中缓慢释放过度唤起的能量，每次一种感觉。

动予以回应并向玩具熊伸出他的小手。利奥显然很熟悉这个玩具，那是他的自体资产。他很容易接受和这个名为克里斯托弗的玩具熊有相同材质或类似特征的新玩具，伴随新的感知运动表现他丰富了自己的自体资产和自恋信息网络。当西蒙叔叔给他展示一个诸如鼓这样完全陌生的玩具时，利奥的脸上就会表现出疏远的神情，他显得对这个玩具不满意，于是就放弃了玩它。

　　像利奥一样，所有的宝宝都需要接受新玩具。大量的新玩具过度刺激婴儿，让其难以巩固熟悉感，难以在新玩具中识别出熟悉感并喜欢上它们。一般而言，明显、频繁的感官变化，如改变地点、发型或香水，都让宝宝很难识别熟悉感（成人也是如此）。

　　根据熟悉感原则（越来越多的熟悉元素使其愈加丰富），通过记忆痕迹的回响，自恋被激发，使自己的自体熟悉感和自体资产被免疫并作为整体来对抗体验到的陌生感的入侵。这样的入侵会被认定破坏了自体熟悉感的凝聚力，也对个人完整性造成伤害。此外，它还可能导致交感神经系统的过度激活，表现为心跳加速、血压升高、呼吸浅而快或较急促、胃和胸部收紧等。一旦受到挑战或妥协，如一个人不可避免地受到伤害并在某种程度上受到损伤，先天的自恋就会被激活，以恢复自体熟悉感的主观感觉。这种激活可以保护自体及其客体的熟悉感，也保护了现存关系，尤其是在我们受伤、受挫、失望或创伤之后。这一过程需要副交感神经系统恢复平静，表现出与交感神经激活时相反的特征，包括呼吸缓慢而深沉、心率下降、血压降低、肌张力放松等。

　　8个月大的茉莉（Jasmine）坐在祖母的膝上。她很了解祖母，喜欢和她一起玩。然而，当祖母摘下眼镜去擦拭时，从茉莉的表情中可以看出，她不再像之前那样熟悉祖母了。她把自己的小手放在祖母脸上，想触摸祖母并把眼镜给对方戴上以确定其身份。后来，茉莉玩了起来，一会儿给祖母戴上眼镜，一会儿又摘下眼镜。然后，她熟悉了祖母的脸，不论其有没有戴眼镜。茉莉深吸了一口气，放松下来。对祖母的熟悉感和客体的恒常性已经受到了免疫，对微小的变化也保持免疫。从此以后，她的祖母可以把眼镜拿掉、换掉，也不会引起茉莉的任何陌生感了。

父母给茉莉稳定的身体照料，让她对自己熟悉，也习惯家庭的日常生活。这也包括经历一些常规的改变，如与父母分离和重新相聚。她的自恋激励她辨认出熟悉的事物，逐渐增强她对常规变化的适应能力（自我调节），从而增强了自恋加工能力。

在凯伦（Karen）出生的最初几个星期里，当她在惯常的摇篮里时，她的面部表情显示她很放松，但躺在陌生的地方时，她就变得焦躁不安。她把摇篮作为自体资产的一部分——就像她感受到的母亲怀抱、洗澡、熟悉的床上用品和尿布一样。她母亲常常在照料她，父亲也经常在她洗澡时出现，这些她都已经熟悉。她能够掌握母亲的习惯和恒常的情绪状态，也能掌握固定存在的实体物件，这让她易于应对随机的变化。

习惯和恒常的感官特征作为自恋安全网络来应对变化，同时伴随着自我适应机制的巩固，婴儿在 8 个月时会形成恒常性的感知，这是认知和情商发展的一个重要因素（自我调节）。因此，习惯化过程是自恋免疫性系统的突出特征。

自体熟悉感凝聚力的形成和恢复

自体熟悉感和自体资产包含与重要客体在一起时自体体验的情感记忆痕迹，也包含对自体、客体和客体关系模式的描述、表征和意象。所有这些元素和资源都根植于自恋免疫性记忆网络，它们彼此联系，最终形成一个凝聚、真实的（非虚假的）自体熟悉感。这种对自体恒常的熟悉感对于婴儿来说是至关重要的，因为它是自恋的根本框架，用来确认自体熟悉感，辨认所有非自体，还在受伤（无论其是现实的还是想象的）后恢复自体熟悉感。

有趣的是，免疫学家关心的是免疫系统进程，免疫系统破译身体的外来入侵者（非自体）。他们认为："健康免疫系统的关键在于它有能力区分人体自身的细胞（将其识别为'自体'）和外来细胞或'非自体'。"非自体对自体熟悉感的入侵导致免疫系统"快速发动攻击"。

在我看来，对自体熟悉感的持久感知意味着健康自恋进程的改进。这与索尔姆斯（Solms）所称的"虚拟身体"有关，它让我们能够理解自体最基本的具身性。它帮助我们理解："是我，我是这个身体，现在，这就是我的感觉。"然而，孩子内在的健康自恋功能本身并不足以保持凝聚性的自体熟悉感。提升健康自恋需要父母的回应——他们辅助性自我的回应会增强婴儿进化的客体关系、丰富自我的适应机制。父母对孩子独立性及其行为保持热情并给予支持是至关重要的。然而，这并不意味着给予孩子以下这类断言式回应：他与别人相比是"最聪明的人""最好看的人"或"最成功的人"，而主要是"你就是我最爱的人"。

健康自恋与客体关系之间的联系突显了我们的自恋需要，即要能感受到我们所爱之人的认可，并只是作为我们自己而被爱，每一种需要都在自己自体熟悉感的范围内。父母的认可支持着孩子真实自体熟悉感的自恋免疫。

父母对自己的子孙后代总感到喜悦，因为子孙是父母自体熟悉感资产的宝贵的组成部分。出于同样的原因，父母会因为他们自身或孩子的不足而受到伤害，有时甚至会对孩子与他们的差异性（依据他们主观的理想化自恋感知）感觉到失望并将之表达出来。

婴儿服从于父母主观喜悦的表达，父母对婴儿独立性的鼓励增强了婴儿的自尊和自体熟悉感。父母的这些反应印记在婴儿的自恋免疫性记忆中，具有正性的自体和客体属性，并且是维持在整个生命中的重要资源或自体资产。在类似的事件中，频繁回响起这些正性的记忆痕迹，增强了婴儿的健康自恋，让其真实的自体熟悉感和宝贵的独立性得到了免疫。

相反，父母否认孩子的分离性，他们表达出的失望和批评伤害和侵犯了孩子的自尊，可能使孩子感到受伤或不被爱。父母的这些负性的回应印记在婴儿的自恋免疫性记忆中，具有负性的自体和客体属性。在类似的事件中，这些扫兴、破坏性甚至是毁灭性的记忆痕迹经常在孩子心里回荡，强化了其异常或病态的自恋，让其受损的自体熟悉感（包括对自体和客体的毁灭性）得到免疫。[①]

例如，一个生来四肢残疾的婴儿，如果他的父母感到他就是完整无缺的，并爱着他现在的样子，他可能觉得自己就是个完整的整体或一个理想的自体，尽管他存在缺陷，可他在很大程度上并未意识到这一点。在接受矫正手术后，这个婴儿在一段时间内会有种奇怪的感觉（因为这与他的自体熟悉感存在偏差）。只有当他适应了父母的鼓励和爱的表达时，他才会熟悉新的身体感知，重建和更新他的自体熟悉感。当父母因孩子的畸形而受到不利影响时，他们传递给孩子的是对不够完整和完美的拒绝和抗拒，婴儿也会体验到自己是有缺陷的。

D. 奎诺多茨（D. Quinodoz）认为，有时人感觉到自体凝聚力的同时，也会感到自体的异质性。大多数人通常都能容忍这一点，而不会过度焦虑，这部分是因为存在或内化了一个足够有建设性的、善意的客体（如在他们的情感脚本中所呈现的）。我接受奎诺多茨的概念，即当一个人有能力分辨出他自己的不同组成部分，并发现他们可以相容的时候，这些情感和感觉可以通过我所称的"自体熟悉感的自恋恢复"来整合到

---

① 罗森菲尔德 (Rosenfeld) 阐述了自恋与客体关系之间的联系，将自恋的正性、力比多的一面与其负性、破坏性的一面两者的对比概念化。罗斯 (Ross) 描述了创伤漩涡和治愈漩涡及其如何相互作用。

他的自体凝聚力中。例如，在一段关系中，两种感觉似乎是对立的，渴望与客体间具有排他性的亲密关系，也渴望独立。当关系双方都能耐受对方的差异性和分离性时，这两种对立的感觉就可以整合到自体凝聚力中了。

然而，奎诺多茨主要指的是那些因"无法连接在一起的一个合成体的不兼容成分"之间具有过多异质性而饱受痛苦的病人。例如，一个蹒跚学步的孩子，不能将他口腔感到的完美和肛门感到的侵略连接在一起（见第六章）。

在整个童年的谜团中，我试着阐述一个复杂的事实，即在每一个成年人心中都隐藏了一个孩子，影响着我们对经历的解释，触及生活的多个方面。正如我所理解的，为了达到凝聚力，成熟的人不得不承认、接受，甚至珍惜自己内心隐藏的具有孩童属性的部分，包括那些他不喜欢的特征（就像父母必须接受自己的孩子，也要接受孩子与其差异性一样）。

在口欲期，自尊等同于父母的爱的价值："我被爱意味着我是完美的（理想自体）；如果我不被爱就意味着我有缺陷。"与其他人一样，婴儿也为对他的批评和不宽容而感到自恋受损，成为他主观的自体熟悉感感知。这表明，在先天的自恋免疫进程、自我适应机制和客体关系三者之间和谐运作能巩固自体熟悉感，同时也可以加强对根植于非自体客体和自体缺陷的差异性的耐受程度。

父母鼓励孩子的独立性便是支持其恰当的健康自恋进程，这有利于永久的接纳、幸福和对我们自身以及我们挚爱之人的爱，反之则不然。具体而言，那些能够接受自己缺点的人也能更好地应对其同伴的弱点、差异性以及他们所表现出的陌生感。

面对我们同胞的陌生感和差异性

通过自恋感应器，新生婴儿感知到自己的自体熟悉感，也意识到他内在或周围环境中的不熟悉感都是非自体。与此同时，他被熟悉（非自体）的照顾者吸引，也继续抗拒引发陌生感的不熟悉的非自体。这种对熟悉的自恋性迷恋似乎给孩子提供了健康的必要条件，以此来接受或连接非自体。这似乎也为他的自我提供了基本的安全感，让他能富有情感地投入到非自体中，这些非自体是力比多欲望的对象以及生存、情绪需要的潜在提供者（见第三章）。这一过程始于口欲期，在整个生命过程中不断得到巩固和完善（见第四章）。该过程也让客体关系的持续发展成为可能。

然而，如果客体偶尔没有依照其习惯、熟悉的方式或其熟悉的、反复发生的关系特质来回应婴儿，婴儿首先感觉到的就是陌生。当客体呈现出不同时，婴儿和成年人一样会认为这对他自体熟悉的内在健康造成威胁、伤害或拒绝。随之而来的可能是自主神经系统的激活。在这些痛苦的情景下，婴儿和成人的健康自恋常常立刻被唤起以保护我们所熟悉的东西，抵制陌生感，避免将自己暴露于他人他物。例如，有人告诉一位成年女性爱丽丝（Alice），说自己看到她的父亲在哭。"这不可能，你搞错了。"她坚定地回答，"那不是我的父亲，我的父亲从来不哭。"再例如，孩子们难以理解自己的父母曾经也是孩子，因为这些属性并没有植入孩子们的自恋网络中，他们坚定地认为父母从来都不是孩子。因此，对我们来说，差异性是最难让人感知和接受的。这也意味着在个人自己的自恋网络中没有将客体及其行为呈现出来的差异性特征识别为熟悉的事（物）。

肖恩家正在举行家庭聚会，10个月大的他被母亲抱在怀里，大量的"陌生人"让他有点不堪重负，他紧紧抱住母亲这个对他而言熟悉的人，从而让自己感到是安全的。起初，所有的陌生人看起来都很吓人，而且难以分辨。肖恩逐渐平静下来，他开始（通过他的自恋感应器和免疫性记忆）对陌生人进行观察、扫描和定位，以识别出熟悉的面孔，只有当他认出阿姨玛吉（Maggie）和叔叔艾萨克（Isaac）时，他才热情地投入他们的怀抱。有一刻，肖恩向一名儿科医生伸出他的小手，这让他的父母感到惊讶，因为肖恩并不认识这位亲戚。他的自恋感知（直觉）似乎表明，这位客人与孩子们有着特殊的关系，他很容易交朋友。这个人最初被认为是不熟悉的非自体，现在被认为是一个合意和熟悉的人。[①]然而，与此相反的是，当肖恩熟悉的亲人接近他并表示出看到他很高兴时，肖恩却拒绝跟她互动。尽管肖恩对她是熟悉的，但她的出现引起了肖恩的苦恼。可能这位亲戚唤起了他具有威胁的记忆模式。就好像他预料到她习惯性地捏他的脸颊，所以迅速地拒绝了她，以便保护自己。母亲很明智地尊重了肖恩的意见，允许他对这位"阿姨"进行如此的回应，自己向她表达了歉意。

弗洛伊德在他所写的令人启迪的文章《怪怖者》（*The Uncanny*）中，描述了对他人同时出现熟悉和不熟悉的感知：半熟悉的人或没有生命的物体，可能会让我们感到威胁，从而破坏了自体熟悉感的连贯性。

12个月大的哈利（Harry）抱住了一个成年人的腿，就好像是抱着他父亲一样，突然，他意识到这是他叔叔阿尔文（Alvin）。他觉得很尴尬，跑去找父亲。当他抓住父亲的腿，体验到熟悉的感觉时，他又回到叔叔身边，抓住他，跟他玩捉迷藏的游戏。玩这个游戏表示他享受自己具有克服尴尬的能力，这种能力源自熟悉中的陌生感以及从一个情绪状

---

① 在动物世界中也可以观察到类似的过程：当流浪猫识别出陌生人身上有"猫的气味"时就会接受他，如他自己的猫身上的气味，这些猫经常与他接触，便对他更加熟悉。

态到另一个情绪状态的转变，在这种状态下，熟悉的事（物）保持恒常。通过这种方式，他将陌生感整合到了熟悉感中。

每当 9 个月大的简留在祖母家时，她都习惯陪父母走到门口送他们离开。祖母会抱着她一起向父母挥手并且说："再见。"有一天，简和祖父一起陪父母走到门口。像往常一样，简向父母挥手告别，并伴随着一声熟悉的"再见"。但在父母离开后，简看了看她的祖父，脸上呈现迷惑的神情。因为她发现（通过她的自恋感应器）祖父和祖母不同，但父母的离开仪式又很熟悉（记忆痕迹的回响），所以她对祖父尴尬地微笑，在和他的游戏中完成了离开父母的过程。她似乎感到似曾相识，又混杂着陌生。在熟悉的情感情境中，细微的差别往往会引起惊讶和尴尬的反应。

正常的自恋式进程让婴儿和成年人对其他"大致熟悉"的人感到好奇，与他们交朋友，并发现隐藏在陌生中的熟悉感。遭遇到陌生的人（事、物）有时会让我们产生一种陌生感与熟悉感交织的感觉，这种感觉激发了我们定位其所包含的熟悉部分的好奇心，从而与其保持友好[①]，并能接受这种改变。例如，观看一部新电影时，我们需要和演员之前扮演的角色或演员在之前表演中激发出的我们的感受联系起来。

适当的好奇心和友好地接受陌生感对情绪的发展、体验情绪信息从而丰富自体、对适应变化和对陌生的人（事、物）保持适当的警觉都很重要。自恋进程受损让我们处在免疫熟悉感的两个极端：要么固守绝对、完美的熟悉感，要么拒绝任何陌生感或差异性的信号。

陌生感不仅仅局限于人们自身之外的事物，自身身体发育、疼痛、疾病、性成熟、怀孕和衰老等也会引发人们的陌生感。

[①] 列维纳斯（Levinas）谈到人类文化具有将不同从属于相同的倾向，从而将不同囊括在整体中，而否定了差异性。他认为他者是独立于自体的，自体是由其边界定义的，从而让他者更加难以与之混淆或吸收。道德强制我们依据他者的差异性和独特性而为其配置空间。

6 周大的桑迪（Sandy）感到一阵胃痛，这在她体内唤起一种陌生感。于是，她努力排便，在做到之后她就会平静下来。大约 5 个月后，她逐渐明白要摆脱胃里的压力必须激活哪些肌肉，如何从痛苦中解脱出来，回到一贯熟悉的感觉中去。

在口欲期，婴儿的感知运动能力高速发展。他仰躺着、动自己的双腿，然后学会坐起来，学会站立，学会滚动，学会爬行，学会走路。最初，身体的每种新感觉都让他感到陌生。躺下和坐着时的视野不同，他的四肢在坐着、站着或爬行时传递出不同的本体感觉，对每种动作的平衡感知也不同。自体熟悉感中的陌生感驱使婴儿不断重复新的运动成就，对运动控制不断增长的新熟悉感也在改变。

7 个月大的利奥很难从站立的姿势改变为坐下，他发出求助信号。他的父母帮他坐了下来，但他像一个摇摇欲倒的娃娃一样又站了起来，然后又开始哭着求助。当他体验到从站立到坐着的这个转变过程是自己所熟悉的、在自我的控制之下时，他的自体熟悉感得以恢复（对变化的本体感觉熟悉）。

8 个月大的肖恩喜欢进入一个大的纸板箱，因为它就像个小房子。当他 12 个月大时，他发现自己很难再爬进去了，那种爬进"房子"的熟悉感开始转变为陌生感。为了维护被挑战的自体熟悉感，他把这种陌生感投射到房子上，每次爬不进去的时候，他就会对纸板箱生气。最后，他停止这个游戏，甚至毁灭了那纸箱。

自体熟悉感在自我调节下演化为自体恒常性（self-constancy），以至于我们常常只是在熟悉感遭到破坏后才意识到我们对自体的熟悉感。在自体空间中，只有对熟悉感的偏离和陌生感才会引起我们的注意。饥饿感、胃部疼痛感、呼吸的不同节奏、惊人的景观——所有这些都创造了与恒常和常规不同的感觉。当这种情况发生时，我们体验到熟悉感的改变，于是会渴望拥抱或应对这些改变来重现熟悉的家庭常规（自体熟悉感的自恋性恢复）。通过这种方式，我们认识到自体恒常性和熟悉感，吸收这些发生在我们自己身上的变化所更新的信息。或者，有些从小就习惯了面对令人兴奋的变化。他们对刺激很熟悉，因此会像成年人一样寻求冒险（自体熟悉感的自恋恢复），而对某些人来说，面对这种危险则是无法耐受的。

4个月的桑迪醒来时哭了起来，她的母亲知道，这一般是源于陌生感带来的痛苦信号。他们关系的恒常性让母亲能够区分桑迪的各种哭声，并识别出不同陌生感，到底是因为尿布湿了？生病了？恼人的饥饿袭来？还是生发了期待被纵容的愿望？母亲试着辨认出桑迪不同的需要以便予以相应的安抚，而这些需要和母亲自己的需要是不同的。母亲热情地拥抱桑迪，传递给她信心，让她知道烦恼总会过去的。桑迪平静下来，她的自体熟悉感在母亲的怀抱里得以恢复，呼吸变得更加顺畅、稳定。

4个月的史蒂文（Steven）也是醒来哭泣、不开心。和往常一样，他的母亲认为这哭声表示他饿了（母亲否认任何其他导致陌生感的压力），冲过去喂养他。她没有费心思寻找史蒂文哭泣的真正原因，也不认为他可能有别的需要，而那个需要与她的需要不同，与她所认为的孩子的需要也不同。不确定性如不完美感让母亲感到危险，对她来说，喂养孩子是她很熟悉的经验，能让她意识到自己在抚慰孩子上的母性天赋。她习惯了根据自己的自体熟悉感来让史蒂文吃东西，而不是参考史蒂文的需要（陌生感入侵）。她的重复行为抑制了孩子的免疫系统需求，即学着区分不同类型的痛苦和重获自体熟悉感。史蒂文并没有发展出找到问题根源的需要。因此，他自恋的记忆痕迹中食物和喂养（或进食）就是所有痛苦的主要解决方法。我们可以合理地假设，未来这些记忆痕迹会在他所有感到陌生而引发痛苦时回响，于是，他会在食物中寻找庇护，因此无法辨别在特定的情况下自己是否真的需要食物。

4 个月的杰瑞（Jerry）躺在母亲怀里，他们享受着两个人在一起的时光。这时电话铃响起，母亲很快把杰瑞放在婴儿围栏中，然后去接电话。杰瑞经历了意想不到的改变和陌生感，他哭起来—— 一种自恋受损的、痛苦的表达。

改变以及人们之间的差异性会触发不安感是众所周知的。它可能在日常生活中出现，如我们开一辆租来的车时或者看到某人的穿着跟我们完全不同时。我们努力让孩子和自己做好准备，因为对变化的预期能让我们更好地应对陌生感并与之友好相处。这样做便于我们在那些事物变化的过程中感知到熟悉的记忆痕迹回响，从而维护我们的自体熟悉感。因此，通过例行的"暗号"、一首歌来预示特定的事件，为孩子准备友好的家庭生活安排或计划改变是很重要的。这些行为在改变到来之前就为维护自体熟悉感提供了自恋网络，这些改变包括诸如分离、睡眠、接受体检、幼儿园内的各种庆祝活动，甚至兄弟姐妹的出生。

丹（Dan）是一名舞蹈公司的编舞人员，在接受精神分析的过程中他告诉我："我抑郁了……最近我想在常规的节目中添加一些新的舞蹈形式，但是在排练时我对自己和其他舞者都感到困惑。感觉好像以前的舞步已经控制了我，扰乱了新舞步的形式……"

我（分析师）记得（我记忆痕迹的回响），丹曾有几次表达过一种担心，即他的家庭会失去团结，于是我解释道："对你来说，改变熟悉的节奏就像失去了你深爱的家庭团队精神一样。"

丹兴奋地回应道："我记得（记忆痕迹的回响）有一次家庭旅行，我母亲鼓励我们所有人用统一的节奏一起唱歌，就像个家庭唱诗班一样。我记得这些对我来说都是珍贵的时刻。现在我的身体都能时不时感受到小时候困扰我的焦虑，那时我们一起唱歌，有时我会走调……我觉得我毁了母亲的家庭音乐……也许新的编排变化是那种走调。"

恢复自体熟悉感

从婴儿到成年，尽管存在自恋免疫进程，但是当我们自内在和外在体验到陌生感或差异性之后，我们也会多次感受到来自内部和外部的侮辱、挫折和伤害。这种情况会导致自恋受损、失望感、羞愧感和耻辱感，当自体熟悉感凝聚力的内在感知遭到破坏时，还可能会被体验为创伤。伤害不可避免，因为他人（即使是熟人或我们至亲至爱的人）是一个单独的实体，会维护自己的差异性。

当我们被否定、侮辱或体验到被伤害时，我们通常倾向于撤回自己对此人的关注，不再对其保持兴趣。在这些痛苦的状态中，我们常常因为此人冒犯了我们而大发雷霆，有时甚至会恨他，好像他要为我们那难以忍受的陌生感负责。换句话说，我们天真地期望对方能保护我们的完整性，根据我们的自体熟悉感来回应我们，而这个在维护自己差异性的他人，被指责为冒犯了我们。

因此，在自体熟悉感遭到挑战之后，对其予以恢复的自恋进程对于维护自尊、自豪感和自体完整的意识都至关重要。这个过程对于以下内容也必不可少：维护和重建与客体的关系；与他人和解，尽管他人和我们有差异、使我们承受了侮辱并因为其差异性给我们造成痛苦。

就像逐步解谜题的过程一样，对自体、客体及关系熟悉感的恢复是通过对信息的重新加工和交叉检验来实现的。我们会对目前的经验进行微调，直到我们的自体、客体及关系熟悉感得到调整和重构。

当自体熟悉感得以恢复，个体就会自由地重新评估自己的潜能，承认自己的理想的局限性，并与自己的不完美及客体的差异性和解。这样，人就能接受自己本身就值得被爱，并能重新投身于自己的兴趣并关爱自己所爱之人。

　　健康的自恋发展进程创造了一个情绪平衡系统，让一个人可以与熟悉的人（事、物）保持友好，同时保持对陌生感的警惕。与此相反，受损的自恋进程造成了警觉和友好之间的不平衡，还可能导致对陌生感、猜疑感和陌生感–毁灭焦虑的过分警觉，同时伴随着交感神经系统的过度激活。它还可能会导致我们对任何陌生的人（事、物）都缺少警觉而过度友好，随之而来的则是自体熟悉感频繁被陌生感侵入以及自尊受到伤害。通过阅读文献和临床实践，我们已熟知口欲期自恋病理，在此我们可以看到自恋缺损，如虚假自体，个体感到被剥夺和自卑，感到自尊被伤害，以及缺乏保护的自体熟悉感，否认陌生感入侵的迹象，出现自毁、对他人过度怀疑、持续的被抛弃焦虑、酒精和药物依赖等行为，形成进食障碍、倒错和自恋型人格障碍等。

　　个体的自恋进程终其一生都在改进，这有助于智力不同成分的发展。例如，对父母的依恋和对差异性保持友好源自对陌生中所感知到的熟悉；适应变化的能力来自控制陌生感和改变的需要；科学的好奇心来自对未知或外来事物的研究，而生存之乐（其源泉在于对完整性、爱以及对热情和熟悉整合感的感知）可能也会增强。在这方面，我遵循科胡特对智慧的定义："智慧主要是通过个体克服其未修正自恋的能力而形成的，这也有赖于个体对其身体、智力和情绪力量所具有的局限性的接纳程度。"

小　结

　　在我看来，自恋应该作为弗洛伊德创立的结构理论中人格的组成部分之一。这样，除了本我、自我和超我之外，我为其加上了自恋。在保护自体熟悉感、客体熟悉感和关系熟悉感时，自恋是第一个被激活的部分。

　　自恋为自体熟悉感提供了一种与生俱来的情感免疫这个观点还比较新颖。这个观点描述的是一种天生的进程，该进程让具有凝聚力和完整性的自体熟悉感得以被保护，让我们有能力在自体熟悉感中抵抗"入侵"的陌生感，最终有能力在生活中遭受不可避免的伤害后恢复自体熟悉感。自恋是通过被熟悉的事物所吸引、对陌生的事物保持警惕和抵制这一动力学过程所激活的。在自恋进程中，对熟悉感的认识赋予了个体一种体验自我的幸福感，这可以由副交感神经系统的无声行动来证明。相比之下，陌生感则会引起警觉，在压力大的情况下还会激活交感神经系统，为"战斗或逃跑"做好准备。

　　通过对陌生感和差异性保持友好，自恋的健康（平衡）进程有助于提高情商。同时，除了正常的健康自恋发展进程，我们仍然会在内外环境中对陌生感和差异性反应为自恋受损。在这些情况下，作为成年人，我们可能会觉得自己像那个隐藏于我们体内的小孩一样感到受伤和愤怒，直到免疫过程成功地"更新"自恋信息和情感信息，以恢复我们的自体熟悉感以及我们和客体的关系。这一更新和"重置"让在最初发生的（遗传的／发育的）事件中并没有完全被排解而压抑的能量在当前得到释放，因为当初那些事件或多或少被体验为创伤，而现在它们被重新激活了。

·● 第三章 ●·

自我：情绪的自我调节能动性

由本能开创的情绪领域

本章会从先天生物能量（通常我们称其为本能）的角度来论述心理的演变。虽然这些术语尚存在争议，但我仍将弗洛伊德对生本能和死本能的二元概念作为下文中假设的基础。我会扩展这些概念的范畴，详细解释其重要意义，并将本我调节功能扩展为自我调节功能的基础，与自恋免疫进程相结合。在不破坏弗洛伊德对生本能和死本能的定义的前提下，我把它们重新命名为指向生的"连接本能"（connecting instinct）和指向死的"分解本能"（decomposing instinct）。两种本能都能使身体上的紧张得到释放。

让我们首先了解一下弗洛伊德给出的定义。弗洛伊德称："本能冲动就是根植于有机生命恢复早期生活状态的冲动，生命实体被迫要放弃……""除了旧有的驱使重复的本能，可能还有其他推动进步和新形式的产物。"谈到生本能，弗洛伊德提醒我们："人们普遍认为，将许多细胞结合成一个重要的联合——有机体的多细胞特征——已经成为延长生命的手段。"另外，弗洛伊德这样描述死本能的功能："……确保有机体遵循自己的死亡之路。""强制于有机体生命历程中的每一项修正都能被旧有的有机本能接受，并将之储存于进一步的重复中。"

连接本能——我对生本能的概括——刺激了合成的生存机制。在新的数据和信息网络中创建了链接和关联，以推动身体和情绪的存在、性欲、生殖和基因数据向后代转移。例如，婴儿的饥饿、哺乳、母亲的乳房以及满足其饥饿感的奶味，或者为了受精而对异性的吸引力（链接）唤起的性紧张感，等等。自恋免疫进程即受熟悉的吸引（链接），随后是联想或记忆痕迹的回响（见第二章），我们设想与之平行的连接本能，就是将熟悉的元素链接起来的过程。

分解本能——我对死本能的概括——刺激身体释放积聚的张力。因此，我们努力消除分泌物、排出多余的气体、分解食物、清除头发和干燥的皮肤细胞以及消除令人不快和不必要的东西。这种分解本能促使人们重新建立内在的、熟悉的、恒常的生理和情绪状态。例如，努力恢复极乐的状态。在消除内在张力的过程中，分解本能可能被触发，并被理解为一种强迫性"遵循其死亡之路"。我们认为分解本能的释放过程（如摆脱不愉快和不必要的）与对非自体的自恋性抵抗并伴随对陌生的拒绝（见第二章）平行。

分解本能分解了在连接本能影响下产生的链接，通过分裂、分离或其他方式切断来自刺激（如饥饿的痛苦）的链接数据（如乳房）。因此，刺激可以完全被忽略，婴儿会陷入一种类似于极乐的睡眠中。然后，连接本能将数据重新链接起来，为生命复兴恢复联系。换句话说，我们认为分解本能是努力接近稳态，而连接本能则暗示着改变和进化的能力。

本我：本能的调节能动性

弗洛伊德将本我视为"最古老的心理……能动性……（这）包含了一切遗传的、自出生就存在的、铺设在构造中的、源自躯体细胞组织的本能，以我们未知的形式在此找到了第一个心理表达式（在本我中）"。

本我被视为一个古老的自我调节能动性，它被激活后根据全或无的原则来调节天生的本能张力，类似于神经系统被激活的状态。这意味着当压力达到一定的阈值时，本能反应是完整的、强迫性的（全），当压力低于阈值时没有任何刺激反应发生（无）。看起来，本能调节的本我模型被激活后，通过强迫甚至是"强迫性重复"来释放紧张，以重新建立一个熟悉的、恒常的内在张力。弗洛伊德声称："一般来说，精神生活甚至紧张生活的主导趋势一般就是努力减少、保持或消除因刺激而产生的内在张力。"

例如，当饥饿感增强，张力超过生理阈值（全）时，新生儿兴奋地找到熟悉的营养源，然后用力吸奶直到满足。母亲的乳头与饥饿联系在一起，成为一种释放本能紧张的手段（在连接本能的作用下）。然而，在吮吸和吃饱之前，婴儿可能会在母亲的怀抱中完全放松。因此，开启吮吸完全中和了饥饿和哺乳之间的分裂（在分解本能的作用下）。先前引起紧张的内部刺激现在降到阈值之下，新生儿不再被乳头所吸引（无）。母亲会试着将乳头放入婴儿的口中，以刺激他的乳齿，但婴儿在睡梦中仍然无动于衷。

2 周大的娜塔莉（Natalie）饿哭了。她的母亲还没有准备好来照料她，所以母亲温柔地告诉她："稍等一下，亲爱的娜塔莉，我要去厕所，马上就回来给你喂奶。"娜塔莉不懂这些话，也还不能等待。对她来说，这种联系（饥饿、乳头、吮吸、奶味）是一种熟悉的生存来源（自恋过程），她本能的紧张感会增加，一直到变成真正的痛苦。她的哭声加剧，变成了尖叫；她的脸抽搐着变红了。当张力难以承受，无法达到释放时，就会激活分解本能切断联系，恼人的饥饿感立刻消散。当母亲再来喂她时，会发现娜塔莉睡得很熟，或者太累了没法放松和吮吸。她显得精疲力竭（在分解本能的作用下）。她的母亲娜塔莉用爱抚慰她，唱一首她熟悉的歌来帮助她调节紧张，以此帮她放松。只有这样她的饥饿感才能增加，力量才能开始恢复。娜塔莉寻找熟悉的食物源，然后开始吃奶。

2 周大的利奥由于气体积聚引起腹痛。因为肚子疼，他一直哭，哪怕他饿了也不能吃奶。在这些时候，他的分解本能超越了连接本能。他的母亲帮他将双腿轮流向前，让膝盖和臀部向腹部弯曲，以助他排出多余的气体。利奥显然配合了这些动作，这减轻了他的不适感。最后，他放松了，他的饥饿感增强了，他就可以在连接本能的支配下吮吸了。

生命的最初几周几乎完全由上述本我的本能调节活动所控制。不同的婴儿因其张力唤起和释放之间的时间间隔、睡眠质量和持续时间的不同而导致他们在饥饿和饱食的强度上存在差异。这些差异大多遵循一种基于婴儿体重、喂养有效性以及遗传特征的标准模式。然而，没有孩子会放手本能的调节。

每个婴儿，像每个成年人一样，都有自己特定的阈值，代表着自己熟悉的紧张程度和幸福体验。这种刺激和释放紧张的序列是一种熟悉的循环模式，平衡了本能的力量。这个序列代表了人格的两个古老要素的和谐运作，即本我遵循全或无原则，自恋遵循熟悉原则。

本我调节大部分时候以恒常的节奏和规律、熟悉的循环序列而发生。然而，由于本能通常是将它们结合在一起的，所以很难加以区分。例如，生存来源之间的链接一开始是连接在一起的，然后从这些相同的来源中分解或分裂。随着紧张的释放、不愉快感的摆脱、在分解本能的作用下放松，连接本能促使生物系统恢复连接并寻找支持生存的来源。

当连接本能支配着这个序列时，它使我们的行为具有了激情、活力和生命之光的积极色彩，激励我们寻找生存和受精源。相反，当分解本能占据支配地位时，它使我们的行为具有了熟悉的撤回、隐退的迹象。当本能张力不能通过熟悉的循环序列来调节时，就会发生本能的解除。连接（生）本能可能会引起难以忍受的渴望、紧张、压力和焦虑，而分解（死）本能作为默认的选项，威胁着要通过极端爆发、强迫性重复和强制破坏来释放压力。

自我：从本能调节到驱力调节

本能和驱力两个概念经常被混淆。有些精神心理分析师用本能驱力的概念来解决这样的困惑。斯特雷奇（Strachey）将弗洛伊德使用的德语单词 Trieb 翻译成英语本能（instinct），而弗洛伊德谈到的 Trieb 和本能是截然不同的：

……它是一个在心理和躯体交界处的概念，是源自机体内、延伸至心理的刺激的物理表征，是一种在心理与身体相关联而运作时对心理需求的衡量方法。

弗洛伊德对 Trieb 的定义，即我理解的驱力，关系到三方面的特征：来源、目标和客体。驱力效能的来源在于本能的能量投入，其目的意味着快乐（遵循快乐原则）和驱力满足（而不仅仅是释放紧张）。而客体意味着某种程度的自体客体分化。在我的经验中，本能和驱力这两个概念之间的区别，对理解心理发展与区分正常和病态发展很有用。

让我们进一步看看这种区别。先天的本能能量会鼓动婴儿不顾对象地释放张力。然而，在满足身体需求的道路上，连接本能刺激婴儿不仅将本能能量依附到乳房上将其作为食物源，同时也将其作为情感、温暖、愉悦的感官享受之源。弗洛伊德将记忆与生本能联系在一起。此外，分解本能不仅仅刺激婴儿摆脱生理垃圾，还让人摆脱精神压力、不愉快和可能会破坏健康的不熟悉刺激。这意味着，自我在情绪满足（目标）的提供者（客体）上所投入的本能能量（源）可以被认为是驱动能量，也就是力比多和攻击性。因此，驱力可能代表了躯体/本能能量（连接和分解本能）和躯体/自恋感知（如熟悉感和陌生感）的精神结局，这也是心理活跃的原因。在 1953 年和 1964 年，雅各布森（Jacobson）曾讨论过驱力的发展方向。

在口欲期，由本能、驱力和情绪引起的对张力最根本的调节遵循三个原则：

1. 全或无原则——本我原则——以一种熟悉的紧张水平不顾对象地指向自体生存；
2. 熟悉原则——自恋原则——以一种对熟悉客体的幸福感、抵抗陌生感和陌生人的情绪状态，导向对自体的免疫和保存（见我在第二章的定义）；
3. 快乐原则——自我原则——在自体及其与客体的关系中，以一种愉悦、对抗不愉悦的熟悉的情绪状态来保护自体。

遵循上述三个原则的张力调节描述了一个从纯粹的生理生存（通过释放本能的生物张力，而不考虑客体）到心理生存的转变（通过对驱动、情感和情绪的满足，从而面向客体）。弗洛伊德指出，维持一种稳定状态（生理需要）和维持一种幸福状态（精神需要）同等重要。

婴儿不断进化的自我将其情绪能量指向某个人物，以体验熟悉的满足感、幸福感和快乐感，这个人物便被概念化为客体。与此客体重复愉快体验的欲望就是众所周知的力比多和力比多客体。相反，拥有或拒绝客体的需要被称为"攻击性"。

3个月大的桑迪从睡梦中醒来并发出声音。她的母亲意识到这是饥饿的信号，于是向她走过去，两个人都面带微笑。桑迪继续微笑着，几乎大笑了起来，她是如此享受与母亲的亲密关系，显然愿意延迟饱食的欲望，但不是满足她的驱力（主要是力比多），这暂时比本能释放要更重要。经过几秒钟的亲密接触后，桑迪向母亲发出了饥饿的信号，母女俩都准备好了哺乳（本能的释放）。桑迪享受吃奶本身，同时也注意母亲的手温柔地抚摸着她的手掌（情绪上的满足和快乐）。她们相互凝视着对方的眼睛，好像在吞咽着对方（客体关系）。因此，她们成为相互的客体（母亲是婴儿的客体，婴儿也是母亲的客体），她们之间产生了关系模式，我们将其概念化为客体关系。

驱力通过自我功能投注到被认为适合提供心理满足的客体上。这种受到调节的投入包含力比多和攻击性这两种驱力的不同组合。将一定量的攻击性融入力比多中会刺激力比多以及对力比多所投注的客体的引诱的欲望，从而放大与之在一起的爱的享受；攻击性也会带来诸如主动性、积极性的特质以及自我保存和拥有客体的欲望。情绪的作用因不同驱力占主导而不同。情绪能量的调节发生在情绪爆发与平静和缓的对立的两极之间的区域中。

婴儿对客体的满意和沮丧的情感体验被储存在自恋免疫系统的记忆痕迹中，并在以后的经历中经常产生回响。在这些时刻，自我功能运用提取出的记忆痕迹，调节驱力使其投注到恰当的客体上。

6个月大的凯伦正哭着，父亲走到她跟前，凯伦不耐烦地伸出手臂（攻击性和力比多的整合）。凯伦通过自己的动作行为表达了她对（与力比多客体）接近的渴望。她迫不及待地重复——根据与父亲（自恋进程）相关的记忆痕迹——她所熟悉的快乐（熟悉和快乐原则），现在、立即和完全（全或无原则）。凯伦就好像在说："现在就来抱我，我就是世界上最幸福的孩子。如果你让我失望，我就很悲惨。"父亲意识到了她的急迫需求，开心地抱起了她（客体关系）。

在口欲期，绝对的调节三原则（即全或无、熟悉及快乐）让挫折阈限很低。因此，婴儿在瞬间就会操纵或诱惑父母来满足其驱力和情绪，立即、绝对、无延迟的满足。当婴儿和父母双方都感到满意时，他们就会体验到一种熟悉的、绝对的、令人愉快的亲密、快乐和愉悦的关系。体验到最充分的满足，如欢欣、兴奋、幸福和爱。当客体无法满足婴儿的欲望时，陌生感或沮丧感便可能在其经历中占据主导地位，他就会变得愤怒、沮丧或不安。他可能经常大喊大叫，充斥着焦虑，好像他自己的存在正在濒临分解或崩溃，甚至已经分解或崩溃。

显然，客体对婴儿需求的反应必须与婴儿耐受挫折的独特能力相结合（因为婴儿具有较低的挫折阈值）。然而，我想强调的是，这种匹配至少有三个重要根源：客体看到婴儿分离性的能力，客体教会婴儿或者让其准备好逐渐控制自己对满足的需要、能更好地耐受随后的挫败的能力，客体与孩子分享这些新形成的耐受能力的能力（见第四章对联合-分离关系的讨论）。因此，当婴儿的自我调节功能增强时，其挫折阈值也升高了。

若缺乏这些根源，客体冒险挫败宝宝的需求，则会造成挫折太频繁或不足够的情形。或者，这个客体可能向婴儿传达她潜意识里理想化的母爱愿望，即她总在满足孩子对自体客体的需求。父母的无意识愿望可能让婴儿想起史密斯（Smith）所称的"黄金幻想"，即"希望在一段将完美视为神圣的关系中，满足一个人所有的需求"。黄金幻想与毁灭或分离焦虑有关，照顾者永远无法完全满足婴儿的需要，因为他们具有各自的独立性。因此，即使早期的客体关系建立在联合-分离的基础上，婴儿也可能经常体验到毁灭焦虑，因为其客体不可避免地无法成功达到无意识中期待的完美。

在客体关系的影响下，本我、自我和自恋的综合调节过程在儿童心理发展的每个阶段都有所改善。孩子的挫折阈值升高，对情绪反应的控制加强。随后，孩子对熟悉的客体及其满足的来源之处的直觉发展了，他更好地利用了自己的智力潜能（可能是精神动力、认知或情绪）。成年人的挫折阈值如果尚未跨越口欲期，主要可能是因为存在创伤的影响，他是否渴望完美和绝对的匹配，甚至想让黄金幻想得以实现，容易依照与熟悉和快乐相关的全或无的绝对原则做出反应。因此，在沮丧或陌生的情形下，他可能爆发出强迫性的、恶魔般的狂怒。

强迫性的爆发可能意味着从心理自我调节到生理本我调节的退行，即一种与任何客体无关的强迫性释放本能张力的预设模式。在这样的时刻，驱力的整合可能在分解本能的重压下崩溃。在这种情况下，个体的力比多失去了生命的火花和刺激的力量。个体变得无助、沮丧和冷漠，而其攻击性则失去了动机性焦点，变得具有破坏性。因此，孩子和成年人都会发脾气，甚至产生强迫性的暴怒。这种反应似乎反映了本能释放的预设模式（攻击性张力从力比多分裂）。

只要比尔（Bill）的要求没有立即得到回应，他就会像一座即将爆发的火山一样。2岁的比尔会扔他的东西，疯狂地用头撞墙，拉扯自己的头发，或者在发脾气的时候自己故意猛地摔倒在地板上，简而言之，就是一种不受控制的强迫性反应。在这些时刻，比尔的母亲经常会感到无助。她常常试着避开他，直到他平静下来。有时，她也试着将他抱起摇晃，这是安慰孩子，也是安慰她自己。

20岁的埃里克（Eric）在治疗会谈中描述了一种愤怒的爆发："我很失望，我没有从妻子那里得到我想要的东西。我觉得我的愤怒快要溢出来了，它会毁了我的妻子及我的一切……当我对自己有所了解时，我就能记起这些可怕的感觉……即使现在作为一个成年人，我仍然感到无助、无法控制自己。"

我们每个人都有自己的情绪调节阈值。在这个阈值内，我们感到放松和满足，也会体验到最佳的张力。当我们跨越阈值时，在一定的程度上，我们仍然可以享受情绪上的兴奋和激动。对所有人来说，我们超越这个独特的个人阈值越远，就越可能让无法忍受的张力水平导致极度的沮丧或自恋受损、疼痛或创伤。这种压力可能会触发预设的张力释放，这是一种具有破坏性的力量（分解本能）。然而，我们大多数人能够通过自我适应机制、自体熟悉感的自恋恢复和积极的客体关系来重新整合力比多和攻击性、正性和负性的情绪，并且较快地重新与他人建立能够持续的关系。

自我对情感表达的精炼——从生理作用到心理情绪和感受

弗洛伊德声称："一种情感首先包含的是特定的运动神经支配或释放，其次是特定的感觉；后者有两种——对已发生的运动行为的感知及愉悦/不愉悦的感受……它们为情感确定了基调。"弗洛伊德认为情感是驱力的衍生物（但现在我们倾向于将其理解为对生物刺激的反应），情感反应似乎没有内在的意义或与触发源的联系，就像张力的本能释放，而不论客体是否存在。

从前一节中，我们可以理解从本能到驱力的发展，这也意味着从生物学到心理学的一条通道。在这方面，我们依然遵循弗洛伊德的假设，即心理发展根植于生物学。

凯利（Kelly）认为："值得注意的是，情感是一个生物学事件，是我们中枢神经系统（central nervous system，CNS）平时正常运作的一部分。"在某些方面，情感就像正常膝跳反射一样。如果一个人给髌腱适当的刺激——在正确的地方用一个小锤敲一下，只要力量足够，小腿就会向上翘一下。同样，如果 CNS 得到适当的刺激，就会触发一个情感。

对刺激的情感反应保护了自体，防止它被刺激的冲击所淹没。我认为，婴儿基本情感的表达符合适应生存的功能，目的是有效地获取照顾者的积极注意力（如回应）。因此，当一个熟悉的客体靠近婴儿时，这个刺激会触发婴儿体内的积极情感反应；而若一个陌生人靠近婴儿，则可能会触发其消极的反应。对当前刺激的积极或消极的情感反应也可能被先前情绪体验的记忆痕迹的回响所激发、放大或夸大（见第二章），这些体验的唤起就好像在婴儿和父母身上同时发生了激素的分泌。情感表达可能会激活婴儿和父母之间的生存连接现象，这就定义了他们共有的、熟悉的亲密空间。

此外，凯利还称：

情感有三个基本的特点：正性的、中性的或负性的。正性情感本质上是有奖赏性的，我们被其激励着去做一些事情让它们继续下去，或者在它们受阻时将其追回。负性的情感基本上是惩罚性的，我们被其激励着去做一些事情来摆脱它们，回避唤起它们的事情。中性的情感，顾名思义是中性的，它并不激励我们做多少事情……

婴儿常常是父母情绪状态的晴雨表或镜子，他们对其感觉很精确。这是婴儿的生存行为，是维持其熟悉的情绪状态所必需的。当父母快乐时，孩子也很快乐；当父母表现出自信时，孩子会感到安全；当父母表达正性或负性情感时，孩子也表露出正性或负性情感；当父母焦虑时，孩子则会保持警觉。孩子甚至还会经常通过父母的面部表情、肢体语言和语调接收父母的无意识情绪信息。父母也会被宝宝的情感表达所影响，例如，孩子的微笑这样的情感表达深深地触动他们，唤起他们的情绪反应。

凯利认为，感觉是指人们已经意识到在他们身上被触发的生理状态，换句话说，他们已经意识到了自己的情感。情感和由此产生的感觉是我们天生的生物性的一部分……我们都"知道"恐惧、羞耻、快乐和愤怒的感觉是什么样的，因为我们所体验过的这些被激活的情感都是一样的。汤姆金斯（Tomkins）将情绪定义为受环境影响的情感，因此，情绪不像情感一样是天生的。相反，我们会看到，在不同家庭、民族或文化中情感反应或情感表达存在巨大差异。有些家庭对诸如恐惧、羞耻、痛苦等比较脆弱的情感更具有同情心；而有些家庭可能秉持："大男孩不哭。""如果你不停地哭，我就让你真的好好哭哭。"

　　情绪体验可以由感知、情感、情绪、感觉或观点组成。它们可能被感知为正性的或负性的，或者两者兼而有之，它们可以被表达为一种短暂的情绪状态或心境，抑或一种持续而和缓的情绪状态。愉快或不愉快的感知可能反映了与感官有关的短暂情绪体验。愉快或不愉快的情绪、情绪状态或兴奋可能与突然实现愿望有关，也可能与偏离熟悉的人（事、物）有关。它们可能会被体验为短暂和冲动性的情绪爆发，并且经常以躯体化迹象来表达。愉快或不愉快的情感、感觉或观点可能与情绪体验的自恋记忆痕迹产生了共鸣，可能与客体和客体关系的心理表征相关。这种回响的持续时间决定其是否被体验为一种连续或偶然的情绪状态。

　　让我们进一步区分这些不同的情绪体验。汤姆金斯提出的情感理论有助于我的阐释。他将情感视为情绪对生理条件的纯生物学反应。他声称婴儿的情感行为是对相对强度刺激的一种程序化的、遗传的、肌肉-腺状的反应。例如，婴儿被突发警报的情感反应所压倒，明显表现为其整个身体姿势变得更加"活跃"。我们对刺激出现生理情感反应之后才对其有意识。情感被认为是刺激与反应之间的一个中介变量。汤姆金斯的情感理论倾向于将情感划分为不同的类别，每一种情感刺激一种独特的反应群。他确定了 9 种情感或情感配对（范围），它们由天生的方案组成。当情感被触发时，他们会调动生理反应，其主要通过面部表情传达。例如，快乐可以通过微笑被感知到。汤普金斯描述了两种正性的情感——享受/快乐和兴趣/兴奋，一种中性的情感——惊讶/惊愕，六种负性情感——愤怒-暴怒、压力-痛苦、恐惧-恐怖、厌恶、忧郁和羞耻-羞辱。惊奇-惊愕被认为是一种"重置"的情感，而羞耻-羞辱则提示了好的感觉（如兴趣）受阻的重要信息。

汤普金斯和内桑森后来强调："一个有机体拥有完整的信息存储和检索系统，让它能够召唤这个系统中对之前的情感体验的记忆"。

我相信，不论是在我们自身内部还是在与他人的关系中，这样一个完整的存储系统对于我们自体熟悉感这种情绪体验的免疫和识别来说都至关重要。内桑森甚至说："现在我们视免疫系统为理所当然的存在，它区分什么属于我们自身、什么又与我们的细胞相异，以设立边界，保护我们自身。"然而，汤普金斯和内桑森都没有指明哪一种人格的能动性调动了这个系统，而我认为其就是在自恋免疫系统中发生的（见第二章）。此外，内桑森的治疗方法是帮助病人对他人的情绪"变得有些免疫"，这样他们可以容忍源自客体差异性所产生的情绪（见其"共情墙"的概念），我认为这就是在尝试增强我所称的健康自恋免疫性系统（见第二章）。

摩尔（Moore）和法恩（Fine）宣称：

在发育过程中，情感产生于固着的、基因赋予的生理反应模式……最初的生物反应很快与编码的记忆痕迹相关联，因此熟悉的感知模式会调动适当的情感反应以预测婴儿通过联想所期待的内容……情感通常与客体表征、自体表征以及与驱力状态相关的幻想紧密相关……在当前的用法下，情感涉及三个水平的概念：（1）临床表现，如报告的感觉状态，特别是涉及快乐-不快乐连续体的感受；（2）神经生物学的伴随物，包括激素的、分泌的、营养的和 / 或躯体化现象；（3）元心理学概念，与心理能量、本能驱力及其释放、没有驱力释放的信号情感、自我及其结构、结构冲突、客体关系、自体心理学和上一级的组织系统。

内桑森提出：情感是模块化的……与任何驱力、任何自发的行动、任何心理功能，甚至与其他任何情感，都可以无限地进行组合。

我认为情绪的意义（如感觉）是通过从自恋免疫系统中获取的记忆痕迹的回响而被归因于情感的。虽然"感受"和"情绪"这两个词常常可以互换使用，但感受指的是核心的、主观的体验状态（可能被意识阻碍），表述我们对情感已经被触发的觉察。情绪是感受的外在表现，它们与我们记忆中经历过的情感组合在一起。

情感主要通过面部表情和肢体语言来表达。内桑森说："一种情感只会持续几秒钟，一种感受持续的时间只够让我们在一闪念间对其进行识别，而情绪的持续时间则足以让我们不断搜寻继续触发情感的记忆。"情感放大与记忆相关联的场景。

心境是指一个相对稳定和持久的情感状态，在无意识幻想的持续影响下被唤起和维持。换句话说，汤普金斯所描述的是一种与情感脚本紧密相连的持久情绪状态，且情感脚本伴随和滋养着这种情绪状态。

虽然哺乳（本我的本能调节）伴随着喜悦（自我的情绪调节），3个月大的艾拉（Ella）特别留意母亲的声音及其有节奏的心跳，这些是她在子宫中就很熟悉的（自恋进程）。她感受到母亲的关心及其对自己的凝视，享受着亲密的愉悦感（对力比多驱力和指向客体的情绪的自我调节，开始建立客体关系）。突然，她停止了吮吸，且其表情发生了变化，仿佛在说："我在痛苦中（对陌生的自恋反应和攻击性的自我调节）。"母亲很注意婴儿的分离信号，试图找出其痛苦的根源。她发现，孩子的手的姿势令她不舒服（一种情感反应），所以她给孩子的手换个姿势，并且拥抱她（母亲的自我适应机制）。艾拉面带暖人的微笑凝视着母亲（自我情绪调节），继续吮吸（本我的本能调节）。

父母的各种不同声调的情感表达逐渐成为婴儿各种熟悉的情感、感知、情绪和感受的重要组成部分。然后，婴儿就会意识到父母心理状态的多样性，并获得表达自己丰富情感的工具。然而，如果父母在不同的情境中表达相同强度的愤怒（如当婴儿扔玩具时或拒绝给予一个吻时），婴儿则无法区分父母不同强度的情感表达。如果父亲对孩子表达相等程度的愤怒，那对孩子来讲可能意味着自己永远是个坏孩子。被父母扼杀了情绪的婴儿可能会变得冷漠，对自己的经历感到平淡乏味而没有情绪。婴儿很可能会保留他快乐的熟悉来源（自恋进程），甚至在被父母抱在怀里时练习新的、近乎熟悉的情绪体验。他或面带微笑，或大笑，或四处张望，或发出声音，以此引诱（自我功能运作）母亲看着他，对他微笑，听他说话，共同迈入亲密（客体关系）。这些由自恋、本我和自我调节所实现的力比多的愉悦亲密体验，作为与客体和客体关系熟悉感相关联的感官、情感和情绪信息被永久地嵌入到自恋免疫性系统的记忆中。

就像汤普金斯强调的那样：最理想的心理健康需要最大化正性情感以及最小化负性情感。我认为，最理想的心理健康是通过经济的情绪调节（自我能力）实现的，这种情绪调节与对情绪数据进行健康自恋免疫加工的和谐功能运作有直接关联，伴随着的是客体关系得以维持。这意味着父母的健康自恋和父母自身情绪调节鼓励、支持着婴儿的情绪调节，他们也为婴儿的情感表达提供情绪调节（婴儿的辅助自我）。

幸福和迷恋是一种非常强大和令人上瘾的体验，是一种无限神秘的完美体验。正性情绪体验（如与客体相互体验到幸福、爱、健康、骄傲）具有治疗价值和巨大的治愈力量。这些感觉增强了生物和情绪的免疫进程，帮助我们更好地处理客体关系，也就是说，我们与客体的内在和外在的关系。负性的情绪体验，如持续地感到受伤、生气、羞愧、内疚、痛苦和被剥夺，可能会削弱免疫进程。有些情绪体验可能是无意识的，有些则可能通过记忆痕迹的回响让人可以意识到。

家族史可能代表着熟悉的情绪脚本和情绪状态的循环。与父母有正性情感互动的孩子，体验到快乐、爱、幽默、愤怒和耐受痛苦的不同情绪表达，成年之后，他们也会从其他人的情感交流中受益。例如，他们与配偶和孩子的关系。父母倾向于以爆发式表达其情感（与调节的情感相对），其孩子也会过于情绪化。然而，我要强调的重点是，儿童和成年人可以创造出与其早年与照顾者最初形成的情绪关系不同的情绪关系。这可能是因为他们在成长过程中甚至是在成人期体验的其他关系的累积作用。在对移情和联想回响的分析中，精神分析师和动力学心理治疗师会解放和激发在各种焦虑和创伤作用下无意识压抑和隐藏的正性的、受调节的情感表达。

大卫（David）是一名 40 多岁的病人，他告诉我他无法对妻子和孩子们表达爱的感受："有时我在想象中反复练习如何告诉我的女儿和妻子，我为她们感到骄傲，或者我会拥抱她们，对她们说晚安，而不会哭泣。"大卫的母亲在大屠杀中失去了家人，所以她无法相信自己能建立一个新的家庭。大卫说："我母亲经常情绪爆发，流着泪说，'我很幸运有你这样的儿子'……我受不了她的情绪化，我不知所措……我在军队中时的一个朋友来给我捎口信，她哭了……昨天母亲看到一个父亲拥抱自己的儿子，她哭了……我也害怕自己的情绪化爆发。"

7 个月大的肖恩幸福地蜷缩在母亲怀里。他和母亲都流露出满足感。他们互相着迷，也不清楚是谁在溺爱谁。两个人都沉浸在共同的亲密和幸福体验中，周围的一切似乎都不复存在。

幸福和着迷通常具有原始口欲期自恋的绝对主义和完美主义的特征。因此，儿童和成年人常常都有这种错觉，即这些特殊的情绪完全是他们的。例如，如果父母表达了对一个孩子的爱，那么另一个孩子可能会充满被背叛的感觉，可能会产生嫉妒和愤怒的情绪。即使是父亲也会嫉妒孩子–母亲的结合。于是在成年时期，他们可能会出现对背叛的病理反应，或者对被遗弃的焦虑，甚至呈现强迫性的（可能是冲动性的）爆发，如谋杀或自杀。有些成年人觉得没有着迷的感受他们活不下去，对他们来说这比他们实际的"爱的客体"更重要，但同时他们也不断地担心失去它。

鲁斯（Ruth）是一名 30 多岁的病人，她说："我的丈夫在打电话时，我确定他把我忘得一干二净了。我不能忍受他把注意力放在别人身上。"经过几个月的治疗，我们逐渐了解了她对与我亲近的恐惧（通过移情）。她说："我害怕，如果我感到和你亲近了，我就不能容忍你还有其他病人这个事实……我确定你更喜欢其他病人。"我给出解释："你怕我会背叛你，就像你和你的丈夫在一起，和你的母亲在一起的感觉。""没错。"她说，"我总是嫉妒和害怕背叛……我确定我的父母更喜欢我的妹妹。我恨她！"

在生命最初的几个月里，孩子的自我调节相对原始。父母为他们的孩子提供一个外部的辅助自我，指引其生存、情绪和适应的需要。他们关心孩子的健康，识别其痛苦的来源，确认其感知，刺激其智力潜力，并调节其情绪表达。

巴拉克正在哭，他的母亲的自恋感应器习惯于解读他痛苦的原因，以便让她熟悉孩子的情感表达方式。她理解他的反应，并对这些反应进行处理，也通常会给它们一个适当的出口。例如，当她识别出巴拉克的疲劳时，她说："我心爱的巴拉克，你累了，你需要睡觉。"所以，她会给他唱一首舒缓的歌。有时她意识到孩子生理疼痛，然后说："我心爱的巴拉克，你的胃很疼。"所以，她会寻找一种缓解他的疼痛的方法。因此，母亲确认了他的情绪体验，并（和他一起）调节了他渐增的紧张情绪，减轻了他的痛苦。

与父母的辅助自我有关的记忆痕迹以及感官和情绪来源这两者数据的可得性逐步让个体的自我调节得到巩固。在口欲期，调节的特征性模式与绝对原则相关联，并以绝对原则的方式来表达：只有即时、完全的满足才会让个体感到快乐，而不能有延迟或妥协。这和与记忆痕迹的回响相应的熟悉感的绝对或近乎绝对的满足是一样的。

由于婴儿在口欲期的挫折阈值很低，所以满意的体验可以立刻唤起其快乐、乐观、自我夸大或自信，而挫折就会立即引发其愤怒、绝望或敌对的依赖，以及毁灭焦虑。我们可能会观察到这些矛盾的口欲期性格特质，如贪婪、绝对化要求、过度的慷慨或吝啬、躁动不安、急躁没有耐心和好奇心等。

从 8 个月后，婴儿开始对父母有意识地表达情感，如温柔、开心、快乐，也有沮丧、痛苦和自恋受损等。婴儿在 18 个月左右开始说话，但仍然难以表达自己的愿望，当父母不了解他时，他的反应为生气。婴儿通过不同的情绪交流方式提高其沟通能力，如肢体语言和面部表情、行为规范以及用言语表达痛苦或快乐等。

口欲期性感带

快乐通常伴随着心理生理变化，如心跳频率、血压和荷尔蒙分泌的变化。这些变化给快乐的体验增添了一种色欲的色彩。性感带是对刺激特别敏感、唤起感官上兴奋的身体的某部分或某区域。一般来说，这些地带是口腔、肛门和生殖器区域。在父母照顾孩子以及孩子被父母照顾时，父母和孩子相互都感受到愉悦的感官体验。两者都有想重复和重新体验这些令人愉悦的 [色欲（erotic）] 感官感受的欲望，它们位于嘴巴、嘴唇、眼睛和皮肤上，这些感觉可能产生并唤起一种独特的亲密感。

　　一般来说，在母亲给婴儿按摩和给予其照料的过程中，婴儿基本上都是被动地享受母亲的爱抚。因此，他依靠父母的可得性来调节愉悦程度。通过嘴巴和眼睛，婴儿成为一个积极的伙伴来重复快乐的满足以及对此进行调节。他能够通过张开或合上他的嘴或眼睛来满足和取悦自己及其照顾者（即使是一只猫，有时也会对照顾者眨眼，这似乎是一种有目的的礼貌。）

　　嘴（尤其是嘴唇）是满足和调节的基本性感带，也是探索之源。父母不在身边时，婴儿吮吸安抚奶嘴以满足自己。他常常能控制任何进入他嘴里的东西。他能将其吞咽或用舌头将其顶出，也可以区分熟悉的和不熟悉的物品，识别形状和味道。他可以用嘴唇和牙龈来含住乳头，并且可以根据自己吞咽的能力，通过调节脸颊肌肉的力量来控制奶水的流量。母亲帮助他把乳头塞进嘴里，母子二人都投入他的吮吸和眼神互动中。通过吮吸和彼此间的愉悦互动，他们之间产生了一种结合的亲密感。

　　口腔活动，如接吻、吮吸、舔食、吞咽、注视、微笑、爱抚、非言语对话等，反映了力比多整合攻击性的情感性欲满足。感官刺激，如咬、咀嚼、紧闭牙龈，甚至呕吐，反映了攻击性整合力比多的情绪性欲满足。这些口腔感知逐渐成为充满情绪的象征。例如，吞咽可能在情绪上被体验为从外部获取某物并将其吸收；呕吐或排泄象征着从内到外的投射（因此有"喷射性呕吐"的表达）；眼睛凝视象征着相互渗透。大部分的这些口欲化感官快乐构成了婴儿生命第一年情绪调节和发展的感知、情感基础，从婴儿期到成年期保存为自体资产（色欲和情绪亲密的能力增加）。

　　这一阐述澄清了弗洛伊德提出的第一个心理发展阶段——口欲期——这一名字的起源。在生命的前 6 至 8 个月里，情感表达主要以柔和为主要特征，而之后，则会加入攻击性的特征。弗洛伊德称这第二段时期为"口欲施虐"（oral-sadistic）期。在这个阶段，牙齿开始长出来，婴儿经常因为疼痛而爆发哭声，也会把他的牙床压在一起，作为对疼痛的一种反射性的反应，然后咬着或用力咀嚼任何进入他嘴里的东西。

5个月大的哈利调节着吸奶的力度。他用嘴唇和牙龈夹住乳头，不会太轻以至放开乳头而吸不到奶水，但也不能太重而刺激母亲以至其撤回乳头。因此，他努力克服并调节自己在吮吸时咬人的需要。在8个月时，哈利通过咬不同的物体学会了区分自己对不同物品产生的满意程度，如安抚奶嘴、玩具和奶瓶的奶嘴（阻断液体流动）。

9个月大的茉莉喜欢扯母亲的头发，有时边吵闹边扯，有时则很优美地扯，但显然她很开心，因为她或者面带微笑，或者开怀大笑。她把手指插入母亲的嘴里，好像在探索里面有什么东西。当茉莉感觉到母亲的不情愿时，她就将手指拿出来，放弃自己愉快的探索。显然，她感觉到有些行为对她来说是愉快的，但对母亲来说并非如此（开始认识到分离性）。她学会了让自己的动作温柔些，以便与其对母亲的感情相协调，她也意识到哪些动作会让母亲感到痛苦或被其体验为具有侵略性。

因此，孩子逐渐提高了对驱力和情绪的表达和调节，如温柔和侵略性，同时也提高了其精神运动智力和通过身体语言对自己的感觉进行表达的能力。他区分了咬和吻的不同，尽管这两种动作都是由他的嘴进行的。作为对父母情绪调节的回应，他将亲吻和微笑作为与他人情感和亲密的工具，将哭泣作为调动父母的武器，而将咬作为对挫折感和攻击性的表达。

8个月大的哈利不仅在享受着熟悉和稳定持续的情绪状态，而且还玩一些区分不同情绪状态的游戏，如和父亲玩"捉迷藏"。当父亲在哈利的脸上盖一件衬衫时，哈利的情绪状态发生了变化。他的脸藏在衬衫里，突然见不到父亲了。他变得紧张，也有点焦虑。父亲说："我可爱的儿子在哪里？"然后把衬衫拉起来，说："在这儿呀。"哈利又看到了父亲，因而感到轻松愉快。他喜欢重复这激动人心的游戏，感觉足够安全去体验这种短暂的紧张，然后又恢复到他熟悉的情绪状态。他享受着情绪的变化，期待着下一次的"遇见"。然而，如果父亲把衬衫留在哈利脸上的时间延长一会儿，他就会不知所措。于是，他因为无法忍受这种焦虑而失去了游戏的乐趣。

在 12 个月大时，哈利和他的姐妹们玩"捉迷藏"。他躲起来，然后现身，然后他们拥抱。"看见"和"看不见"交替的情绪状态，"拥有"和"不拥有"，接近和远离，任何版本的捉迷藏游戏都是令人兴奋的。只要他能感到安全，能重获他所熟悉的情绪状态（自体熟悉感的自恋重建），他就会体验到改变情绪状态的快乐。

作为人格功能性成分的自我能动性

弗洛伊德的地形学模型中区分了三个人格组成部分——本我、自我和超我。查斯特盖尔－史密尔热添加了第四个部分——自我理想，而我提出将自恋作为第五个先天原始的成分（见本书第二章）。这些不同的人格组成通过自我调节来保持自体熟悉感的凝聚力：自恋通过对熟悉感-陌生感的张力调节来保护自体；通过对本能的张力调节来保护本我；通过对驱力、情感和情绪方面的张力调节来保护自我；通过对道德禁忌和良心的张力调节来保护超我；通过对理想和文化的张力调节来实现自我理想。

在这一节中，我会提到三个基本人格组成部分（自恋、本我和自我），它们分别为个体自体的不同能动性。自体的各种能动性管理着相关的重要情绪系统（如自恋免疫系统、本我和自我的调节系统以及情绪依恋系统），由客体关系模式塑造。这些能动性的复杂动力学进程通常同步发生，而每一个都影响着其他情绪系统，从而增加了心理生存和健康的可能性。各种能动性相互间缺乏协调可能导致病理性功能丧失。我们需要记住，自体不同的能动性及其在情绪系统中的功能运作之间的区分是假定的，且仅供教学之目的。

例如，自我能动性可以调节驱力和情绪（调节系统），指向熟悉的非自体（由自恋能动性破译和识别）。因此，自恋在自我调节系统中触发了对熟悉物的吸引，自我要么扩展熟悉的信息（待陌生如友或者否认其差异性），要么抵制陌生感，从而（在自恋免疫系统中）调动适应或防御机制。其次，在调节系统中，自我能动性，通过合并、内摄和同化来丰富信息，或者通过投射来防御信息。最后，在依恋系统中，自我能动性可以改善与熟悉客体（自我和自恋能动性）的交流（通过适应机制，如肢体语言），或者反过来，驱使其从客体处撤回（通过防御机制，如投射）或强迫性地爆发破坏性（本我分解本能）。

让我们先聚焦于自我，它作为个人的自体调节能动性，是如何通过我们熟知的防御机制来管理情绪张力调节的。我建议通过研究防御机制和适应机制之间的差异来重新定义这些自我机制的进程。我着重强调的是伴随适应机制的快乐感和控制感，而非由防御机制导致的焦虑感的减少。从整体上看待行为并谨记其是由多方面的因素决定的，我们可以选择强调或详述其防御和 / 或适应的方面，尽管这两者之间从来没有绝对的差别，因为它们常常是结合在一起的。

区分适应机制和防御机制，我认为有三个标准：

1. 自我情绪投入的目的；
2. 机制的运作模式，特别是在三个主要的情绪系统中：（自恋）免疫系统，（自我）调节系统以及依恋（客体关系）系统；
3. 由适应和防御机制的无意识激活所带来的情绪成本和收益。

我将自我的情绪调节作为一种经济投入，这就是我为什么选择从经济学中借用"成本–收益分析"这个术语作为评估适应机制和防御机制运作模式的方法。我想强调的是，自婴儿期到成年期，适应机制提高了效率和收益，这反映在认知能力和情商的提升方面。适应机制的出现和发展，每一种都源于其之前的功能，也可能退行或倒退至其以前的功能。通过适应机制，个人的自我能够将新兴的刺激与可能带来满足的客体联系起来，相比之前的适应功能运作水平，提高其效率和收益。一个典型的例子是通过内摄机制达成合并，直至内化、认同等，从而实现发展。我们可以假设，适应机制由连接本能的能量所激励（即生本能）。

防御机制则并不具有这种前后相关性。更确切地说，我的理解是，个人的自我能够将几种防御机制结合起来以防御自体免于被特定的焦虑所淹没，如分离焦虑。当这些机制失败时，次级防线就会开始发挥作用。这种防御能力是由分解了适应机制形成的连接（防御）机制完成的。例如，它们可能会分裂或解离来自客体的让他们感到有受挫风险的冲动/刺激。此外，它们还可以防止自我调动必要的创造性的连接能量予以适应。因此，我认为防御机制由自我所激发，处于分解本能能量的冲动之下（如死本能）。

谢弗（Schafer）在定义防御机制和适应机制之间的区别时强调：

……只要运作是防御性的，它们就会寻求完全阻挡被拒绝的冲动的释放；只要运作是适应性的，它们就会促进被接受的冲动的释放，尽管它们也可能极大地延迟、完善和限制这些被接受的冲动的表达，以确保实现与个体总的生活状况相一致的最大的满足。

在精神分析的治疗和"修通"某个议题的过程中，我们可以观察到一种同调的、正合时宜的解释可以解除病人的焦虑和防御机制的主导性。这可能会为创造性的适应机制释放出能量，增加对病人的益处，从而增强其自体凝聚性和自尊。

　　这里，我通过描述分析中一连串相关事件来说明这一复合的过程。谢莉（Shelly），30 多岁，饱受被遗弃焦虑的困扰。每一次分析都激发她共生的幻想，即我们将永远融合在一起，永不分离。因此，每次会谈，她都否认我们的会谈时间是有限的。当我试着提醒她离这次治疗结束还有十分钟时，她突然爆发，大喊大叫，说她不想听这个。她尖叫着，好像自己正濒临死亡，同时试图阻止我起身开门（有时甚至直接用肢体阻挡我）。谢莉的自我明显动员了其防御机制，如否认分离，将她想和我融合的冲动从她在移情中体验到的抛弃她的客体中分裂出去，她以一种自我毁灭的方式做出反应，以便能依附于我。

　　在某次会谈里，谢莉讲述了她前一天晚上与男朋友戏剧性、创伤性的分手。她说："10 点了，巴尼告诉我他必须回家。我尖叫、大吼，我锁上门并把钥匙拔下来后站在那里，这样他就出不去了。然后他推我，我倒地受伤……他还是想跑出去，我就喊，他在我最需要他的时候拒绝和抛弃我……然而他还是离开了我。"[她对男友的情绪反应与她对我每次结束会谈的反应非常相似。] 后来，谢莉联想到自己在幼儿园时的一个创伤性事件："母亲来接我回家，我说今天想去和苏还有苏的母亲一起玩……我母亲爆发了，甚至打了我的头，大喊，'你竟敢如此对我！等你回来的时候我不会开门的……'她发疯了……而我吓坏了，我紧贴着她尖叫着，甚至揪掉一些自己的头发，但她继续打我。我对此记忆犹新……这是第一次我谈起这件事……我以前从来没记起过。"谢莉哭着、颤抖着。几秒钟后我解释她在移情中的联想："当我提醒你，我们的时间快到了，让我们可以准备好分离，明天再次重聚时，你立即强迫性地重复同样的尖叫和依附，就好像我是你的母亲或你的男朋友一样——关上门，抛弃了你。"她回应说："这不是'好像'，你就是在扔我出去！"后来我说："可能你现在意识到，通过尖叫、依附和阻止我们分离，是想要防御自己被遗弃的焦虑。你好像忘记了你创伤性的 [熟悉的] 愿望，即想和你朋友还有她的母亲一起去玩，也忘记了如果你或我胆敢想要分开的话你那可怕的痛苦。"谢莉保持沉默，然后说："我知道我常常用同样的方式尖叫！我处在惊恐中。昨晚，当我不让男朋友走的时候，我感到他的憎恨，也许是因为当我的母亲不让我跟别人去，我紧紧地贴近她的时候，我很恨她。"我回应着她被压抑的愿望："你能听到你刚才说的话吗？当你回到幼儿园时与朋友和她的母亲一起的场景时，你也与自己真实的、熟悉的、最深的愿望产生了联结，以重新享受你母亲的爱。你想在分析中与我联结，为我们两个人都准备好分离，直到我们的下一次重新团聚。"谢莉马上回应说："我永远无法想象会有再次团聚。对我来说，这是永远的拒绝。你能保证吗？反正我也不会相信你……但我想明天我还愿意来，我渴望我们的会面，我总是害怕结束……[默默地哭] 如果我鼓起勇气告诉你现在 4 点了，到时间结束我们的合一性（oneness）了，你明天会等我吗？我也想见我的男朋友，我希望他在楼下等我，不管昨天发生了什么事。"

在这些特定的时刻，我能感受到我们真正的亲密；感觉到她为放弃自己的防御而颤抖，而不是大声尖叫。我在思索，她是否有足够的创造性能量来调动适应机制？但让我惊讶的是，在经历了几分钟的内心挣扎后，她说："昨天我给男朋友买了一件礼物，但我现在不想给他，我太不稳定了。我可以把它留在这里，明天再拿走吗？"

她在重现的适应机制中获益使我深受感动。在我们的会谈过程中，在我们分享她想要和男朋友复合的真实、熟悉的愿望而又不会威胁到我们的亲密时（过渡性现象的适应机制，见本章下文），她已经将礼物投注给了她的男朋友。我知道她现在也能感受到我们之间的亲密感，同时也友好地对待了自己被压抑的、熟悉的愿望，即之前的想和好友的母亲一起走，现在的和她的男朋友在一起、确定明天能找到我、她想送给男朋友的礼物甚至是她想得到母亲的爱。

在数次会谈后，我们发现这种特殊的适应机制并非新事物。她过去和父亲在一起（对母亲保密）时常常动用这种机制，如让他为自己保管一些东西（如父亲送给她的礼物），在下一次拿出来。在把这些礼物交还给他保管之前，她会在只属于他们的秘密的地方玩这些东西。显然，当这种适应机制可以在治疗环境中得到释放，就会连接到她的父亲的爱和客体的满足上。这种自适应机制的调动及其在移情（当它出现在与治疗师和男朋友的关系中时）中得以修通，让她那些与我们所有人和解的愿望得以浮现。换句话说，这种适应进化了，变得更富有经验。

让我们比较一下适应机制的自我调节和防御机制的调节，有关自我的目标、运作模式以及使用每一种机制时所需要的成本和收益。

口欲期的适应机制

根据快乐原则，从口欲期开始，自我的适应目标有以下七条：

1. 获得愉悦并避免不愉快；
2. 使内在的冲动适应于满足它们的可能性环境（正如我们将要看到的，从肛欲期开始，这也遵循现实原则）；
3. 要妥善、有利地应对环境；
4. 经济地投入情绪资源；在自体、客体和它们之间的关系中，使用来自内部的资源（本能、驱力、情绪和记忆）或来自外部的资源（一个人的客体）；
5. 在情绪加工的不同目标之间进行协调（维持自体熟悉感、张力调节及与客体的关系）；
6. 在当前现实（自我功能）、过去的回响（自恋功能）和与父母的互动（客体关系）的体验之中提升信息的交叉验证；

7. 培养创造力、最大限度地发挥智力资产的潜力（精神运动、认知和情感）。

适应机制的运作模式是无意识的，其特征在于自我整合了力比多和攻击性驱力，也整合了正性和负性情绪，从而形成有凝聚性的精神能量。这种精神能量由自我积极投到一个适当的客体上，该客体能够使个体产生自体内在的满足感和愉悦感，也能形成自体和客体之间愉悦的互动。这就意味着，适应机制主要受到相关本能的影响，针对三种情感系统各有不同。

使用适应机制对自体产生的成本和收益有赖于其运作的经济模式。这意味着让那些愉悦适应的收益最大化，同时让来自挫折和自恋受损的伤害最小化；让正性情感最大化、负性情感最小化；更多地激活和有效管理适应策略而非防御策略 。一般来说，成本跟调节对陌生感的警觉的必要性有关，因为这种陌生感可能会将自体暴露于意外伤害、失望、挫折甚至焦虑和创伤的预期风险中。此外，获得的益处则与智力潜能发展（精神运动、情感和认知）、心智化的提升以及文化价值观的发展方面相关联。这种益处会产生愉悦的体验、自体满足、自体控制和自尊，同时在快乐和痛苦的情境下都能丰富与客体的交流。

口欲期的防御机制

顾名思义，自我的目标是保护自体避免其遭受以下情况：

1. 被焦虑淹没；
2. 可能对身体具有压倒性的异物入侵；
3. 自体熟悉感、客体熟悉感或客体关系熟悉感凝聚力被破坏；
4. 被暴露于自恋受损、挫折、攻击性爆发和自体毁灭中。

　　防御机制主要受到分解本能的影响，其作用原理是将驱力和情绪从相应的客体中分解出来，而适应机制则与此相反，是将驱力和情绪投入到相应的客体上。

　　三种情绪系统各自所对应的操作模式都是独特的，互不相同的。例如，在情绪（自恋的）免疫系统中，诸如否认等防御机制被用来抵抗对陌生感的焦虑；在依恋（客体关系）系统中，赞赏和共生关系被用来抵御客体丧失或被遗弃的焦虑；而在情绪自我调节系统中，压抑、抑制和投射都被用来对抗毁灭焦虑。

　　当评估自体使用防御机制方面的成本和收益时，自我的运作模式也是经济性的，这意味着该模式会最大限度地保护自体并使焦虑最小化。防御机制的管理需要巨大的情绪资源（成本），这样就给自我的创造力、适应能力、自体控制能力、自体调节及关系维持留出有限的情感储备。防御的好处是"初级获益"，即缓和了焦虑水平、增强了自我的功能。"继发性获益"便是产生了症状，它会将客体的注意力从个体最初的焦虑转移到其症状上。

　　在日常生活中，防御机制是必要的，它可以将自我从过度警觉的状态中释放出来，并自我解放以激活更多的适应机制而不是防御机制。然而，当焦虑增加时，自我更有可能调动防御机制而非适应机制，并产生抑制和症状。

口欲期适应机制示例

　　让我们一步步来仔细查看一种情绪状态让自我在三种情绪系统中调动适应机制。3个月大的埃里克（Eric）从他天堂般的睡眠中醒来（受到本我分解本能调节的影响）。经过几分钟的安然无恙（自恋免疫系统）之后，他哭了起来。埃里克可能感知到（通过他的自恋免疫系统）陌生感，这种时候就类似于饥饿，转而又激起了他的张力（本我调节系统）。

为了让他能够立即释放自己的张力，强大的连接（生）本能有必要抓住营养源。他的母亲走近他，他感知到（自恋免疫系统）熟悉的非我（他的客体），这引发他关于温暖、气味和牛奶味道的记忆痕迹的回响并暂时安抚了他（自恋免疫系统）。埃里克的母亲深情地抱起他，对他微笑、拥抱他并让他依偎在怀里（在依恋系统中母亲的自我适应机制），而埃里克则面带微笑凝视着母亲的眼睛（埃里克在依恋系统中的自我适应机制）。他们享受着彼此间的亲密，相互影响着（客体关系）。然而，饥饿的张力增加了立即吞咽的意愿（本我能动性触发了连接本能）。现在，埃里克的自我功能开始调节这种情绪风暴，将力比多吸引到他所熟悉的恰当的客体上（一种适应机制），并将情绪能量投入与母亲的亲密接触（客体关系）中。他满足自己的饥饿（连接本能的释放）、满足自己的驱力和情绪，体验着快乐的感觉（自我的调节系统）。

阻抗和抑制

在我看来，阻抗是一种古老的适应机制，它在健康的自恋系统中发挥作用。这让婴儿在与熟悉的客体互动时与之相适应（例如，一系列动作，要求），同时抵制陌生感和陌生人。阻抗也阻止或抑制联想进入意识，最可能的是联想可能唤起威胁和危险的感觉，而这种感觉与自体熟悉感是格格不入的。

我认为，抑制代表了一种古老的自我适应机制，它的作用是约束和调节驱力的表达。我们可能会说，抑制可以阻止驱力和情绪被表达（内部外化），而阻抗则是防止陌生感的渗透（外部内化）。阻抗和抑制都可以被视为"刹车"，用于加强婴儿的界限。被诊断为患有注意力缺陷多动障碍、额叶病变、人格障碍或精神病的人往往缺乏抑制能力。

熟悉和定位

这些机制的特点是它们在合成和分解输入的数据方面具有灵

活性（基于连接和分解本能），从而给婴儿一个更好的定位，帮助他熟悉自己及其所处的环境。这组机制包括四种运作方式：联合（association）、整合 [（integration），包括皮亚杰描述的同化和适应]、分化（differentiation）和分离（separation）。

联合和整合强调分离成分之间的相似性，以便在它们之间创建连接，将它们组合到一个单一的概念中，然后将其他元素与这些成分联合在一起，或者以不同的方式进行整合。

分化和分离强调了相关联的元素之间的差异性和独特性。这些机制可以将数据转化为表征，特别是进入一个"表征的世界"，它由客体、自体和客体之间的关系、交流模式（"已被泛化的互动表征"）这些带有情绪色彩的记忆痕迹所组成。我们认为这个表征的世界可能也包含了一系列的脚本，它们被情感放大，受客体关系的影响。

这些机制被自我调动起来，通过让婴童获得分析、综合和心智化所积累的数据（适应）的能力，处理无数的感知-情绪体验（自恋免疫系统），促进孩子的学习。语言、智力、心智化和独创性都在发展，并有助于熟悉（自恋免疫系统）和定位环境（调节系统），培育正性的自尊（自恋免疫系统），以及让自己可能成为他人喜爱的人（依恋系统）。这些依恋，根植于身体，基于情感体验，形成了一个人的客体关系模式的基础。

恒常性感知

这组机制包括四种类型的恒常性，即自体熟悉感的恒常性、客体的恒常性、客体关系的恒常性及环境的恒常性。它们由自我能动性结合自恋能动性 [激发人们被熟悉的人（事、物）吸引和对陌生感的阻抗] 及生物源（旨在保持恒定张力阈值）来加以处理。

恒常性感知在面对变化、差异性和周期性（自恋免疫系统）时，帮助识别熟悉物。婴儿学习体验客体的存在是恒常的，即使他们从其视野中消失（依恋系统）。渐渐地，他能感知到"半满杯还是半空杯"（Half-full glass）——来获得免疫能力（自恋免疫性系统），投入（调节系统）他所拥有的固定（恒常的）资产，而不是认为自己丧失或丢失了资产。他的自体免疫和情绪安全感在面对分离、挫折时以及在陌生的环境中得到改善，于是他对这些影响更能免疫。

9个月大的凯伦每天晚上独自睡觉（分离）前，都需要父母遵循她所熟悉的同样的程序。她总是希望父亲读同样的故事，尽管她完全听不懂，但这种日常惯例给她一种稳定、安全和连续的感觉，并帮助她面对独自睡觉的分离。

过渡性现象及相关概念

这组机制包括四种类型，即过渡性现象、过渡性客体、过渡性沟通和过渡性空间。在我看来，过渡性现象是适应机制的重点之一。温尼科特首先描述了这些关键的概念，我希望进一步扩大这些概念的范畴。

温尼科特引入"过渡性客体"和"过渡性现象"的术语"……是用来表示体验的中间区域……"。我完全赞同温尼科特的重要观点：

……这是体验的中间区域，内在现实和外部生活都对此有所贡献。这是一个不受挑战的区域，因为没有谁代表其发声，它只是作为个体的栖息地而存在，致力于使其保持内、外在现实分离又交织的任务。

我也同意温尼科特所强调的内容，即"这些体验的中间区域……构成了婴儿体验的绝大部分，在整个生命中保存在属于艺术、宗教、富有想象力的生活和创造性的科学工作的强烈体验中"。

然而，在我看来，在（以过渡性为特征的不同现象的）"中间区域"内的体验的本质意义在于，它们包含了婴儿及其照顾者感觉的多模态回响。

让我们来看看温尼科特举的例子："一个婴儿咿咿呀呀，或者一个大点的孩子在准备睡觉时唱着他知道的所有的歌和调，这些就是在中间区域出现的过渡性现象。"在我看来，婴儿可以咿咿呀呀地准备睡觉，因为这让他回想起自己听到母亲为他唱着熟悉的歌（甚至当他还在子宫里的时候）。这首歌在伴侣、母亲和婴儿的内心中回响（自恋式进程），是有情感色彩的熟悉感知（声音、视觉、嗅觉、触觉）的记忆痕迹。换句话说，正是这些相关联的感觉和伴随的情感/情绪的共享产生了过渡性现象的基本情绪网络。

最近，神经科学研究人员里佐拉蒂（Rizzolatti）发现了一种有趣的生物-生理-心理连接，他将其命名为"镜像神经元"现象。我认为他的发现可以解释过渡性现象的一个方面。里佐拉蒂称，在他的实验室中的猴子，不论是自己完成了一个动作，还是观察他人完成相同的动作，被激活的脑细胞是相同的。斯特恩进一步考量这一新的发现，并提出："镜像神经元让我们不需要模仿他人，就可以直接参与到另一个人的行动中。我们体验他人就好像我们……感受着同样的情绪……这种对另一个人心理生活的'参与'产生了一种感受到/共享/理解此人的感觉，特别是其意图和感受。"

我认为，这种共享的、在连接处体验到的"中间区域"，是一方调整到与对方的感觉同步时发生的。在类似的情况下，这些感觉记忆痕迹的回响就可能被激发。

斯特恩指出了为实现情感协调父母应该如何做。

……父母必须能从婴儿的外显行为中读取婴儿的感觉状态……来进行一些模仿，这些模仿虽然不是严格与婴儿的外显行为相同，但在一定程度上具有对应性……这种父母的相应反应的读取是与婴儿自身最初感受体验有关的，而不仅仅是模仿婴儿的行为。

斯特恩称，对于"一个人的内在感受状态可以被另一个人知晓，双方都能在不进行言语交流的情况下感觉到，此时交流便已发生"，上述三个条件是必需的。汤普金斯有关情感传染和面部模仿作用的构想也支持了这一观点。

我们思考镜像神经元的发现，斯特恩提出的术语"情感协调"和"参与"，我提出的"伴随的感觉（多模态）记忆痕迹回响"的概念，都有助于理解过渡性现象创建的基础。

在我看来，这种基础的设立依赖于一个重要的条件——父母可以考虑到孩子的分离性。斯特恩的表达略微不同："母亲为匹配婴儿行为所使用的表达通道和形态不同于婴儿所使用的通道或形态。"因此，"参与""情感协调"以及"媒介"感觉沟通（见下文）将成为孩子和照顾者之间交流的一个熟悉的情绪框架。

我认为，过渡性现象反映了这种独特的共享情况，即对彼此感觉的参与（镜像神经元的触发）被投入到第三个共享的情绪现象中。例如，当婴儿盯着一个可移动玩具在运动时，母亲也加入其中与他一起观看，并用带有节奏的语调说："它从这边移到了那边。"在这些珍贵的时刻，幸福的感觉油然而生，就像在温尼科特所说的"体验的一个中间区域"，或者如我重新对其的命名"第三共享空间"（见下文），他们的感觉暂时连在了一起，唤起了共享的感受。婴儿及其照顾者在同一个事件或同一个物体上共同的情绪投入触发了他们在这个独特的共享空间内的感官共鸣，这被体验为一种情绪现象。这种感觉序列被保存在个体的自恋免疫记忆中，以备在类似的情况下产生回响。这些回响代表了在"中间区域"的独特共享，正如温尼科特所称，在想象与现实之间或者在主观和客观之间架起了桥梁。根据我的观点，这种共享也会在过去和现在、自体和他人之间以及婴儿和客体的感觉共鸣之间架起桥梁。它甚至可能还包含想象的未来以及对真实的想象。

这一共振进程被双方感知为共享的结合，是一种在虚拟共享空间中的体验。双方都在类似的事件中产生这种共同的过渡性现象。就像婴儿咿咿呀呀地准备睡觉时，想起的是母亲对他的独唱。

以下是过渡性现象的特征。

一般的过渡性现象

这些情绪现象被体验为一种虚拟的联结，在各自独立的个体之间起调节作用，如在婴儿和父母之间，它们唤起双方的满足感、享受感和交流感。这些现象被投注了一种亲密感，不管双方彼此间相距多么遥远，在类似的情境下，双方仍然有一种连续和共享的感觉——紧随着这些多形态感知的独特记忆痕迹的回响——甚至在代与代之间。

温尼科特关注先占观念以及主观与客观感知之间的中间区域。以婴儿的饥饿为例，根据温尼科特的理解，婴儿的先占观念为：饥饿感刺激了感知记忆痕迹（如味觉、听觉、嗅觉和触觉）与母亲及其提供的母乳相关联。这也代表了一种感知现象，在婴儿吃饱之前就会减轻饥饿感。如前所述，这种感知现象很可能与生理感觉唤醒（如"条件反射""满足幻觉"以及"客体幻觉"或"满足错觉"）相关联。因此，我们可以观察到饥饿的婴儿的嘴唇翕动，好像他在吮吸一般，当他吮吸奶嘴时，他的饥饿感便暂时缓解了。显然，婴儿是被熟悉的味道（自恋进程）所吸引，如同受到他的饥饿感的连接本能驱动一样。然而，不久之后，这些感觉记忆痕迹将会与一个和他分享情感参与的客体联系起来，这些感知现象就会作为过渡性现象而被投注。就像普鲁斯特（Proust）和他著名的马德兰蛋糕一样，当我们吃东西时，我们会立即想起那些与我们分享食物的人，此时我们会意识到这种过渡性现象。味觉或嗅觉成为跨越我们分离性的过渡性桥梁。

混合了蛋糕渣的那一勺暖茶碰到我的上颚，我顿时浑身一震，定住了。我感觉自己身上正在发生非同小可的变化，一种舒坦的快感传遍全身，我感到超尘脱俗，却不知出于何因……这种全新的感觉对于我的影响如同恋爱一般，它以一种可贵的精神充实了我……回忆突然袭来：那味道就是我在贡布雷时星期天早晨迟到的小玛德琳蛋糕的味道（因为那些日子里我在做弥撒前都不会出门）。当我到莱奥妮姨妈的房内去请安时，她常常会把一块玛德琳蛋糕放到不知是茶叶泡的还是莱蒙花泡的茶水中浸泡一下，然后拿给我吃。见到那种小蛋糕的时候，我还想不起这件往事，但当我尝到它的味道后，往事便浮上心头。我明白了，这种愉悦全都来自我这杯茶。

马塞尔·普鲁斯特（Marcel Proust）

《追忆似水年华》（Remembrance of Things Past）

在沙漠里，一个口渴的人可能会吮吸一块石头，在嘴里感受到一系列与客体相关联的味道，这可能会暂时缓解其口渴。与婴儿不同，成年人知道这仅仅是一种幻觉。当一个成年人无法区分现实和幻觉时，这个最初的适应机制就被用作防御机制了。幻觉会出现在精神病或其他病理性情绪状态下。

感知过渡性现象作为一种适应机制暂时缓和了张力的唤起，并短暂地延缓了本能的强迫性释放。这让婴儿能够适应小的挫折，如当母亲不能那么快到来的时候。然而，这种幻觉只能短暂使用，因为随之而来的是饥饿感再次增强。

6个月大的杰瑞累了。他想要睡觉，并通过他和母亲共享的过渡性现象（依恋系统）传达给母亲他疲劳的（自我能动性）信息：他有节奏地发出"啊，啊，啊"的声音，还摩擦着眼睛。他的喃喃自语和母亲哄他睡觉时唱的催眠曲类似（自恋免疫系统）。通过这种喃喃自语的过渡性现象，杰瑞的母亲可以回到他身边唱同样的歌帮他入睡，然后与他分离直到他醒来（客体关系）。

过渡性共享空间

过渡性共享空间代表了一个复杂的过渡性现象，它让人联想起到温尼科特关于"体验的中间区域"这个概念，独立的个体在此区域内维系着相互的关系。伙伴双方都从自己的自我空间中浮现出来，以便在虚拟共享空间中参与到其他人中（见第四章）。在共享空间中，亲密的情绪现象是一种主观的、虚幻的、非特异性的感官知觉。

过渡性客体

过渡性客体是在诸如父母和婴儿这样两个独立的个体之间情绪投注的一个具体的对象。温尼科特提出，过渡性客体帮助婴儿入睡，也是婴儿的第一个"非我"资产，是其自主性和真实的客体关系的前身。这个对象——无论是玩具、书还是一个人——承载的情绪对双方都是非常重要的，就像"兄弟"一样亲近，对孩子来说就像父母一样珍贵。父母常常记得把这个"客体"放在离孩子很近的地方。因此，它被视为物体的恒常性，即使当父母不在场时，也可以让孩子有自体安全感——也就是说，不在场的在场（见第四章）。

在我女儿谢丽尔的玩具中，我明显偏爱她的老虎，很可能因为它是我非常亲密的朋友送给她的。她 10 个月大的时候，我喜欢看她深情地拥抱着老虎，喃喃地说"我的，我的"，就像我拥抱她时对她的耳语一般。没有老虎在身边，谢丽尔不肯睡觉，在她疲倦、痛苦或愤怒的时候也会把它找出来，把它当成自己的伙伴。

过渡性"媒介"——超越言语交流

被我命名为"媒介感觉交流"的现象，代表的是许多独立的个体在感知交流上的情绪投入，他们共同使用一种独特的语言。这种感知交流使他们对彼此有了深刻的理解。因为他们的交流远超文字，而且同时包含了语调、肢体语言和感知特征，所有这些都为交流赋予了情感的意味，也让其具有细微的差别，就像在共享联想中一样。这种过渡性现象可能得到精炼，以包含各种独特的语言——非言语、言语、俚语、专业交流、艺术和文化表达——所有这些都能横跨差异性，让投身于此的人群得以理解。

维果斯基（Vygotsky）阐述了个体内部言语和对他人的外部语言之间的差异，他用托尔斯泰（Tolstoy）所著的《安娜·卡列尼娜》（*Anna Karenina*）举了几个例子。他指出，当两个人有着同样的想法时，言语的作用就会减少，言语于是会被简化。当基蒂（Kitty）和莱文（Levin）向对方表明自己的爱时，他们会用首字母：

"我早就想问你些事了。"

"请说。"

"这，"他说，并写下了首字母：W y a：I c n b，d y m t o n（when you answered：it can not be,did you mean then or never？）。这些字母的意思是："当你回答说不可能的时候，你是指当时还是永远？"

她似乎不太可能理解这个复杂的句子。

"我懂。"她脸红了。

"那个单词是什么？"他指着那代表"永远"的 n 问道。

"这个词是'永远'，"她说，"但那不是真的。"他很快擦掉了自己写的东西，并将粉笔和玫瑰递给她。她写道：I c n a o t（I could not answer other wise then）。

他脸上突然露出了光彩：他明白了。它的意思是："那时我无法做出其他的回答。"

我们的大部分情绪和记忆都与过渡性现象的独特滋味交织在一起，

它们代表着与父母、家人或朋友（依恋系统）情绪融合的亲密性和连续性。通过这些过渡性现象，我们持续感到归属感、享受（调节系统）以及我们最亲爱的人的存在，即使他们本人并不在场，可我们对他们的感觉记忆痕迹仍然突出、清晰、有形，尽管岁月流逝（自恋免疫系统）。

这些过渡性现象/客体的关键意义，是通过共同的关系产生的（见第四章），建立在婴儿逐渐增加的分离和（随后又与父母重聚）的能力基础上。此外，在儿童-父母的联合投入（见第四章中对过渡性现象的详细阐述）的影响下，这些过渡性适应机制终生都会得到丰富。

与自恋熟悉原则相关的快乐/不快乐原则

这种适应机制帮助婴儿寻求适当的熟悉的机会，与客体体验满意感和快乐，避免陌生感、挫折感和脆弱感带来的不快乐。

8个月大的简听到了由其自体空间外而来脚步声。通过自恋感应器，她识别出这是她熟悉的脚步声——父亲的脚步声。运用自我调节功能，她发起了精神运动智力活动，以实现和重复由父亲的脚步声引发的熟悉的快乐（自恋免疫系统）。快乐和过渡性现象的记忆痕迹在她的心中产生了回响。她快速地爬（自我能动性）向他的手臂，没有碰到任何东西，也没有被动地等待，直到父亲来到她身边。父亲立即张开双臂，高兴地把她抱起来。简就这样让父亲喜爱。她唤起了父亲对她的温柔，并成功地与他建立了共同的幸福感。

享受和快乐是我们对自己的经历及赋予意义的信息的副产品。联想、表征和脚本的情感网络为我们与他人的关系及交流、我们的痛苦及主要的幸福赋予了意义。

这一点在下面从《小王子》（*The Little Prince*）一书节选的一段文字中得到了深刻的体现：书中，小王子描述了自己对玫瑰的依恋，而他显然忽略了这一点。

小王子又去看那些玫瑰。

"你们一点也不像我的那朵玫瑰，你们还什么都不是呢！"小王子对她们说。"没有人驯服过你们，你们也没有驯服过任何人。你们就像我的狐狸以前那样，它那时只是和千万只别的狐狸一样的一只狐狸。但是，我现在已经把它当成了我的朋友，于是它现在就是世界上独一无二的了。"

这时，那些玫瑰花显得十分难堪。

"你们很美，但你们是空虚的。"小王子仍然在对她们说，"没有人能为你们去死。当然，我的那朵玫瑰花，一个普通的过路人以为她和你们一样。可是，她单独一朵就比你们全体更重要，因为她是我浇灌的。因为她是我放在花罩中的。 因为她是我用屏风保护起来的。因为她身上的毛虫（除了留下两三只为了变蝴蝶以外）是我除灭的。因为我倾听过她的怨艾和自诩，甚至有时我聆听着她的沉默。 因为她是我的玫瑰。"

在我看来，人们熟悉的快乐感、幸福感、连接感、熟悉感以及爱的情绪体验代表着一些最重要的情绪过渡性现象，它们出现在我们生命早期与客体的关系中。这些是增强我们生物和心理免疫系统的基本情绪，这也让它们在我们的生存中具有举足轻重的作用，它们同时也代表我们一生中重新体验快乐和正性情感的需要。然而，成年人常常为需要寻求自己从孩提时就渴望的爱和快乐而感到羞辱。在一个平行的过程中，不满足的体验代表我们抵制陌生感以及摆脱和 / 或避免不愉快的需要（见第七章）。

内摄

在婴儿从外部吸收客体的感官特征时，内摄（introjection）便开始运作，这类似于吞咽的口腔运动。就好像婴儿在吞咽着父母的感官特征——如声音、回应的音调、温暖和节奏——而不去消化它们。内摄帮助婴儿通过感官（依恋系统）识别客体，让婴儿熟悉父母各自的感知独特性，并将感知到的这些特征（自恋的系统）精确地予以保存。这就是为什么在同一个家庭长大的孩子们对父母有不同的感觉（见第七章和罗生门效应）。

被吸收的特征经常会扭曲客体的表征。例如，如果内摄了母亲咄咄逼人的语调，可能会破坏"广泛"的好母亲感。

一位成年病人在治疗中说："我不敢相信从我嘴里对儿子说出了这些话。我记得当我还是个 10 岁的小男孩时，我就许诺，自己绝不会像母亲那样对孩子讲那样的话。但它们突然从我喉咙里喷出来，就好像我母亲突然尖叫起来一样。我甚至羞于告诉你我对他吼了什么。"

在成年人的生活中，每当我们听到自己说话与自己父母的独特语调惊人地相似时，我们就能理解一些内摄（有时我们很享受，但一般来讲我们并不喜欢）。

有时，这些内摄的记忆痕迹的回响，让自我能将其吸收和整合（或消化）为一种客体恒常感，并使它们适应于当下的经历，在这种情况下，它们不再作为内摄的功能，而是成为自己的一个完整的部分。在以后的阶段里，模仿、内化、认同等适应机制在内摄机制的基础上发展。

理想化

理想化（idealisation）由内向外运作，与内摄的方向相反。父母和婴儿互相投入自恋理想化，以保持自体熟悉感（口欲期自恋进程）的完整和完美来对抗陌生感的出现。因此，父母将孩子视为"全世界最好的"，而避免面对孩子痛苦的差异性（见第二章）。婴儿感知到父母对理想化的反应，就好像他在镜子里照出来的一样，这种反馈让他觉得自己作为一个理想的、夸大的自体被父母爱着。然后，婴儿把他熟悉的自恋性完美的感觉向外投射到自己的父母以及自己与他们的关系上。

理想化被体验为一种幸福感，而且伴随着恋爱的欣快感。这些感受强化了对客体的基本信任和"盲信"，以及人的自尊感及其所爱的客体的价值。

我的病人迈克尔（Michael）这样描述他心中理想的女人："这是我一直梦寐以求的女人……她是如此美妙而完美……无须言语她就能理解我。"这些都是典型的口欲期理想化和迷恋的特征，表明他未能意识到对方可能也会让自己失望。2个月后，他的至爱约会迟到了，那是他最需要她的时候。他被愤怒淹没了并将这种愤怒强有力地投射到她身上，仿佛她是个恶魔。"我的世界崩塌了。"他说。他立刻和她断绝了关系，甚至都没有听她的解释。

在青春期和成年期，我们倾向于理想化我们迷恋的对象，这时我们会经历短暂的自恋快感。随后，理想化可能会突然转为去理想化和贬低，让位于对至爱对象的幻灭和失望感。

在6岁之前，孩子理想化自己的父母，这是适应机制有用的结果。在潜伏期和青春期，孩子不再能否认他们感知到的父母的不完全性和差异性。通常，孩子会向父母表达愤怒，指责他们，好像他们"破坏"了他们在自己心目中的理想形象，并表现出对他们的失望。青少年会与父母发生争执，或者为失去理想的父母形象而陷入哀悼中。

14岁的巴拉克每天都和父母陷入无尽的争吵："你为什么要从事这样乏味的职业，难道你没有前进的动力吗？……我不希望你来我的学校，你的穿衣风格让我蒙羞……我以为我可以信任你，但是当我发现你还欺骗爷爷，我就无法再相信你了……当我去拉斐尔家时，我嫉妒他拥有那么好的爸妈。"

独立个体之间的联合、调整和时机

这些概念对于理解不同个体之间的客体关系非常重要，如婴儿和父母之间。婴儿和父母，在父母接受孩子分离性（自恋能动性）的能力的基础上，都在无意识地尝试确定通往亲近（客体关系）的恰当的情绪状态。婴儿在自己受到欢迎、被忽视或被拒绝时能感知到（自恋免疫系统），通过试错，他调整接近客体或与其保持距离（调节系统）的时机。他试着对客体表现出情感，通过他们的关系这个自己熟悉的过渡性现象（依恋系统）对他们友好，但通常，当他试着亲近客体而客体却不可及时，他会受到伤害，并将之体验为客体或自体客体一方的共情失败（见第四章）。这种适应机制是在客体关系中发展分离、直觉、共情、合作和亲密的基础。

口欲期防御机制示例

防御机制并不是一个新概念：它最初是由弗洛伊德提出的，其后许多精神分析师也对此进行了阐述，尤以弗洛伊德的女儿安娜·弗洛伊德最为著名。在这一节中，我想提出一些指引自我动员防御机制的心理状态，即脆弱、陌生、挫折、伤害或深深的失望和羞耻的体验。这些不愉快的经历往往会溶解自我能动性的匹配功能，有时被描述为"自我的合成功能"。这些经历，可能会达到一种破坏自体熟悉的凝聚感，妨碍力比多和攻击性的整合，妨碍个体与客体的和谐关系的状态。此外，这些障碍、失整合和溶解由分解本能所支配，可能会导致攻击性的爆发，使自体暴露于焦虑之中。在这些情况下，我认为自我动员防御机制是为了对自体免于被焦虑充斥而提供短期和长期的保护。

弗洛伊德将焦虑定义为：

……一个情感状态……旧事件的繁殖带来危险的威胁；焦虑是出于自我保护的目的，是新的危险的信号；它起因于力比多，在某种程度上已经不能使用……取而代之的是症状的形成。

从口欲期以后，三个情绪系统中引起三种类型的焦虑：

1. 陌生焦虑——自恋免疫系统；

2. 毁灭焦虑——本我和自我调节系统；

3. 客体丧失或被抛弃的焦虑——依恋系统。

一位新生儿（2周大）的母亲在治疗中说："只要孩子一哭，我就有让他平静下来的紧迫感，因为他还没有耐心等待，所以我尽快用爱安抚他，在他像一头受伤的野兽因怕死而嚎叫之前，我必须快点行动。"

重要的是要记住，婴儿在口欲期时的挫折阈限非常低。因此，婴儿对不愉快的沮丧、陌生或威胁做出即时和过激的情感反应。他的焦虑似乎以分解、溶解、崩溃或毁灭性的方式而威胁着他的存在。口欲期的低挫折阈限特征可能作为记忆痕迹在随后的情绪发展阶段和成年期持续回响。他们会影响人的情绪反应和对自己情绪和关系体验的解释，从而影响防御运作模式的强度。

在不同的发展阶段，上述三种焦虑都获得了新的、更温和的形式。例如，陌生（以及陌生人）焦虑，在口欲期被体验为一种对熟悉的存在感的混乱入侵，在肛欲期被体验为对未知的焦虑，而在俄狄浦斯期则被体验为对神秘的性别差异的焦虑。毁灭焦虑，在口欲期被体验为存在焦虑最突出的形式，在肛欲期被体验为无助或失去对自己身体或自体控制的焦虑，而在俄狄浦斯期则被体验为阉割的焦虑。客体丧失焦虑，在口欲期被体验为被遗弃的焦虑，在肛欲期被体验为对客体失去控制的焦虑，在俄狄浦斯期被体验为对失去客体爱的焦虑。

防御机制为我们提供了有效应对焦虑的工具，如将情绪体验从刺激（驱力、行为或愿望）或指定客体中分离出来。然而，如果这些机制无法迅速缓解焦虑感，自体就会陷入高度警觉的状态，而自我便需要在较长一段时间内保持一种防御性的情绪状态。因此，自我缺乏足够的情绪资源来完成以下事项：维持适应机制，人际关系和与客体的交流，激活人的情绪潜力和他的全面发展，保持创造力或享受生活的功能运作。在极端情况下，防御机制会产生病理性症状。例如，偏执症状可能意味着边界紊乱，也可能用来区分我和非我。

为了阐明自我动员防御机制的势头，让我们再次循序渐进地研究一种类似于以上所述的情绪状态：动员适应机制。埃里克，一个 3 个月大的婴儿，他从睡梦中醒来，这时他的分解本能被激活。在几分钟的风平浪静之后，他开始哭。埃里克可能通过自恋免疫系统察觉到身体内的陌生感，这次类似于饥饿。他母亲拿着智能手机走近他，但还没有办法来安抚他（客体关系模式）。埃里克的自恋能动性把她解读为一个非我的陌生人，这刺激了自恋和自我功能，动员它们以抵御这种陌生感。然而，母亲也激活了奶香和奶味的熟悉记忆痕迹的自恋性回响。这刺激了埃里克的本我能动性启动连接本能，同时也增加了饥饿张力。然而，自我对母亲陌生感的阻抗通过情感放大和引起陌生焦虑（自恋免疫系统）而得到了强化。埃里克尖叫起来。现在，他的自我立即动员防御机制（在自恋免疫系统内）对抗这种焦虑感，如否认这种痛苦的陌生感。当对食物和情绪寄托的欲望受挫时，本我的分解本能（调节系统）产生暴怒反应，并可能引发毁灭焦虑（在调节系统内）。自我能动性被立即调用，以保护自体不被这种焦虑感淹没，例如，压抑本能和驱力，这样就不会体验到受挫感（调节系统）。与此同时，埃里克体验到母亲在场，却无法和她产生连接，这种痛苦的体验可能会导致被抛弃的焦虑（依恋系统）。自我再次紧急调动另一种防御机制，如回撤或从母亲那里脱离出来。埃里克变得筋疲力尽，在分解本能作用下，他睡着了，但他的饥饿感并未减轻。

下面是主要的口欲期防御机制和它们（无意识的）运作模式的例子。在我看来，自我动员不同的防御机制来抵御来自每一个情绪系统的特定焦虑感。

否认

否认（denial）是为了对抗从自恋免疫系统演化而来的陌生焦虑。这是忽视陌生感和失望或伤害的最早的机制之一，因此形成自体熟悉感、客体熟悉感及客体关系恒常性。我们否认日常的威胁、陌生感或欺骗，以保持行为正常。例如，大多数司机都否认车祸的风险，就当作什么都不会发生在他们身上一样；战场上的士兵也必须否认受伤或死亡的风险，否则他就无法完成任务。

压抑

压抑（repression）是为了对抗从调节系统演化而来的毁灭焦虑。当刺激或客体可能引发无法忍受的挫败感和毁灭焦虑时，压抑就被激活，以断开刺激或客体与特定驱力和情绪之间的联系。

1个月大的安妮塔（Anita）在母亲接受治疗时躺在她怀里。"她饿了，"母亲说，"但她不会吸奶。"母亲的乳头在安妮塔的嘴里，但她没有足够的力量或动力去吮吸它，又或者母亲没有足够的奶。母亲还没有打算放弃哺乳，而婴儿显然已经放弃了对她的客体—母亲喂饱她的情绪渴望，而是进入梦乡，直到她再次被饥饿感唤醒，重新开始想要吸奶。

重复体验到的挫折让安妮塔的自我动员了压抑机制，以从那被令人沮丧的客体喂养的渴望中完全脱离（全或无原则）。此外，压抑也移除了她意识中的力比多驱力，让她觉得仿佛自己对喂养的渴望是陌生的，从而避免了她意识到饥饿感、痛苦感、沮丧感和存在焦虑（快乐/不快乐原则）。安妮塔的饥饿感总体上减弱，体重也没有增加。最后，母亲将自己的奶挤到奶瓶中，这样，安妮塔就很容易吮吸，但显然这个过程对她而言也没有任何愉悦。很有可能，安妮塔感知到母亲对她无法吮吸的焦虑感。安妮塔开始紧紧抓住母亲；她似乎对与母亲的分离十分焦虑（毁灭焦虑）。

12 年后，安妮塔与母亲一起前来找我咨询，因为她有厌食症的迹象。这对我来说是很熟悉的迹象，因为从她婴儿期就已经显示出这个迹象。

让我们从动力学的角度来理解这种症状。在正常的发展过程中，饥饿代表着连接起饥饿和奶味、奶香和客体的连接本能（生本能）。这种心理状态引导个体的自我来调动适应机制，将饥饿与驱力和情绪联系在一起，也与照顾者温暖的亲密的过渡性现象联系在一起。因此，婴儿感知到需要在身体和情绪上得到喂养。

当孩子反复受挫时，他的自我就会调动起一种防御机制（如压抑）来消除这种特殊的刺激，而这种刺激反过来又会激起难以耐受的挫折、创伤和焦虑的回响。然而，被压抑的饥饿的生理感觉继续在意识中出现，又不断重复地、无意识地再次被自我压抑，以避免毁灭焦虑。这种痛苦的情绪状态引发本我调节的退行（而非自我调节），分解本能（死本能）将饥饿本能与奶味、奶香和客体断开联系，而这种联系是由连接本能（见"本我调节和自恋进程"）创建的。其结果是，婴儿（或青少年）从其被喂养的需要中脱离出来，将事物作为异物来拒绝。换句话说，个体不再将饥饿作为需要食物的信号，他也认识不到自己需要照顾者在情绪和身体上喂养他（作为自体资产的一部分）。在这种情况下，生理上的饥饿感和拥有苗条的身材，成为一种持续的熟悉的情绪状态；个体（自恋的）自我熟悉感被病理性免疫了。

安妮塔和其他患有厌食症的青少年一样，出现了自动挨饿（生物和自恋的自身免疫性临床表征）的症状。厌食症通常出现在青春期，它可以追溯到在口欲期观察到的初始熟悉感并从此保留了下来。

投射

投射（projection）是为了对抗从依恋系统演化来的被抛弃的焦虑。基于自恋和自我对陌生感的阻抗，投射被激活以驱除压迫内在的陌生感或向外的攻击性，以保护自己免受客体丧失或被抛弃的焦虑。一开始这样做，个体可能会从内心的负性（"坏"）感觉中有所解脱，但那些感觉会像回旋镖一样再来威胁婴儿：被婴儿投射了自己的攻击性的客体于是成为具有威胁的那个人。

11个月大的巴拉克请求父亲和他一起玩，但父亲那一刻没空。巴拉克很生气，却又无法表达自己的攻击性。就像任何一个将不好吃的食物吐掉的婴儿一样，巴拉克的投射机制开始运作，因此他无意识地驱逐了自己对父亲愤怒的"坏"感觉。因此，他把父亲当作一个陌生人或一个愤怒的坏人。尽管巴拉克觉得自己最好保持距离，但他并没有意识到自己实际上是在担心自己的攻击性会伤害到自己深爱的父亲。

无意识地使用否认、压抑和投射的防御机制在正常的心理发展中是很常见的。只要这些防御机制在压力环境下被动员起来，它们就会在面对可能使日常行为瘫痪的内、外部威胁时，作用于心理和情绪组织。经验表明，三个防御机制所关联的内容如下：

- 大多数否认与生存威胁、陌生感和不完美的威胁有关；
- 多数压抑与力比多衍生物有关，很少涉及攻击性衍生物；
- 大多数投射与攻击性衍生物有关，很少涉及力比多衍生物。

此外，基于分解本能的这三种主要防御机制，其特征可能体现在其他大部分防御机制中。

分裂

分裂（Splitting）是为了对抗丧失客体的焦虑（在依恋系统的背景

下）。在自恋受熟悉感所吸引并对陌生感进行抵制的基础上，自我调动分裂机制。通过这种防御机制，自我将特定的客体"分割"为一个好的、熟悉的客体和一个坏的、陌生的客体，这让我们想起克莱因关于"好客体"和"坏客体"的概念。这种分裂是基于客体会交替地满足或挫败婴儿。每当照顾者提供了熟悉、愉悦的满足，并立即对婴儿的新需求做出反应，他就会被婴儿体验为一个好客体——激发婴儿受他的吸引。每当同一照顾者挫败婴儿或引起他的陌生、不愉快的感觉时，他就会被婴儿体验为一个坏客体——激发婴儿对他的抵抗。结果就是，婴儿对同一父母-客体拥有好的、理想化的或者坏的、邪恶的、陌生的两种体验的交替。

在 6 到 8 个月大时，分裂机制提供了一种规范的情绪发育的功能。从这个年龄往后，为了维持一个整体而言好的、熟悉的、令人满意的客体，并且避免极端的情绪波动，自我设法将分裂的好、坏客体融合成一个单一的、恒常的父母形象。尽管该客体经常令人沮丧（客体恒常性），但仍被体验为一个足够好的客体。同时，为了摆脱压迫性的感觉、调节对具有挫败性的好客体的攻击性，自我将攻击性投射（投射＝防御机制）到另一个人身上，或将攻击置换到这个人身上（置换＝防御机制；见下文）。因此，不熟悉的人现在被体验为邪恶的陌生人，而客体被认为是一个好的客体，尽管该客体也拥有令人受挫的一面。自我现在使孩子能够在同一客体身上区分（区分＝适应机制）好与坏的感觉、熟悉感与陌生感（自恋进程）、满意与沮丧（调节功能）的体验，而不是将客体分裂为好的客体和坏的客体。

12 个月之后，自我对分裂机制的调动表明对失望感、沮丧感以及对被抛弃的焦虑感的过度易感性。因此，客体有时被体验为是完美的、理想化的，第二天就可能变成了邪恶的；被爱一天，又被恨一天。

在遭受极度创伤或焦虑的一些特定例外的情况下，自我可能会将自体而不是将客体分裂，好像对立的实体在他自身的自体中无意识地运作（解离、边缘性人格或精神病；多重人格）。

置换

置换（displacement）是为了对抗从依恋系统演化而来的被抛弃的焦虑感。这种机制被调动起来以保卫自体免遭所爱的客体爆发出的攻击性。婴儿在潜意识中担心自己的愤怒会伤害客体及自己与他们的关系。因此，这些被压迫的感觉，尤其是攻击性，从至爱的客体身上投射和置换到陌生人身上，主要是为了维持一个好的、值得崇拜的客体，从而避免丧失好客体的风险。攻击性往往会置换到陌生人和动物身上。有时，被置换到其他人身上的是力比多或性特质，甚至是思想或身体部分（强迫性观念或倒错），而不是原本的人物。置换可能会引发陌生焦虑、仇恨、猜疑、妖魔化、仇外，以及恐惧或癔症反应。然而，在随后的发展阶段，将这些内容置换到虚构的怪物或残忍的人身上则往往会引发噩梦。

崇拜

崇拜（admiration）是为了对抗从依恋系统演化而来的被抛弃的焦虑。崇拜作为一种防御机制让我们想起理想化的适应机制。然而，两者之间存在重要区别。理想化让孩子能够体验到理想的、有爱的客体，自己也被客体所爱，而崇拜则代表了孩子对无法忍受的攻击性的防御，这一种攻击性被投射到父母双亲一方的身上，或者置换到一个陌生人身上，以保护受自己爱戴的另一方父母亲。因此，孩子崇拜父母一方，有时包含着投射，也被体验为专制，孩子认为自己的自体是毫无价值的、被拒绝的或被羞辱的，这意味着孩子放弃了真实的自我，以便在那受人尊敬的客体的阴影中获得安全感。崇拜如此轻易地转化为仇恨，这种轻易转化的动荡情绪在成年后甚至会恶化，在极端病理的情况下甚至会毁灭内在表征的受崇拜／被憎恨客体。

史蒂夫（Steve）是我的一位病人，他对我说："你是一个完美的女人，治疗师……你告诉我的总是那么精确，我崇拜你……但我也觉得你认为我一文不值……"几周后，史蒂夫前来治疗时，他看到有人站在通往我诊室的楼梯口处。史蒂夫认为这是我的另一个病人，他忍受不了自己对这个人的嫉妒。当他走进治疗室时，他说："我不敢相信你就是我崇拜的那个人。我恨你还有其他你觉得更有价值的病人。我再也不能相信你了。"在冲出去之前，他补充道："对我来说，你什么都不是。"

从俄狄浦斯期开始，这些防御机制也可能表现为恐惧症（通常是男孩）或癔症（通常是女孩）的神经症。

躯体化

躯体化（心身症状）、自身免疫性症状和疑病症在这三个情绪系统中都在发挥作用。这些机制是用来对抗陌生感、毁灭感或丧失客体／被抛弃的焦虑感，通过攻击身体自体（而非客体）来调节攻击性，并产生真实或幻觉般的症状。想到后面这种情形，莫里哀（Molière）的喜剧《无病呻吟》（*Le Malade Imaginaire*）浮现在我脑海中。

这些口欲期自我毁灭的症状包括自我剥夺、自卑、自我羞辱和自我惩罚（例如，贬低自己、将头撞向地板或墙壁）。身体症状包括厌食症、拔毛症、咬指甲症、抽动症、慢性便秘以及其他心身疾病。这些症状提供了情绪上的继发性获益，例如，获得对客体的控制感，激发了客体对他的关心和对他的疼痛、焦虑或疾病的关注，还免除了激发焦虑的任务。

虚假自体

虚假自体（false self）是用来对抗自依恋系统演化而来的陌生感、被抛弃和毁灭焦虑，但它也可能在所有三个情绪系统中都出现。焦虑感会淹没自体，以至于婴儿（或成人）"出卖自己的灵魂"或允许外来者入侵其自体熟悉感，以取悦其客体或者维持一种与客体融合的自体熟悉感。通过调动这种防御机制，婴儿的自我否定了独立性（自恋免疫系统），压抑了自己的需求（调节系统），隐藏了真实的、独立的自体熟悉感，并以虚假自体将其掩盖，同时试图通过完全满足父母的需求来取悦父母。

下面的例子讲述了在一节治疗中虚假自体的一种极端状态。丹娜（Dana）是一位30多岁的单身女性，也是十分优秀的大学生。她强烈地需要取悦他人，获得周围所有人的爱："我决定不了我真正想要什么，但我一定知道我父母想要我怎样……我知道我大学的成绩对他们有多重要。我所有的努力学习、取得好成绩真的都是为了他们……这已经到了一种很荒唐的境地，我甚至需要和母亲商量该如何应对一些情况，因为我自己也不知道……我记得我父母总是要求我告诉他们一切，否则，我的母亲便会说，他们不知道如何以及何时帮助我。我母亲是一个忧心忡忡的人，脆弱，容易受伤，我总是对她感到内疚。如果她不了解我的情况，她会惊慌失措。一切都要以对母亲最好的方式来进行……我是她的影子。"

恋物癖和性倒错

恋物癖（fetishism）和性倒错（perversion）主要在依恋系统中发挥作用。婴儿对毁灭和客体丧失的焦虑感（即使只是幻想中的丧失）是如此的强烈，以至于他将神奇的力量附加到客体的归属物上，以保护这个客体不被损害、不受伤、不受疾病的困扰。这些物品如钥匙、珠宝、鞋子、衬衫或任何带有气味的物体，被孩子用来替代"丧失"的客体来为自己提供安全感。因此，孩子完全依赖于这些物品，其代价是失去了自我反省和对自己的生活应承担的责任。随着性本能在青春期/成年期的发展，恋物可能会成为指向部分客体的性冲动来源，从而形成倒错的性关系。

恋物是一种对抗焦虑感的护身符（一种对抗恐惧感的客体），表面上类似于过渡性客体这个适应机制。这两者有时很难区分，尽管实际上它们非常不同。恋物是由婴儿（或成人）独自选择的，该物品独立于客体，它代表部分的客体，是一个对抗恐惧感的对象，以及一个偏常态（或倒错的）享受的来源。而过渡性客体是由婴儿和父母共同选择的，代表着他们在伙伴关系中的快乐源泉。从潜伏期开始，在罕见的焦虑状态下，过渡性客体（适应机制）也可能会转化为一种恋物癖（防御机制）。

共生关系

共生关系（symbiotic）是为了对抗从三个情绪系统演化而来的陌生焦虑、毁灭焦虑和被抛弃的焦虑。共生可能被视为一种古老的防御机制，因为它调动了否认（自恋免疫系统）、投射（依恋系统）和压抑（调节系统）这三种古老的防御机制。这种机制是通过否认独立性、放弃真实的自体和个体化来发挥作用，同时将自体与自体客体相融合，就好像它们是共生体。

一位在接受精神分析的病人塔玛尔（Tamar）是一个新手母亲，在咨询中她告诉我："和我的小宝贝大卫在一起我很开心，尤其是当我把他抱在怀里的时候，我感觉我们好像又变成了一体的。我们要分开的想法会引起我的恐慌……我受不了；我甚至恨他。"

在这个案例中，只要母亲与孩子紧紧地粘在一起，母亲就会赞赏孩子；一旦孩子敢分开，母亲就会惊慌失措。因此，她把自己的孩子抱在怀里，他们就像连体婴一样，相互之间没有任何界限。她无意识地向大卫传达了这样一个事实：分离会破坏他们的共生体及他们的存在，从而迫使他与自己保持融合。塔玛尔和大卫都感到兴奋，因为他们觉得融合在一起，同时保持着融合的幻想。小大卫在以后的生活中可能会像他的母亲一样有着共生的需要，以抵御被抛弃、被毁灭的焦虑以及由同伴的差异性导致的自恋受损（在自恋免疫系统中，病理性地维持自体融合的熟悉感）。

共生作为一种防御机制，在面对分离时对抗被抛弃和毁灭的焦虑；共生作为一种适应机制，为了满足依恋需求和保护自体的独立性；区分这两方面是很重要的。这两方面都在生命初期出现，即使它们看起来很相似，但体验却截然不同（见上文和第四章）。

小 结

婴儿的情绪世界是以其生物本能的调节和生物刺激-情感-反应（本我调节）为基础而发展的，通过与客体的关系，它逐渐转向驱力和情绪的心理调节（自我调节）。本我调节以强迫性重复和情绪爆发为特征，是一种预设的本能张力释放，而不考虑客体及刺激。自我调节的特征则为满意感——在与客体的关系中预设的驱力和情绪张力/冲动得以满足。自我以一种经济的方式将情绪能量投入到自体、客体以及与客体的关系中。

口欲期有三个调整的原则：全或无（生物本能的本我功能）、熟悉感/陌生感（自恋免疫进程）、快乐/不快乐（自我功能）。这些划分为不同类别的原则在婴儿口欲期和口欲性人格中产生了独有的特征。由于孩子的挫折忍耐力较低，所以他们迫切地坚持，自己（口欲）的情绪需要立即得到满足是不能妥协的需求。

适应和防御机制（由自我调动）在其目标、运作方式、成本和效益方面各不相同。通过适应机制，自我调节着适应进程，而防御机制则保护自体不被焦虑感淹没。

在面对陌生、沮丧、受伤或创伤的时候，不可控的本能冲动的爆发会破坏内心的平静。这种爆发意味着自我心理调节偶然、暂时或长期地退行到本我本能调节。它暗示着对神经系统放松管制。

智力潜能（精神运动、认知和情感）在适应性自我功能运作中得到加强后，可以对个体从本我的本能旋涡中解脱出来并通过自我的情绪调节回归"步入正轨"的能力予以增强，从而保护个体的自尊，扩展其与他人的关系。

平静的情绪体验，以及保持占主导地位的是正性情绪体验而非负性情绪体验，对于情绪的健康发展都是非常重要的。它们对于增强自体熟悉感的凝聚力以及个人体验爱的能力（包括客体体验到爱与被爱以及享受生活）都是很重要的。因此，我治疗中修通的关键在于，和我的病人一起仔细探查他们压抑和埋藏的正性情绪源，并从各自的枷锁中释放爱和享受生活的记忆痕迹，这样病人就可以有正性的回响，并更多地将其运用到日常生活中。因此，患者的健康自恋和自我调节能力也得到了加强，让正性的回响战胜负性情绪，在他们的自恋免疫系统中作为主要燃料。这样，病人就可以更好地耐受客体的差异性，并改善与他们的关系，改进与他们的交流方式。

第四章

客体关系：依恋系统

对立面同生共存，参差多态才是最美的和谐。

——赫拉克利特（Heraclitus）

本章讨论客体关系的正常模式（我已将其命名为"联合-分离"），并追溯客体关系模式的形成，以及它们是如何偏离正常轨道的。

在客体关系的形成中具有吸引力的熟悉感和难以忍受的陌生感

孩子终于出生了！父母为孩子顺利出生感到喜悦，他们的孩子身体健康、四肢完好。母亲感觉很好。现在父母与孩子是这个独特的家庭中的三个独立的成员。先天的情感脚本首先将婴儿和照顾者连接起来，让父母凭直觉就知道新生儿的需求，知道自己应该为其生存、健康与幸福做些什么。一个相互学习的过程开始了，父母尽最大努力去熟悉他们还不熟悉的新生儿——其面部、身体的表现和情感表达。与此同时，宝宝也在父母身上热情地寻找着熟悉的迹象，大概是其还在子宫时第一次体验并被保存下来的感觉（见第二章）。

父母满含爱意地注视着自己的孩子，同时会将他们现在实际看到的婴儿与之前自己想象中的婴儿进行比较。他们喜欢他的眼睛的样子、头发的颜色、脸和身体的形状吗？他好看吗？他的皮肤起皱让他们失望了吗？他长得像他们吗？

这些典型的令人难以忍受的充满陌生感的时刻，往往被掩盖或者被否认，父母们倾向于仔细观察他们的孩子，努力发现熟悉的迹象，以便让自己觉得孩子是属于自己的。我们常常听到人们这样说："他的眼睛和你的看起来一模一样；他可爱的鼻子就像你母亲的鼻子；他的皮肤和头发的颜色与我很像。"这样，他们友好地对待了子孙后代的差异性，逐渐恢复彼此不自然的或受伤的自体熟悉感。刚出生婴儿所拥有的光滑、放松的脸庞，其大眼睛，甚至其面部表情的痉挛都在触动他们的心，使他们感到幸福，并持续地唤起他们的完整感和完美感。他们品味他独特而令人陶醉的气味，为他感到骄傲并爱着他。他们将最珍爱的自体资产、爱的果实抱在怀中，是他赋予他们父母的头衔，也赋予了他们享有父母的特权和幸福。新生儿带来的令人难以忍受的陌生感会暂时消散，每一位父母都沉醉在仍有机会恢复和维持他们某些家庭传承的可能性中。

不可避免的是，当孩子哭的时候，父母会再次体验到难以忍受的陌生感，他们觉得自己帮不到他。第一个月对新生儿自己及其父母来说可能是最困难的一个月，因为他们还没有充分认识到彼此的分离性，以及不断演化的依恋行为和派生出来的情感表达信号。父母的幸福感可能时不时地转变为陌生感，他们可能会怀疑自己是否具备照顾孩子所必要的为人父母的技能和智慧。当陷入这样的痛苦中时，父母可能求助于自己的父母、医生、护士或心理学家；需要陌生人的帮助才能更好地理解自己的骨肉，这种痛苦和羞耻可能让他们拒绝求助。于是，熟悉感将他们拉到自己的孩子身边，而陌生感又使他们疏远孩子。

在巴拉克来到人间的前 10 天，父母说他是一个安静的宝宝："只有出现困扰（如胃痛）时他才会哭。"几天后，巴拉克在婴儿床上一直哭，他母亲无法确定其中的原因："他不饿，也没尿湿，也不冷，是什么事困扰他呢？"她感到相当无助，转瞬间，非理性的想法掠过："我们失去了那个平和的宝宝。"——这种想法表明她正在面对难以忍受的陌生感。后来，母亲看到巴拉克的小手压在自己的身体下面，就帮他变换了身体位置，于是，他立即平静下来。她的母性自尊因此得以恢复，她的自体熟悉感也得以恢复（她面对宝宝的需要及其对自己的完全依赖时产生无助感，从而造成自恋受损）。

经过一个月的共同生活，父母和婴儿更熟悉彼此交流的信号和表象，所以他们相互的情感协调更易流动。

对新生儿而言发生了什么呢？对他来说，子宫仍然是一个熟悉的自体空间。因此，当他听到他在子宫里第一次听到的声音、感知到他在子宫里第一次获得的身体感觉时，他通常就会将注意力集中于此。这些感知在我之前提到的新生儿自恋免疫网络中产生了回响，作为记忆痕迹可供提取。这些记忆痕迹可以作为情绪的感知容器，用来容纳新的却也有些熟悉的感官体验和感知（见第二章对这一过程的解释）。这种自我认知的自恋进程与大脑的自动、持续地处理感官刺激、匹配模式和生成知觉以及精神的组织活动（将感知数据安排到图式和感知中）的方式相一致。虽然生物学的解释超出了本书的范围，但我想强调的是，这是一个活跃的动态过程。

让我们来看看新生儿感知非我的这一重要事件。出生时，新生儿被置于一个陌生的世界，在这个世界里，他经历了突然的转变——从封闭的、没有任何外来者存在的受限空间进入一个被陌生人包围的、无边无际的空间中。所有这些不熟悉的刺激的体验激发了一种非自体的陌生感，吞噬了他的平静。

如前所述，新生儿体验的记忆痕迹，尤其是在子宫内那段时期的记忆痕迹，在他当下的体验中产生回响，用来感知自身和周围人物（自恋进程）的熟悉感或陌生感。我认为不熟悉感可以被视为异于熟悉自体感的情绪连续谱，差异由小到大。

自体熟悉感是指对熟悉的自体的一种主观感觉。这种自体感知构成一个内在世界的参照系，以此来评估外在的世界，因此，自体熟悉感是成功区分"自体"和"非自体"的必要基础。

新生儿易受近乎熟悉的感官体验和情绪刺激的影响，对与熟悉的人（事、物）的细微差别都具有敏锐的感知。在这些脆弱的时刻，婴儿天生的健康自恋就会被激发起来，以抵制甚至驱逐这些被感知为非自体或非我的陌生感或"我-它"。婴儿自恋性地意识到非自体最初可能会让原始自恋性完美感受到伤害。这意味着，他人、非自体可能会被体验为一个对其幸福感和熟悉感产生威胁的陌生人，促使其产生对伤害和破坏平静感的阻抗，从而表明他（婴儿）并不像他自己感觉的那样完美。

让我们区分三种主观自体：

1. 自体作为地点（作为一个没有代词的感性的、被界定的实体，它是具体的）；

2. 自体作为能动主体（"I"，主格的"我"）；

3. 自体作为客体（"me"，宾格的"我"）。

从新生婴儿能够体验较小或较大的差异并感知到非自体的这一刻开始，他可能回撤到自体，一个熟悉的、感性的、有界限的幸福空间——他的自体空间。当他将力比多能量投注到自己身上时，他的自体可能会被表征为其客体，例如，"这是为我的"（It's for me）；当他激活自我功能时，他的自体会呈现出能动性，如"我来做"（I do it）。自体呈现出他生命的能动性，是他生命的创造者和解释者。

随着婴儿与非自体的互动，其天生的自恋也不断被触发，以确认和识别主观自体内部和外部的熟悉痕迹。自恋被激活，以保持婴儿对原始"核心自体"或"自体感"的熟悉感，作为"不变量"来与任何让他感到相异的陌生刺激的线索进行对比。对比校准后的结果可能是将非自体认可为熟悉的（具有微小的差异），这引起力比多吸引，或将其识别为非自体的客体，授其客体关系。这种非自体也可能被解读为陌生的非自体（具有较大的差异），这引起警觉、阻抗、自恋受损、羞耻及陌生焦虑——也就是说，阻止与它的关系，无论其所激发的情绪情感是否积极。

客体关系的发生

客体关系是建立和塑造个体与他人关系模板的结构。母亲与孩子关系的轮廓始于怀孕期间。母亲适应胎儿的运动，胎儿适应母亲的声音、心跳或噪声——各种声音激发其活动，而听不到声音时，其活动则减少。胎儿在被子宫内膜界定的空间里享有丰富的感觉及情感生活。

客体关系正常发展的一个令人不可思议的过程是，婴儿如何让自己熟悉父母并将其作为一个熟悉的非自体的客体。婴儿依靠其感官（自恋感应器）来识别熟悉的客体。他识别出在母亲子宫里听到的心跳、说话的语调、闻到的气味、感知到的触摸或一瞥。这让他逐渐认识到，被自己视作友好的、熟悉的"线索"可以说就隐藏在非自体的照顾者身上。婴儿自恋地专注于父母两个人的感官特征、情感反应以及他们所提供的情感性身体照料和仪式的本质。就像他吞下奶水一样，他吞下（合并和内摄）父母的这些感官特征，随后将其储存在自恋的免疫网络中，作为自体熟悉感资产。

这些内摄的父母属性在婴儿内部产生回响，成为每一个照顾者的身份证（ID），也作为与他们相关的仪式的"密码"。因此，婴儿不会因不同的照顾者感到困惑。与客体的每次良好体验[①]都始于婴儿对客体"感知身份证"和关系性密码的核查。这种核查使他能应对熟悉感，并对陌生感触发警觉性。因此，每当母亲靠近时，婴儿就会感觉到她特有的气味，听到她特有的声音，在参与其中与她产生联结前，婴儿无意识地将它们与自己的根深蒂固的自体资产回响相比较（初级过程，内隐记忆）。在整个生命中，个体丰富了其自恋数据（这些数据是他周围熟悉的非自体的客体所特有的感官信息），而将陌生人的非自体排除在其自体熟悉空间的界限之外。非常相似的过程也发生在刚刚认识的人之间。

6周大的哈利凭感觉将他的母亲和父亲区分开来。他"知道"自己只有和母亲在一起时才能吃母乳，母亲有着独特的气味和温柔。在父亲的怀抱里，即使他饿了也不会去寻找奶头，而是用做鬼脸来提示。

像其他大多数哺乳动物一样，在没有父母照顾、喂养和保护的情况下，人类的婴儿无法生存。但是，仅有食物和保护对于婴儿的生存而言是远远不够的。他们还需要从照顾者那里得到亲切而温暖的、令人熟

---

① 我提出了一个与马勒的和解（rapprochement）概念有些不同的观点：马勒认为，在幼儿生命第二年的中期，和解是其通过"分离-个体化过程"与客体恒常性"孕育"共生关系的证据。马勒强调，当幼儿对分离的意识增强时，他似乎越来越需要和母亲分享每一个新获得的技能和经验。这就是为什么她把这一分阶段称为"分离-个体化"的亚阶段，即和解时期。我对和解的概念是类似的，不同之处在于，我认为它自出生就开始了，伴随着对非自体的感官认知的演化，并由相互的和解（婴儿-父母）形成的接近熟悉的非自体和远离陌生人的非自体两部分组成。它代表了重新扫描非自体的"感官身份证"和更新关系密码的过程，从而架起了分离性之间的桥梁；这不是一个亚阶段，而是一个终生的进程。我的看法得到了现代婴儿研究的支持。内桑森对此也有提及。他说："只有忽视情感的面部表现和面部交流的相互作用，人们才能捍卫这样一个理论，即在与母亲分离前，婴儿与母亲是融合在一起的……"

悉的情感反馈，这种反馈在一个陌生世界被体验为熟悉的相互认可的标志。基于此，新生婴儿和父母之间的依恋逐渐增强，并形成了情感上的连接。

黑猩猩和其他猴子用与人类相似的方式表达它们的依恋。哈洛（Harlow）在其著名的研究中发现，由生母抚养长大的猴子，其情绪发育是正常的，它们长大后将与后代延续其与生母间的相似的依恋模式。相比之下，由替代母亲（用金属导线做成猴子样，并在其乳房区域插入一瓶隐蔽的牛奶）抚养长大的猴子们在情绪和认知发展方面受损。他们也缺乏繁殖的性冲动，缺少对后代的照顾。如果一个年轻母亲是由替代母亲抚养长大的，在她自己生下孩子后，她会轻蔑地拒绝后代，因为她缺乏对母性情感之爱的熟悉感知。

因为有些人认为客体关系包含所有的人际关系，所以对客体关系和人与人之间的其他关系（如偶然见面或在共同任务期间）进行区分很重要。我倾向于不仅从婴儿的角度，而主要从相互之间动态关联性的角度定义客体关系[1]。客体关系自出生就被创建了出来，只要双方（如婴儿和父母以及后来的夫妻）在彼此的情感吸引上相互投入，给予彼此具有独特意义的非自体的客体，能够提供情感上的幸福、联结和驱力满足[2]。然而，父母（或伴侣）的能力是有限的，不可能永远满足孩子（或伴侣），因为他们具有各自的独立性。因此，挫折和伤害经常提示分离性，并使其有必要在客体关系中妥善处理与对方的关系。在我看来，缺乏这

---

① 这种关联性也表现在互动中对自体和他者带有情感色彩的丰富的内在（心理）表征中。例如，这些表征可能出现在一个人的早年记忆和梦中，可能出现（或暗示）在与重要他人（如治疗师）的表征／关系中。心理表征被认为是在一个从初级到成熟的连续统一体上演化的，人们已经做了各种各样的尝试来描绘出它们的发展水平，以便随着时间的推移（如在心理治疗过程的不同阶段）或在人群／疾病分类之间进行比较。

② 在自体心理学中，这一重要的非自体客体被概念化为能实现个人抱负的自体客体功能，并沿着发展的路线推进。

种相互投入的、将他人作为重要的非我客体的关系，并不是朝着客体关系发展的。显然，个体之间的关系的形成受到其童年的客体关系模式的影响。

父母对其孩子倾注了巨大的情感。他们爱他、珍惜他，并希望他（他们的非自体的客体）成为一个快乐而成功的个体。他们希望孩子延续家族的传统、文化特色和理想。他们也希望孩子能够在他们年老时帮助他们，并且无意识地希望与孩子一起重复自己快乐的童年故事。在这方面，孩子可能是最"有利可图"的家庭长远投资的对象。

婴儿这一边也会向父母传递情感信号，将他们作为非自体的客体。这激发了父母（生物学）的本能和情感，激励他们保护他、照顾他、爱他，并与他在感受和情感上产生共鸣来回应他。他的生存本能和情感指引他调整自己，指引他让自己的回应适应于父母情感联结的特质。

母亲与后代的情感联结始于完全的奉献，温尼科特将其概念化地描述为一种"原初母性贯注"，一种从其他兴趣上适应性的、暂时的撤回。母亲的这种态度促进了她与子女的亲密联结，其后，也促使她逐渐认识到孩子独立性的需求，也促使她分娩后在身体和情感方面的逐步恢复。如今，许多父亲也允许自己去体验父亲的"原初父母性贯注"，像母亲一样，保持与子女的这种独特接触，并且在此过程中发现快乐的秘诀（见第三章）。

父母与婴儿之间的这种初始联结伴随着身体接触，如哺乳、拥抱、亲吻和充满爱意的表达，这为他们双方——身体上和心理上分离的个体——提供了亲近感和归属感。他们彼此凝视、微笑，享受原始满足的体验，这些愉悦和情爱的感觉唤起恒常感和连续感。对婴儿来说，存在的安全感和基本的信任感将会出现；这些经历对他们在一生中共同经历爱的旅程至关重要。

这趟共同的旅程实际上始于怀孕，一般认为，从第四个月开始比较恰当，因为在这个时候人类胎儿的听力已发育良好，胎儿不仅能被动地听到母亲的声音，也能主动对其仔细倾听并予以适应，以将之与其他声音区分开来。迈耶罗（Maiello）提出了一个有趣的观点："母亲的声音在一种以连续性为特征的环境中引入了不连续因素。因为母亲有时会发声，有时会沉默。"有时也会有其他声音出现，但通常是安静的，尽管强烈的噪声可能会出现在持续有节奏的声音背景下，如母亲的心跳。因此，大多数的声音是不可预测的、无法控制的，并且不总是与孩子的需要相协调的，因此这些声音可能同时既是幸福的来源，也是沮丧、焦虑的来源，还可能带给孩子存在和缺席的原型体验。

此外，迈耶罗假设孩子可以在子宫内有分离和分化的原型体验，可能在出生之前，他就开始奠定一些未来防御模式的基础，并发展出后来应对出生后会呈现在他面前的更加多元化的挫折模式的前体。

按照迈耶罗的假设，我推测，孩子对某些噪声的关注或敏感性可能根植于这些古老的胎儿经验，这些经验烙印在他的自恋免疫记忆中，从此，在类似的情况下，作为无意识的记忆痕迹产生回响。在这方面，自恋的免疫记忆可能被认为是发育中胎儿感觉的古老的心理包膜。斯特恩将这种结构称为"叙事前包膜"。这些包膜形成的必要条件是那些在婴儿生活中常常被重复的事件，因此它们被确认为总体模式。

对于斯佩罗（Spero）来说，心理包膜最初是一个虚拟的心理原型结构 [原型（roto），因为它还不是基于完全符号化的表征]，它将萌芽的思想结合在一起，等待进一步的发展。斯佩罗阐释了这个"笑话的包膜"，将其与弗洛伊德作品中的心理包膜概念联系起来。此外，斯佩罗特别指出弗洛伊德的一句话，即"笑话富于愉悦的听觉特质，这种持质由纯粹的字的声音及其引发的笑声而生成。"然而，一个笑话能唤起人们对笑声的这种熟悉的愉悦兴奋，说笑话的人和听笑话的人都需要相互"放松"或"反抑制"自己。

因此，我考虑将"笑话的包膜"作为自恋免疫记忆的一部分，其网络使记忆痕迹可能追溯到婴儿和父母之间的原始感觉关系，以引起共鸣。弗洛伊德已经强调过："重新发现熟悉的东西，'确认'是令人愉快的。"

在弗洛伊德和斯佩罗的"笑话的包膜"这个概念下，我认为，在一个人讲笑话与其听众不禁大笑之间的间隔是这样的：这笑声是与之前同母亲或其他亲密照顾者在一起时的牙牙学语和欢笑声的记忆痕迹产生了共鸣，这一匹配现在连接在一个包裹着他们的共享空间中。匹配的双方通过感官传递的交流连接在了一起，在斯佩罗所称的"一种特殊的声音包膜"中表达愉快和熟悉的共同声音。出生后，视觉和嗅觉也会促进其连接。有时，这些声音会变成不愉快的感觉或引起尴尬等其他情感。

2个月大的杰瑞开始发出声音。他叽叽咕咕地想引起父亲的注意，但父亲正准备换衣服，所以并没有注意到这一点。站在他们旁边的母亲突然意识到杰瑞在呼唤父亲的关心和体贴。这些故意发出的声音是全新的，令人难以置信的。与此同时，他们在她身上唤起了与其他孩子一样的共鸣，也可能反映出了她自己童年时的客体关系体验。她让丈夫注意孩子，当丈夫看着儿子的时候，儿子停止了咿咿呀呀，三人都忍俊不禁，父亲拥抱着孩子，对他的进步充满了爱和欣赏。

弗洛伊德将笑话爆发的势头比作"达到一种缺席"，一种智力张力的突然释放，而且所有的一切都在这个笑话里——就像语言本已具备的规则。这种"爆发"让人想起婴儿和照顾者之间古老的、相互的、感性的咯咯笑声，因为当孩子说出有趣的习语时，父母和婴儿可能会爆发出不能自控的笑声。这种笑声极可能与父母童年时的记忆痕迹产生共鸣。

重申一下，我们可以将"笑话的包膜"视为一种古老的过渡性现象（见第三章），它将父母和婴儿紧密地联系在一起，让他们高兴、欢欣，与此同时保护着他们，就像在一个包膜里容纳着他们离奇的、常常令人尴尬的无意识情感的爆发。斯佩罗总结道：

> 幽默的工具是广泛意义上对包膜的应用，一个笑话包膜包含了在精神发展的开端爆发性的喘气、哭泣、大笑和其他听觉危机之间的最早的互动，它们通过模仿、共情和心理的包膜功能被不可思议地记住。

这些最初的客体关系模式的记忆痕迹在我们大多数人心中产生了共鸣，并让人一生都渴望与熟悉的、有魅力的权威人物接近，在这样的人身上我们可能会再次感受到盲目的信仰，也可以与他们一起享受这些幸福的时刻。

汤姆金斯提出另一种替代的类似（或至少一致的）方法，他将情感的运作视为引发它的模拟物，他认为，情感与受体互动的同时激发更多的情感，这又为已被激发的情感提供信息，这些观点和我们这里谈的内容是相关的。情感感染（例如，托儿所一个婴儿开始哭，其他婴儿也跟着哭起来）作为共情的前导也是如此。

恒常感知的巩固加强了客体关系

在 6~8 个月大时，婴儿从不断重复的经历中积累感官数据和信息，在自我的适应机制下组织成一系列自恋图式，并形成各种各样的恒常性感知。自体恒常性是指婴儿反复出现的感知输入和身体体验 [可能由其本体感受器、神经系统进行处理，并随后触发其效应系统（如肌肉和腺体）进行动作—— 一种互动而不是反应]。客体恒常性基于每一客体的重复感知特征，使个体能够区分不同的客体，更新客体的特征，并且通过自恋感应器、感知和心理表征大体上保存客体的存在，这样，即使在客体缺席的情况下，个体也能感知到客体的存在。关系恒常性是由始终如一的可观察的特征稳定下来的，这些独有的特征就是与父母各自的联合和分离。最理想的情况是，在整个生命过程中，这些恒常性不断得到丰富，超越不确定性而占据主导地位。

9个月大的肖恩意识到，当母亲抱他在怀时，他会有一种很好玩的感觉，他可以辨别出这种感觉与自己和其他所爱之人之间的乐趣的不同，例如，当父亲把他抛向空中时，这种乐趣是不一样的。其他人不知道用这些特殊的方式来宠爱他。他体验到的自己和父母以及其他各种各样的客体之间各自独特的关系恒常性在他的自恋中根深蒂固，且作为他的自体资产将伴随他一生，他很可能会受到激发在将来与自己的孩子重新上演这些熟悉的情景。

8个月大的娜塔莉喜欢不断重复她和父母分别联结的特定程序。在她大约四个月大时，这种固定程序一直由她的母亲维持，但现在娜塔莉也要求父母维持他们关系特征的"密码"，如果其中一人"忘记"了自己的密码，她的咿咿呀呀和肢体语言会提醒他们忘记了什么。例如，她需要母亲在睡前按一定的顺序与自己进行分离（一个故事，一首歌，一个吻，一个紧紧的拥抱，一声"睡个好觉"）。早上，母亲也必须用一首特别的歌来唤醒她。

一天早上，娜塔莉的父母不得不比平常早一点出门，当时娜塔莉还在熟睡中。当她醒来时，她看到了保姆。此时，如果她还没有准备好放弃母亲惯常的宠爱和习惯性的早晨仪式，那么，她熟悉的保姆会被再次体验为一个非自体的陌生人。娜塔莉因此产生了回撤的行为：她躲在床上，含着奶嘴，拒绝保姆做出的任何接近她的尝试。渐渐地，娜塔莉的饥饿开始让她烦躁，她的生存需要优于客体丧失的不安感。她愿意"吞咽"熟悉的奶瓶（本能的生存），但随后"呕吐"出保姆，即拒绝看她或者拒绝与她建立关系（情感隔离）。当母亲回来拥抱娜塔莉、安慰她时，娜塔莉的怀疑和愤怒仍然持续了几分钟。在恢复对母亲的基本信任和重新开始亲密之前，她需要时间来确认自己熟悉的非自体的母亲的身份及她们之间的关系密码。

娜塔莉的母亲因为女儿的阻抗和不情愿的陌生感而自恋受损，她感到孩子的反应（引发了她的羞耻感）阻碍了自己对她的兴趣。然而，她很快就理解了女儿的反应，并且能够尊重女儿的独立性（母亲的健康自恋），并为自己未能让女儿对早晨的变化做好准备而感到难过。当她耐心地传递给娜塔莉那些常规的信号（如深情的话语）时，两个人都能确认对方的熟悉感。带着兴奋和宽慰，她们对情感亲近再次燃起了信心。

孩子还需要父母总能确认自己的安全感。正如接下来的例子所呈现的那样，他们的确认使孩子确信自己的存在。18 个月大的简随母亲去看望祖父母。她们按门铃，祖母用固定的游戏方式开门。祖母看着简问道："你是谁？"简回答说："简。"简开始有点着急，非常需要得到确认。祖母立刻停止了游戏，亲切地说："噢，是我亲爱的简吗？"简的表情立刻改变了，陌生焦虑消失了，她恢复了平常那个快乐女孩的形象。虽然这让她有点焦虑，但她喜欢这个游戏，因为它已经成为她们会面的密码仪式。

从 7 个月大的时候起，哈利的自体恒常性、客体恒常性、关系恒常性和能动性都得到了提高，他愿意四处爬，以探索自己的家。在父母的鼓励下，他甚至渴望到自己熟悉的空间之外进行探索，并将它们变为自体熟悉的资产。因此，他充满了勇气——不仅在听到母亲的声音或需要宠爱的时候向她爬过去，还勇于探索其他空间，或者从母亲身边爬到父亲身边然后再爬回来。受到父母热情的激励，哈利甚至愿意承担与他们暂时分离的风险，忍受父母不在身边时一定程度上的不安全感和威胁感。他感到安全的依恋和基本的信任，即他可以回到他的养育基地，在他需要的时候父母会在那里。

与哈利不同的是，7 个月大的史蒂文并没有完全的自信，也没有对父母的基本信任，因为他们经常不在，而且照顾者总是一换再换。这种基本信任的缺失在面对压力时最为明显，他不去寻找母亲的宠爱，似乎也缺乏爬向父亲的勇气。相反，他会退缩并将自己包裹在孤独中，左右摇摆，吮吸着自己的奶嘴。

一旦恒常感得以巩固，婴儿便开始更加重视他的客体的恒常存在，而不是他认为的客体的随机缺席。面对任何与客体的新接触，婴儿像任何人一样，根据之前熟悉的"'足够好的'匹配"来反复检查他的客体。因此，客体关系和与独立客体的交流都得到了增强。

正如上面例子中的史蒂文那样，缺少稳定的照料的婴儿以及照料者经常更换的婴儿在获得安全依恋上会遇到困难，至少存在暂时的困难。这些婴儿（甚至在成年后）经常对自己的命运感到不满，并且常专注于自己不具备、不拥有的东西。他们的自体熟悉感持续地被剥夺，他们的连续感和归属感受到伤害，他们似乎常常在提防被遗弃，或者表现出一种对陌生感过度警觉的情感状态。

保持照顾者、照顾孩子的程序习惯以及家庭习俗和惯例的稳定性，使婴儿的自体熟悉感更易于获得自体恒常性和自信心而得以免疫，更易于确认家庭的不同成员。这些也同样适用于心理治疗师，我们应该坚持常规的治疗程序，保持治疗设置的稳定性，包括与每个病人发展出独特而熟悉的交流方式。

显示情绪交流的哭泣、微笑、拥抱和亲吻

哭是口欲期的主要情感／情绪信号之一，表明婴儿的情绪／身体状态有轻微或较大的偏差（如饥饿、疼痛、痛苦、恐慌等）。哭泣是一种引发父母即时情绪反应的警钟，表明婴儿需要他们紧急解码哭泣的意义，并做出适当的回应。当主要的情绪表达总是与低挫折阈值联系在一起时，情感总是紧急的。最终，婴儿掌握了他的哭声所唤起的情绪反

馈。这就好像他得到了许可，也对他的感觉进行了一种放大或镜映，合法化了他对照顾者的警示，并确认他的信息会被照顾者接收和知悉，而且他们可能会依据这些信息采取相应的行动。

渐渐地，照顾者会熟悉婴儿在哭泣的音调中所传达的情绪信息及其在感到饥饿、疼痛以及需要被宠爱时的各种请求，并且学会对之做出恰当的回应。一个能够解码婴儿哭声所传达的信息、认识到婴儿独立性的父母，不太可能被哭声所迷惑。

史黛西（Stacy）在心理治疗中表达了对不停哭泣的 4 个月大的儿子的无助，甚至是暴怒。她承认自己从来没有试着去理解孩子为什么哭泣，尤其是在喂奶间歇的时候；她只是立刻将他抱起来，就这样抱好几个小时。她疲惫不堪，感到绝望。他在她的怀里平静下来，而一旦被放在床上时，他就又哭起来。慢慢地，在治疗中修通这些感觉的同时，她开始认识到孩子的独立性，并开始理解其哭泣的原因，最后在孩子不哭的时候她可以抱他入怀获得快乐的意义，找到其他方式来应对孩子各种痛苦的迹象。她感到很惊讶，自己之前对孩子的需求竟如此盲目。

我们的自恋保留了哭泣的记忆痕迹，作为一种提醒客体的方法。因此，即使是成年人，在感到不适、痛苦甚至兴奋的状态下，我们也常常会放声大哭；这可能被视为一种古老的呼唤，呼唤熟悉的人来安慰、支持和分享我们情绪状态。哭泣似乎是人类表达痛苦和不适的普遍信号。

戴安娜（Diana）是两个女孩儿的母亲，在治疗中她抱怨说，从自己记事起就很容易"没事"放声大哭："昨天我去看望我母亲，和往常一样，我大哭起来，但这一次我明白了原因。我意识到，在我们哭的时候，母亲总是被提醒要来安慰我或我女儿……但她只分担了我的不适，却没有分享过我的快乐。"

面部表情对于精炼婴儿与其照顾者（及其他人）之间的情感依恋信号至关重要。母亲常常会对宝宝的情感表达着迷，对它做出反应，甚至予以模仿，根据巴史克（Basch）的说法，这标志着共情反应的开端。从大约两个月大的时候起，宝宝就会扮鬼脸来吸引父母的注意力，以便与他们连接，或者对他们皱眉，然后从他们那里撤回。

一般来说，婴儿的微笑尤其会对他人产生神奇的效果，使他人富有同情心地予以回应。微笑不是与生俱来的特征。相反，它是逐渐发展出来的，其开始表现为扮鬼脸的肌肉痉挛（一直到两个月），然后表现为对十字形或对称的刺激的反射反应，最后，从三个月后开始发展成微笑反应，这标志着个体对熟悉感（健康自恋）的确认。微笑成为生存的交流信号，是一种熟悉的正性情感信号。

我认为，人们被微笑、美学和主观美感所吸引是因为他们对对称和熟悉的面孔有着天生的熟悉感，这唤起了恒常感和整体感。另外，大多数人都对痛苦和愤怒的表情感到畏缩，在看到他人哭泣和扮鬼脸时也是如此，因为扮鬼脸（或抽搐）时面部的不对称性及其随机和不规则性引发了陌生感。此外，正如内桑森所描述的，我们可以建立一个"共情墙"来保护我们免受负性情感的传染。

父母以喜悦和兴奋的方式回应婴儿的反射性微笑，从而刺激他们重复微笑，并不断获得它所引发的对联结的正性体验。从5个月开始，微笑变成了一种明确的、正性的友好信号；婴儿对着熟悉的人脸会露出微笑，而看到陌生的面孔则会退缩。最后，随着客体恒常性的巩固，婴儿会选择性地对自己想要的人微笑，作为交流的一种表达，而对不熟悉的脸则表现出陌生焦虑和痛苦。我认为陌生焦虑是婴儿对非自体的原始自恋性阻抗正常发育的延续。

婴儿一般会对不熟悉的人（事、物）做出反应，因为对陌生人或遭遇陌生感的焦虑（或两者皆有）触发他的脆弱感，他会哭泣，也想逃开，我们常可以看到婴儿将头转向另一边。与此同时，他寻找母亲的关注以获得安慰，并示意她可以保护自己免受不熟悉的伤害。A. M. 桑德勒（A.M.Sandler）将这一系列行为描述为："试图用一致的方式来替代不一致，以获得于已知和确认的对话中体验到的安全感——其中最重要的是尽可能地接近母亲。"此外，他也指出："孩子不断地自动扫描，与自己的自体对话，通过对线索的感知来获得动力和肯定，即他的自体是他熟悉的自体，对他来说并不陌生。"在此，桑德勒证实了我的概念，即婴儿的健康自恋会尝试恢复其自体熟悉感或重新发现熟悉感，接下来才是受损（如陌生人的意外出现）或创伤。

克莱姆（Clem）在治疗中说："我的父母过来探望，当他们高兴地接近7个月大的乔纳森（Jonathan）并抱起他时，他突然大哭起来。他们感到很受伤，把他还给我。我感到羞愧。我不敢这样拒绝他们……我觉得乔纳森好像不是我的儿子，而是一个奇怪的婴儿……我想也没想，直接将他又放回我母亲的怀里，他惊恐地哭起来。我这样做当然不是出于对母亲的爱，而是出于对儿子的愤怒和失望。"成熟的克莱姆和婴儿乔纳森之间的界限变得模糊了，克莱姆觉得好像是自己在拒绝父母。他不能将婴儿视为一个独立的可以对祖父母感到陌生的人，因为祖父母对孩子而言仍然相对陌生。

克莱姆这个父亲对自己的儿子乔纳森很生气，因为他敢于以这种方式对待自己的亲人，并让自己难堪。在这情感的混乱中，克莱姆感到会丧失父母之爱的焦虑感占了上风，超过了他作为孩子的父亲这一身份，以及容纳儿子的陌生焦虑的能力。因此，他需要孩子对不熟悉的（陌生人）祖父母保持友好。与此同时，婴儿乔纳森对失去父亲的焦虑感也增加了，因为他从父亲那里接收到的意想不到的回应传递的信息是"不可以"和熟悉的人在一起，或者不可以拒绝陌生人。结果，乔纳森在风暴中找到了自己；他屈服于这种强迫，伪造自己的自体表达。他并没有将他感到的陌生焦虑外化，而是对祖父母表达了一种并不存在的虚假感情以取悦父亲。

孩子与父母的需求不同，这种冲突压迫着父母。孩子对陌生人保持警惕和拒绝，而父母的需要则正好相反，他们想要孩子视祖父母为熟悉的人。父母与"陌生人"越亲近，就越难以接受孩子对其感到疏远和陌生。我们可能会对父母一方或双方感受到正性的情感和熟悉感，也希望在与他们的互动中保持我们的自体熟悉感。与此同时，几个孩子中，只有一个孩子可能会对这个人感到陌生和抗拒，因为他需要保持自己的自体熟悉感，此时我们可能就无法忍受他的反应。相反，可能我们感觉与父母一方或双方都缺乏亲近和感情，而他/她却与我们其中一个孩子进行了亲切的交流。让我们惊讶、高兴或嫉妒的是，他们可能与我们的孩子相互露出温暖的微笑。我们要意识到这种两难境地，对我们挚爱的人所具有的这种极不相同的、复杂的情感及其差异性和分离性予以理解。

微笑的意义类似于其他能唤起亲密感的信号，如拥抱、亲吻、表达温柔和爱意等。

4个月大的艾拉将嘴放在母亲的脸颊上，以一个吻的姿势向母亲传达一种温暖、正性的情感。母亲"被快乐所融化"。她对艾拉有强烈的爱意，并以拥抱和亲吻予以回应。在大约8个月大的时候，艾拉能够控制自己的面部肌肉，给母亲、父亲和弟弟深情的吻。慢慢地，她明显开始选择在什么时候、给谁一个吻或一个拥抱，同时，她的情绪逐渐分化为爱、幸福、挫折、愤怒或痛苦。在15个月大的时候，她几乎可以说出"我爱妈妈"的话语。

即时存在身体距离，微笑和口头表达也能引起亲密感，而拥抱和亲吻显然需要身体上的接近。亲吻和撕咬意味着对立的驱力和情感，即使是同样的器官——嘴——也可同时表达两者。咬人更容易，因为这是对牙龈疼痛的自动生理反应，是走向攻击性表达的步骤。接吻在时间上比咬这一行为出现得晚，它需要情感意图、深思熟虑的努力以及激活一些面部肌肉。因此，攻击性的表达比爱的表达更容易爆发也就不足为奇了。

渐渐地，随着客体关系的发展，婴儿能够区分自己的微笑和亲吻，这激起父母对他温柔的情感反应，而他的撕咬和击打则引起负性的反应。慢慢地，他调节（通过自我适应功能）自己的力比多和攻击性的情感表达，这样，他的咬不会太用力，他的吻也不会太轻柔。

生存的生物动机引出了两个独立的心理通道以供其与客体保持情感亲近：一个是安抚的情感表达通道，发出亲密需求或者发出希望人与人之间保持相互愉悦亲近的信号；一个是痛苦的表达通道，发出分担痛苦需要的信号（作为缓解不适感的手段）。逐渐地，婴儿和照顾者一起为每一个渠道都编织了一个独特的依恋模式。双方都向对方传输一种感官刺激，这深刻地影响对方，让其沿着两个通道联合。然而，有些父母却只能在其中一个通道中进行情感分享（如上述的戴安娜的案例）。

从 3 个月大开始，利奥抓母亲的手便不再是一种反射性反应，而是一种受自己控制的表达方式。在这个年龄，他已经能够将感知和运动系统连接起来，他试图让自己朝自己想要的人和物体运动。从 5 个月大的时候起，利奥和母亲就通过熟悉又有差异的肢体语言、情感表达、微笑和注视等方式发出相互联结的信号，这一切都使我们有可能在两个频道中自信地交流。当其中一方感到自己的客体关系信号没有激励对方根据自己的需要做出反应时，他们会增强信号或激活不适信号。例如，当母亲不知道利奥在哪里爬的时候，她用一种关切的语调大声说："我亲爱的利奥在哪儿？"利奥接收到"困境信号"，立即回到母亲身边。而当他撞到桌子上的时候，他会发出强烈的求救信号，如大哭，他知道母亲会来救他，帮他平静下来。

在日常生活中，我们并没有充分意识到微笑、握手、拥抱或亲吻的重要性，也没有充分意识到它们是向他人表达情感的一种神奇的工具。这些情感表达促进了人与人之间的开放性和情感的和睦，以及紧张缓和之后的幸福感。

一个非常亲密的朋友和我分享了一段情感经历，说明了对成人而言，用身体语言进行情感表达仍持续具有重要性。在一场疾病之后，她的免疫系统变弱了。因此，为了减少感染，她不得不暂时避免接触、拥抱或亲吻。她通过电子邮件表达了自己的感受："当我们相见时，我感到你本能地渴望拥抱我，这是亲密朋友之间常常会做的事情，我也感受到了自己想拥抱你的欲望，但我必须阻止你。让一个奇怪的、冰冷的屏障侵入我们温暖、亲密的感受中，这对我来说是痛苦的。幸运的是，我们还拥有微笑和凝视，这足以维持我们平常的情感对话。我想你也有同感吧。我和我的家人也有同感。我们所有人都感觉受到了伤害，即使我们知道避免接触的原因，也知道这种情况只是暂时的。这种痛苦的经历让我意识到，握手、拥抱或亲吻对每个人来说都意味着什么，它们在多大程度上将我们连接在一起，即使是我们感觉彼此如此亲密的时候。可见，它们的作用远远不只是一种礼貌行为而已。"

这些和解过程表明了不同个体之间的客体关系进程。我们每个人都试图恢复和重新体验亲密感，同时又避免陌生感入侵自体空间和共有的亲近空间的威胁。不幸的是，由于客体具有差异性，所以他们会反复地，而且往往是不可避免地在我们身上引发陌生感和伤害的体验。因此，我们不断尝试改善与我们最亲近的人之间的亲近和沟通渠道。各种形式的关系和交流的目标始终都相同，即与熟悉、挚爱的人重新体验爱、亲近感和安全感。

客体关系中的联合和分离、熟悉感和差异性

如上所述，当婴儿和父母将对方识别为一个熟悉的非自体，并且能够重新将此非自体作为满足和情感依恋的一个熟悉的力比多客体时，客

体关系就开始浮现。两个相互吸引但又相互独立的个体产生联结（自我功能），同时也保持着自体的分离性（自恋免疫），以对抗产生于力比多（非自体）客体的差异性。

孩子和父母的这种相互参与，就像夫妻之间一样，都会产生一种共同的亲密感，他们既高兴又欢欣。然而，如果其中一人感到受挫或被伤害，那么熟悉的客体就会被视为一个陌生的非自体，从而令人警觉。在这些时刻，一个人的自恋被激活，以摆脱任何不愉快的感觉。因此，婴儿/成人可能会从这种联结中退缩，退回到他的自体熟悉感的空间中，甚至可能攻击这令人沮丧的非自体的客体。[1]

在这种封闭的状态下，婴儿/成人用一种熟悉的被包围的和安全的感受来重新装载自体空间，这让人联想到待在子宫里的感觉。这涉及自体熟悉感、客体熟悉感以及双方的联结的自恋恢复——以幸福感为特征。它可能重新释放出婴儿/成人想要与非自体的熟悉客体和解并恢复依恋的力比多欲望。因此，最初的爱的客体被认为是恒常的，是一个有价值的客体和一个重要的他者。

因此，双方的情感体验，无论是孩子和父母之间，还是配偶之间，从联合熟悉的客体的力比多欲望的一端到每次"从爱的客体撤回力比多兴趣……在恢复后又重新投注过去"的另一端之间波动。双方都在他们亲密（意味着最小差异）时的幸福快乐感和挫败感、疏离感和伤害感[表示与熟悉的人（事物）产生较大的偏差和差异]之间摇摆不定。

客体关系的联合-分离模式依赖于合作双方加入亲密关系、耐受分离和退缩的能力。这意味着，为了在婴儿和父母之间产生联合-分离的关系，父母必须能够将后代看成是一个非自体的客体（而不是诸如自体

---

[1] 参见凯利关于"羞耻罗盘"的讨论。

的延伸），并且能够尊重和耐受他们之间的分离性。此外，联合性似乎依赖于父母享受亲密关系的能力，并设定了和解-分离平衡过程的节奏、质量和强度。因此，父母为孩子提供了一种"内在工作模式"，由此衍生出基本的认知和情感的行为模式以及基本的信任感、自体安全感、自信和安全依恋。

在新生儿生命的前五个月，父母是联合-分离的主要发起者和同步者，而婴儿则表现出对联结的渴望，他或被客体所吸引，或退缩到睡眠状态。从这个年龄开始，随着婴儿运动和个体性的提升，以及受父母客体关系态度影响，婴儿也开启了联合和分离的时机选择。这种原初的自由运动感在分离和联合之间来回穿梭，从熟悉感到差异性，婴儿的自体熟悉感和安全感在与父母持续发生的联合以及应对分离和亲密的交替中得到免疫和巩固。

8个月大的丹尼（Danny）的自恋感应器检测出了母亲的外貌，他迅速而快乐地爬到她身上。不幸的是，他的感应器没有记录她正在通电话的信息，在这种情况下，她未"从她的壳里出来面对他"，也不顾他索爱的企图。丹尼很沮丧。他感觉自己"拥有"熟悉的母亲，同时又"不拥有"她。由于他的挫折阈值较低（在口欲期的正常反应），他的自恋被母亲的差异性伤害了，好像她没认出他，甚至拒绝了他。他对自己的兴趣和兴奋感受到了障碍，这让他感到羞耻，也导致他退缩。他爬向母亲想一起快乐玩耍的正性力比多的主动性破碎了。丹尼躲避在他的自体空间的"壳"里，表现出吸吮奶嘴及哭泣等退缩行为。当丹尼打扰母亲谈话时，母亲也很沮丧。丹尼和他的母亲都错过了那一刻出现的联合机会。

几分钟后，他们联合在一起的记忆痕迹在各自身上开始回响，这恢复了他们的自体和客体熟悉感。这一次，丹尼的自恋感应器正确地探测到母亲归来的意愿。他们都被激励着重复和复苏熟悉的宠爱（用于他们联合的"密码"）。他们相互热情地拥抱、微笑、亲吻，这是他们喜欢做的事，母亲也低声说着丹尼喜欢听的话："你是我的，我的，永远是我的。"他们都已经从令人难以忍受的陌生感中恢复过来（那种陌生感使他们隔离自己），被激励着去和解并重新体验幸福的联合状态。

退回或和解需要的时间取决于每个人的自体免疫程度、耐受该客体差异性以及恢复自体和客体熟悉感的能力。联合关系可以被描述为一种从客体处退回到与客体和解的一种调整，从个体化和分离到"加入"亲近。

我认为，这正是健康自恋关系的本质，在这种关系中，双方自恋地调节他们的分离关系，使熟悉的恒常性战胜陌生感。伴随而来的是，双方的自我都调节着关系中的联结／分开，这样的和解（一种适应机制）胜过失连接、脱节和破坏性的过度爆发。

科胡特将早年生活中的客体关系定义为自恋，因为"我–你分化还没有建立"。在我看来，客体关系被视为自恋还有另外一种不同的意义；也就是说，强调了双方为保持对非自体的客体的熟悉感而进行的重要的、健康的自恋尝试，胜过了其产生的对差异性的难以忍受的伤害，同时培育了自体和外在客体之间的亲密和分离。

在共享空间中体验客体关系的联合-分离模式

正是这些人与人之间的细微差别构成了他们之间陌生感和敌意的基础。

在这一节中，我将从联合关系艺术的角度来描述客体关系的复合形成，这种联合关系是由婴儿和父／母双方独立的个体共同编织而成的。这种联合-分离模式贯穿于整个生命周期。

凯伦 2 个月大的时候，她父亲每天晚上都会为她洗澡。尽管他很疲惫（与他的独立性相关），但他还是很乐意和她一起共同度过这些快乐的时光（与他们的联合性相关）。他知道什么样的水温对她来说是愉悦的（与她的分离性有关），于是他带着凯伦去洗澡。他轻柔地帮她脱衣服，配着他平常哼唱的歌曲（与她的分离性有关），他传达出他们即将享受沐浴（联合性）的信息，并轻轻地将她的身体浸入水中。在温暖的水中，凯伦的脸上露出享受的表情；她凝视着父亲的眼睛，肌肉（完全）放松，这是对他们共同享受幸福时刻的回应，而他们之间的界限似乎暂时模糊了。凯伦对父亲表示信任，父亲也恰到好处地抱着她并将她放入水中，这可能会和她在母亲子宫中羊水里的记忆痕迹产生共鸣。洗完澡后，是时候分开了。父亲又唱了一首歌，准备把她从水中抱出来。起初，她哭着表示抗议，希望继续这样的幸福时光，但很快就接受了，允许这样的关心和照顾继续。父亲温柔地把她擦干，给她穿上衣服，然后轻轻地把她放在母亲的怀里，让她吃奶。

凯伦吮吸着母亲温暖的乳房，凝视着母亲的眼睛，两个人联合在一种新的情感品质中，这与父亲在一起的情感体验截然不同。凯伦和母亲沉浸在完全的宁静之中，快乐感淹没了她们，因为她们之间的界限明显模糊了。哺乳完毕，她们准备分开。凯伦进入了轻松的睡眠状态；母亲把她放在小床上，亲吻她，平静地回到自己的其他活动中。这些不同的情感纹理的记忆痕迹会保留在双方各自的自恋中，并在相似的经历中回响。

联合-分离是一个较新的术语，我将其视为在婴儿出生后产生的正常客体关系的动态模式。联合-分离表示两个个体之间的关系，两个独立的自我空间——婴儿的自我空间和父母的自体空间——暂时在一个虚拟的第三共享空间中进行。与共生关系的二元关系不同，它表明了客体

关系中的三元关系 ①。

我把自体熟悉的空间视作壳，象征着一个人的分离性堡垒。这种构想类似于"保护壳"和"自我-皮肤"。通过感官和身体感知，婴儿 / 成年人认识到自己的壳的边界，这是由子宫的边界所塑造的，所以在个体生活中的边界会与之产生共鸣。

从分离性的自体空间中，个体可以部分地出现，与他体验到的非自体接触；也就是说，另一个个体也部分地在其壳外。在这些时刻，两个人的自恋感应器都被激活，在彼此接触之前，两个人就已经识别出他们之间或微小或较大的差异或偏差。然而，个体始终保持其独立性和内在的自由感，不论是要在一个共享的空间里与客体亲密接触，还是从这个非自体中退出待在自体熟悉的空间中。

我会通过多少有些老套的有关蜗牛的例子来说明客体关系的联合模型，来比喻客体关系的复杂过程。

我看到肖恩，一个 4 岁的小男孩。他在户外远足时发现一只藏在壳里的蜗牛。他把它放在手里，说："蜗牛，蜗牛，出来我喂你吃的，先伸出你的触须，然后伸出你的头。"② 当蜗牛探出壳时，肖恩很高兴自己对蜗牛"引诱"成功。然而，当他发现另一只蜗牛没有反应时，他感到沮丧和生气，并把它扔掉。有人认为，如果他的母亲被他求亲近的行为所"吸引"并前来跟他亲密，他也会同样高兴的；或者他的父亲并没能加入到他们共享的空间里，也同样会让他受挫。

温尼科特创造了"潜在空间"和"过渡性现象"的概念。在这些概念的基础上，我详细阐述了虚拟的第三共享空间的重要性，即在个体之间体验到的分离-联合。在第三共享空间中，各种过渡性现象，如情感

---

① 在系统论和家庭治疗中，第三客体被三角化后进入一个二元的互动或关系中，我对这个术语的使用是不同的（见术语表）。

② 蜗牛歌似乎很普及，每种文化都有自己独特的歌词。

表达和感觉沟通，在两个个体的分离性和差异性之间进行协调（见下文）。然而，协调中介的缺失会让自体处于一种我与非我的融合状态，或者在面临亲密、差异性或客体缺乏的情况下过度警觉。

在我看来，没有分离性就没有联合性，没有个体的自体空间就没有第三共享空间的关系和交流，没有缺席也就没有在场。或者，正如赫拉克利特（Heraclitus）说的那样："他们在最持续的接触中分离。"

在共享空间相遇的过程中，联合的双方试图在警觉性和开放性之间保持一种微妙的平衡。警觉性是针对对方的陌生感，这会引发阻抗；开放性是针对对方的相似性，这会产生吸引。因此，由于他们的分离性和不断变化的环境，在共享空间中的每一次新的相遇都会改变两者之间的距离和情绪强度。

安居在自己的壳中时，大多数人都感到安全和熟悉，并且能认识到自己的自体熟悉感。而在第三共享空间里，情绪的氛围通常会改变。因此，在每次相遇前，我们都在不知不觉中试探对话者的心境以及我们与之联合的能力，以便让自己分离和回归到自己的自体空间中。通过细微的调节，在这个独特的共享空间中，两个个体都在不断地协调他们之间的互动，并试图确定他们希望保持的适当距离。这种对友好关系距离的持续调整为双方创造了共鸣、感知和感觉，以便他们界定他们的虚拟共享空间。

我们可以把联合视为在礼堂这一共享空间里举行的音乐会。父母就像指挥家，他们根据乐谱来控制声音、调整节奏和不同乐器的相对音量。我们听到的音乐模糊了不同乐器的独立性，并超越了自己的独立性，尽管每种乐器都有其独特性。如果其中一个乐师的演奏走调了（如节奏、音高上出错），就会影响不同乐器之间的和谐或关系，让人听起来感觉是一种令人恼火的、不和谐的陌生体验。

第三共享空间是虚拟的，这是一种主观、虚幻、非具体的感官感知，产生于联合的创造性以及双方在这独特的邂逅中的情绪投入。因此，第三共享空间被概念化为一种过渡性现象，作用在于调节父母和婴儿之间或伴侣之间的差异性。此外，不同个体之间的虚拟共享空间内的多样性体验也为亲密互动增添了价值，用合作关系的情绪资产丰富了自恋免疫网络。

在这些记忆痕迹的共鸣中，儿童和成人都可以"重新找到满足"，复兴他们在共享联合空间中体验到的幸福时刻。[①]

此外，我们自恋地连接以保存这些共享空间的资产（与独特的客体共同投入并体验到的亲密特质），以抵御外来入侵。这些入侵可能是兄弟姐妹之间或者同一共享空间内的竞争对手之间的嫉妒、背叛这些强烈情绪爆发的来源。在整个生命周期中，这些共鸣的回响会增强这种客体关系模式的发展性意义，也会影响个体与他人的关系。

18 个月大的茉莉和祖母一起玩一个新游戏。接下来的一周，当她来看望祖父母时，她都坚持玩同样的游戏。祖母需要花点时间才能理解她的愿望，而当她们一起找到这个游戏时，茉莉就会很开心，并坚持只和祖母一起玩，而拒绝表哥的加入。很明显，她和祖母之前在游戏中创造的共享空间所具有的这种独特的联合比游戏本身更重要。

我们可能会注意到，身体和感官的接触，如拥抱、亲吻、按摩或性行为等，会降低共享空间的量级，而眼睛凝视和肢体语言则会扩展这一空间。避免目光接触似乎减少了亲近感。另外，其他方式的交流，如电话、互联网和各种私人语言，扩展了共享空间的框架。

---

① 当注意力集中在这些共鸣上时，这些共鸣可能会在身体层面被重新体验，并成为罗斯 (Ross) 所描述的"基础资源"的一部分。

在共享的联合空间中享受快乐

在虚拟的第三共享空间里，婴儿和父母，像夫妻一样，在身体上互相触摸，在情绪上互相感染，并受到对方气味和眼神的吸引。他们用一种只有他们自己懂得的非口语的情感语言来交流，而且这种交流常常充满愉悦和爱的感觉——然而，他们并没有融合到彼此的自体空间中。他们可以一起分享亲密、幸福、交流，或者共同分担以减轻悲痛、痛苦、失望甚至愤怒。有时两者都能同步地获得友好关系，也常常见到一方趋向于亲近，另一方则趋向于疏远；一人想表达爱，另一人则表达当前自己的兴趣、遭受的伤害或愤怒。个体每一次的尝试都是在试图克服客体所产生的陌生感或伤害感，并试着与对方和解。在我看来，这一过程代表了亲密关系的相处之道。

我描绘的个体之间的亲密模型是在虚拟的第三共享空间中实现的，在这个空间中，双方都能成功地实现他们的友好相处。当个体冒险从自体熟悉的壳或空间内出来时，每个人都暴露了重要的自体资产，并与另一个也暴露了其最深层的重要自体资产的人进行交流。双方在共享空间中分享这种相互的情绪表露和兴趣，促进那些弥合分离性的幸运时刻和幸福的亲近状态（见上述丹尼和婴儿凯伦的例子）。

尽管看上去没有什么比体验亲密更简单的了，但我认为，若享受亲密和相处之道，就需要满足一些基本的情绪条件，包括以下几点：

1. 具有自恋地保存个人自体分离性并容忍对方差异性的能力；
2. 具有暴露最深层的重要自体资产的能力，并能够根据对方参与其中的能力来调整个人的表达；
3. 具有在两个人间的协调关系中调节情感表达的相关能力，让自我有可能暂时对差异性放松警惕；

4. 具有表达对双方都熟悉和愉悦的正性情感的能力；

5. 具有耐受相互体验到一定情绪强度的快乐、爱和幸福的能力，因为这些情绪唤起了短暂的界限模糊感；

6. 具有容忍分离的能力，具有感受亲密后独处的能力；

7. 体验正性情绪的能力胜过体验负性情绪的能力；

8. 双方具有在受伤、挫折和失望后和解、重新创造亲近的能力；

9. 具有对对方传送的信息保持兴趣、耐受其最深刻的情感暴露以及享受这种相互分享的能力。

凯利强调，因暴露情绪而产生的隐秘的羞耻感使亲密行为受到抑制。此外，他建议我们学习如何运用羞耻的情绪来识别并越过这些通往亲密的障碍。

每当婴儿和父母或重要他人之间，以及配偶之间设法重新创造亲密的体验时，在共享空间里，他们相互的情绪投入让他们感到无比满足并充满完整感。它们似乎飘荡在暂时的陶醉中，在这共享的空间中有时甚至意识不到彼此的存在；在这共享的空间里没有差异性，原始自恋的完美幻觉得以重现。在这些时刻，除了他们的自恋成瘾的快感之外，没有其他的东西存在，他们漂浮在一种永恒的完美感的光环之中，这种体验感染着他们，并以纯粹快乐的方式联结着他们。这种纯粹的、情绪上的超越以及强烈的正性情绪体验，淹没了整个共享体验的空间，这就是弗洛伊德所定义的幸福感。

在哺乳时，婴儿和母亲相互注视着对方的眼睛，仿佛在用眼神互相深入到对方的内心，一种独特的、超然的情绪就会在他们之间展开。类似的情绪体验同样也发生在青春期和成年期的热恋或性亲密期间。这些超然的感觉被铭刻在自恋免疫网络中，作为完美和纯粹情绪体验的主观信息回荡在整个生命周期中。

迷恋、幸福和爱对所有人都极具诱惑。它们减轻了非自体的客体所产生的伤害，提供了希望和主动性，给我们的生活增添了宝贵的滋味，没有这些，活着便只有痛苦。在整个生命中，我们被复兴这种真实以及极乐的冲动和渴望所感动，这些真实和极乐代表着我们的客体关系的自恋理想。

然而，让人惊讶的是，重新发现真正的幸福体验是多么困难。幸福体验的强度是建立在口欲期自恋的基础上的，如绝对主义、完美主义和排他性，当然，这些都是主观的（快乐原则，"全或无"，以及熟悉感）。因此，每当我们努力实现自恋理想、重新体验这极乐时，我们就会感到高兴。然而，任何偏离自恋理想的主观意识，都可能引起脆弱、失望和痛苦的情绪，而这些情绪立刻会产生将完美的愉悦降低到"无"的风险。

想要复兴这些古老、幸福的情绪状态的渴望从未停止——只是对它们的依赖程度在发生改变。因此，幸福可以通过迷恋、为人父母、爱情、欣快、神秘、创造力、性兴奋和性关系来体验，而主要的则是通过夫妇想要拥抱自己的孩子的冲动来实现。

在多丽丝（Doris）的治疗过程中，她和我分享了孩子带给她的快乐："我把亲爱的宝贝本抱在胸前，看着他平静的脸，觉得他完全放松了，全身心地投入到我们的结合中 [婴儿的分离性和他们的联合性]。我喜出望外！在这样的时刻，我忘记了所有的烦恼。似乎除了这种至高无上的体验之外，其他都不存在了（他们的共享空间）。这正是我怀着他时所梦寐以求的（她的自恋理想）。不过，我还是很惊讶地发现，当本（Ben）盯着我另外一个儿子伊恩（Ian）的时候，他在我们旁边玩耍，并没有干扰我们的快乐，当伊恩叫我时，我也可以给予他充分的关注 [她儿子的分离性，以及另一个共享空间]。"

相处之道：保留联合的共享空间

在一个共享空间中进行联合的体验可能就像跳一支激动人心的舞蹈，舞者要根据对方的速度和步伐来调整自己的速度和步伐。这种同步使共享的舞蹈空间里产生了协调的节奏，这会暂时模糊舞者之间的界限感。在与同伴的节奏协调一致的过程中，每个舞者都保持着自己熟悉的节奏，从而也产生了一个新的、节奏独特的共舞，舞者双方都将其视为独有的创造。最后，舞会结束，舞者分开，双方带着各自的节奏回到自己的自体空间中，而现在这个空间里就包含了新的记忆痕迹，以及与对方节奏和步伐协调一致的新能力。

在诸如舞蹈、合唱或听交响乐中所体验到的联合性很快就会结束，由于主体双方具有分离性，所以双方联合的幸福不可能无限期地持续下去。当一方意识到另一方想离开共享空间时，他就会为自己和对方准备一个熟悉的分手密码，如"待会儿见"或"再见"、一个微笑或一个拥抱。

共享这种分离的仪式让双方为保持距离做好准备，并在其自体熟悉感中将联合性的正性现象保存为一种自体资产，同时知道（如基本的信任）他们还会再聚。这种在双方分离时保存下来的自体资产缓解了分离和独立性所带来的痛苦，增强了双方各自的"独处能力"。当无法完成分离过程，或者个体带着伤害和愤怒分离时，双方可能会因为客体丧失、被抛弃、痛苦的孤独或复仇的愿望而感到焦虑。

分离后，每个人都会带着一种新的情绪负荷回到熟悉的自体空间中，这种情绪负荷的记忆痕迹来自于他们最近共同的经历，如亲密、交流，也有可能是对客体的失望。双方都可能因为这次相遇而感到高兴和满足，或者在被对方伤害后需要"舔舐伤口"。然后，在自体空间中，双方都可以通过同化和适应的过程来消化，并对共同的经历赋予其个人主观的意义和重要性，同时恢复自体熟悉的分离性。这个人可能会意识到，尽管他受到了伤害，尽管他们分开了，他仍然感激与这个重要他人之间的关系，和解并付诸重新沟通的努力是值得的。如果做不到这一点，他可能无法摆脱伤痛，可能需要报复，因而无法恢复其自体熟悉感和联合的熟悉感。最后，我们都很乐于知道过去的共同经历没有被遗忘，对方的记忆也会与那些我们过去共同的经历产生共鸣。

米歇尔（Michel）是位成年来访者，在治疗的大部分时间里，他都长时间保持沉默，我和他共同体验着这种沉默。过了一段时间，他说："我感觉到你和我在一起，但跟往常不一样了……我觉得你今天很累……或者你在想自己的一些烦恼，或者我的沉默吞没了你……能感受到如此细微的感受很奇妙。我记得母亲曾经唱过一首我喜欢的歌，'来吧，我的宝贝，我们互相抚慰，然后快乐地飞回去。'"

我解释道："当你感到我没有像往常那样和你在一起，你希望在我们快乐地飞回去之前，我们能互相抚慰。"过了一会儿，米歇尔继续说："上周末，儿子睡觉前我给他读了一个故事，一个奇怪的想法闪过我的脑海——当我妈妈给我读这个故事时，她真的和我在一起吗？……我昨天去看望我妈妈，我们交流了一些回忆，就是给儿子读故事的幸福时光，就像我小时候她给我读同一个故事一样……不知从哪儿冒出来的念头，我突然问，'你给读我《小鹿斑比》的故事时真的跟我在一起吗？'妈妈被我的问题吓了一跳，然后她回答说，'我通常很喜欢在你睡觉前和你在一起。我记得，在你快 4 岁的时候，在一段短暂的时间里，我很担心你父亲的身体。所以我是机械地给你读斑比的故事，人在心不在。我当时以为你没有注意到。'……虽然我不记得这些情节，但我确实注意到了她的心不在焉。"

从口欲期开始，共享空间的特征主要与亲密、亲近和幸福的体验有关。在发展的不同阶段，这些特征会有不同的形式。例如，肛欲期的形式为协商（在第八章中将详细阐述）。然而，表达和接受爱的需要总是会激发个人建立和维持关系的动机，也会在共享空间中塑造感官体验、亲密感和幸福感。

在生活中，我们基于每一位客体（母亲、父亲、兄弟姐妹、朋友、配偶等）的认知和情商特质以及沟通中的细微差别（如肢体语言、专业语言、文化语言等）来创建丰富多彩的虚拟共享空间（亲密、沟通、协商、游戏、故事、用餐等）。

在我看来，客体关系的联合模式表明，自出生开始情绪便持续健康发展，这种发展导致自体凝聚性的巩固，创造性的个体化，对孤独感、伙伴关系和亲密感的享受，也会让个体形成以不同方式交流的能力。联合关系意味着耐受客体差异性和警觉客体陌生性之间的情绪平衡，并产生各种各样的过渡性现象，在有距离时仍然能创造亲近感，在缺席时也有存在感，在共享空间中加入彼此或相互分离的自由感。

纵观幼儿时期的联合性客体关系，很明显，就像米歇尔母亲的歌里所唱的那样，父母"快乐地飞回去之前……彼此抚慰"，并培育分离与结合、个体化和联合性。父母鼓励孩子去感受幸福，也鼓励孩子能够"独处"，甚至享受"孤独感"。他帮助宝宝亲近周围的环境，同时提高对陌生人和陌生性的警觉。因此，父母强化孩子天生的健康自恋和自我适应机制。父母还会促进孩子的"动机系统"的完善和磨砺，让孩子在各种共享的虚拟空间中参与人与人之间的互动、享受人际关系，也可以让孩子感受孤独感。

在我看来，享受独处的能力与参与和享受人际关系的能力，以及容忍他人享受自己"空间"的需要的能力是相关的。没有一种体验是孤立存在的。

我完全同意让－米歇尔·奎诺多兹（Jean-Michel Quinodoz）的观

点，他强调，在人的一生中，孤独感对于精神生活的整合至关重要①。根据作者的观点，在成为独一无二的个体时或者在独处时体验到的孤独，是"人类状态的标志"。虽然有些人可以忍受这种孤独，但对另一些人来说，它可能会引起客体丧失或分离的焦虑。

我认为这种孤独感也可以增强父母的能力，使其得以在孩子口欲期时既能享受亲密的关系，同时也可以鼓励和促进宝宝的分离。亲密和分离的体验（虽然看起来是对立的）都被印记在婴儿（以及父母）的自恋免疫网络的记忆痕迹中。双方（婴儿和父母）保持着各自独立性的同时也享受共同的亲密。换句话说，在亲密关系中，一个人既与客体在一起，又是独自一人。

让-米歇尔·奎诺多兹提出：

使用浮力（buoyancy）②这个词来表示自我的重新统一感，其特点就是能够"用自己的翅膀飞翔"，当病人成功修通他们的分离焦虑时往往就会这样说……浮力感反映自我整合的感觉和与其相对应的发展良好的独处能力，其结果是，每一个参与者都能享受对方的在场，同时又能自在地感受自己的与众不同和孤独。

我完全同意奎诺多兹在这一点上的看法，即"对方在时，我有可能感到自己存在、孤独和独特，在不丧失自己完整性的同时，在关系中保持一种持久感，对我来说，这似乎是长期、舒适地在关系中生活的必要条件"。这些记忆痕迹在我们的日常生活经历中不断在内心回响，是增强我们享受独处和与我们的客体亲密接触的能力的基础，也是促进相处之道的基础。

---

① 作者和我都提到了一种主观的孤独感，这种孤独感可以与关心共存。
② 见让-米歇尔·奎诺多兹所著的《孤独感的驯化——精神分析中的分离焦虑》（*The Taming of Solitude—Separation Anxiety in Psychoanalysis*）一书，该著作阐述了浮力的概念。

过渡性现象

过渡性现象是温尼科特提出的最重要的概念之一。我聚焦于将过渡性现象作为特别重要的自我适应机制上，以此来扩展这一概念在联合性关系中的重要意义（见第三章的适应机制）。当个体在共享空间中相互投入到某个事件、客体或共同兴趣上时，过渡性现象就出现了，从而增加了双方的亲近感，弥合了他们之间的隔阂。

在联合–分离的共享空间中会出现各种各样的过渡性现象，它们从口欲期开始就已经会对我们的创造性技能和享受共同做事的能力方面产生神奇的影响。过渡性现象提供了一种恒常感，从而缓解了我们分离的痛苦，并帮助我们在面临关系中的差异性时产生更多的包容。

在我们的整个生命中，会产生无数的过渡性现象。它们遵循一个等级次序，从诸如幻觉的最初形式发展到诸如仪式的更复杂的形式，然后发展到更高的形式，如虚拟共享空间、肢体语言、过渡性客体、非口语感官交流、亲密语言、叙事、伦理、职业和文化价值等。在成熟的过程中，这些现象可能会比与之创造出这些现象的实际的伙伴更加重要（见下文）。

我认为，过渡性现象应该被视为精神潜能开发、心理运动、认知和情绪智力发展，以及沟通和创造力得到增强的基础。

在这方面，通过与父母的联合，让孩子们接触音乐、歌曲、故事、游戏，可以激发他们的创造力，这些在他们成长或成年时具化为天赋。

过渡性现象通常是以无意识的、非言语的方式传递的，如下面的例子所述。

大约 2 岁的肖恩被父母带到公园去喂动物。他母亲看着他喂鸭子，突然变得非常兴奋。她记起（联想的回响）儿时在日内瓦湖和父母一起喂天鹅时的快乐（一种过渡性现象）。肖恩感觉到母亲的兴奋，也变得兴高采烈。它们都体验到了喂鸭子的附加价值，现在，在他们之间有了一种熟悉而独特的连接。因此，过渡性的现象可以作为情绪遗产代代相传。肖恩的父亲则不同，他虽然在场，却没有分享他们的兴奋。对父亲而言，喂鸭子是件愉快的事，但仅此而已。然而，尽管他觉得在妻子和儿子的亲密连接中自己像个局外人，他还是被他们的联合所感动了。而当父亲和儿子玩汽车游戏时，母亲并没有参与其中，却也因为见证了他们之间特殊的纽带而感动。父亲经常会跟母亲说，想起童年时玩的一个汽车游戏是多么令他兴奋，对他来说，送肖恩一些自己收藏的汽车意义重大。

肖恩 10 岁时对父母说："我以后每个星期三都会带我们的孩子，你们的孙子孙女来看你们，就像我们每周三去爷爷奶奶家一样，一家人一起玩。"在他说这番话时，他感到父母和祖父母对于能把家族联合（过渡性现象）的共同遗产代代相传感到很高兴。

我和丈夫年轻时曾在瑞士学习过几年，那里的气候与我们习惯的以色列气候截然不同。我们喜欢在寒冷的冬日围坐在壁炉旁，陶醉在那种温暖中。对于我们来说，这个空间变成了一个共享的空间：原木燃烧时散发的特殊气味和发出的声音、壁炉散发的热量都让我们感到享受，那种氛围让我们感到亲密而幸福。在不同时期，我们都与孩子们分享过这些曾经的愉快经历。几年前，我们的一个孩子和我们分享了她冬天围坐在壁炉旁的乐趣。她说，他们围坐在壁炉旁，她从我们与她分享的相关经历中汲取了一种附加的价值，当她和家人围坐在壁炉旁时，她能感受到我们在场的情感"风味"。当我写下这段话时，我仍然能感受到很久以前我体验到的这种过渡性现象的情感风味。

另一个过渡性现象的例子关乎我已故的父亲，他喜欢煮罗宋汤，我们和我们的孩子都很喜欢他煮的汤。父亲去世后，罗宋汤便换我做了，但孩子们拒绝在"外公的罗宋汤"的味道上妥协，尽管我也是按照父亲原来的配方制作的。很明显，我的罗宋汤缺乏外公的亲近感这个情感"风味"，他们更喜欢把这种"我们都怀念的特殊的罗宋汤"（就像他们说的，他们在现实生活中怀念罗宋汤，但自恋地把它作为自体资产保存了下来）铭记在心。从那时起，"罗宋汤"这个词就成为我们的一个代码：成为让我们所有人都产生一种亲近感的过渡性现象。

4 岁的艾拉和她母亲在车里。她们经常在收音机里听外国歌曲，艾拉其实听不懂。然而，那天，她突然问："这是什么歌？"当母亲意识到这首歌实际上具有家庭意义时，她感到困惑不解，她没有注意到自己的反应可能含有很多情绪情感。她对艾拉说："这是一首外公外婆都非常喜欢的歌。"

在精神分析中，通过患者的叙述及其对分析者的移情感受所编织出来的联想和主题，我们就会与患者一起意识到与他一起创造过渡性现象（如对音乐的热爱）的缺失的人物（意识上的缺失）。此外，患者可能会意识到，他的伤痛或创伤性情绪数据已经埋葬了有价值的叙事，那是一种与父母相处的过渡性现象。在它们浮出水面之前，这些与某一客体有关的宝贵经历的记忆痕迹可能会一直处于无意识状态，被压缩在各种压力、焦虑和创伤之下。

欧内斯特（Ernest）是一位成年患者，他经常感到被父亲伤害或抛弃，所以对父亲充满愤怒，对人也总是充满怀疑。他的联想和移情让我们认识到与他父亲有关的一些隐藏着的、有价值的过渡性现象，如读书、收集／研究昆虫和在电视上看体育比赛等。欧内斯特 3 岁时，他的弟弟出生了。据推测，新生儿被体验为他与父亲亲密关系（正性情感）的障碍。嫉妒和被抛弃的感觉淹没了他，这导致他压抑了自己和父亲在一起的正性感受。他记得自己拒绝和父亲一起玩，记得自己对父亲的憎恨之情。这种珍贵的、隐蔽的与父亲的亲密的浮现，引发了他对父亲深深的思念，同时也为造成他们之间的裂痕而感到内疚。他出现了和小女儿一起读书的冲动，就像他父亲曾经和他一起读书一样；也想起一些他完全忘记了的事。

正如下文将要描述的那样，不同的现象之间是相互联系的，具有一贯的关联性，由个人叙述来塑造，影响着人们当下如何定义生活经历中的重要意义。

过渡性客体

过渡性客体是一个具体的客体，我认为，这是婴儿与其看护人在他们共享的空间中对这一特定客体的共同情感投入的结果。这个独一无二的客体，如毯子、娃娃或泰迪熊，承载了情感，它对父母和孩子一样珍贵。他们一起通过拟人化来给予该客体一定的地位，并给予这个新的家庭成员特殊的关注，从而增强了他们认为该客体是家庭一员的感受。

过渡性客体成为实际上桥接双方（婴儿和父母）分离性的第三个具体角色，以至于婴儿通过他们共同的过渡性客体来感知父母持续的存在和保护，反过来又使他能够开始与父母分离。桑德勒认为：熟悉事物的持续存在，使孩子更容易保持其最低水平的安全感。我同意他的观点。

自从桑迪出生后，她的父母就感到，在她睡觉时把她的泰迪熊布布放在她的床上是十分重要的。在桑迪 8 个月大的时候，她会主动寻找自己的泰迪熊（感知到客体恒常性），她的父母把它作为一个舒适和安全的客体递给她："我们的宝贝布布和你在一起，晚安宝贝，睡个好觉。"桑迪深情地拥抱布布，用父母对待她的那种温柔的方式来对待布布。一天晚上，桑迪（12 个月大）躺下睡觉，她的父母找不到布布了，他们每个人都很紧张。桑迪哭了，她的父母则感到疲惫和紧张。桑迪的母亲想给她一只几乎一模一样的泰迪熊（这是母亲特意为她留的），但桑迪很容易就能通过气味和触觉分辨出它们的不同。她知道新拿来的不是布布，所以她继续哭泣。她想要那个对她来说特别熟悉和重要的布布。母亲惊讶于桑迪居然能对两者做出区分。她尊重桑迪的直觉，终于找到"真正的"布布。每个人都松了一口气。桑迪拥抱着布布，父母拥抱了桑迪和布布，然后桑迪平静地睡着了。

纳丁（Nadine）是 18 个月大的丹妮尔（Danielle）的母亲，她在治疗中跟我分享女儿的睡眠问题给她带来的压力。每当她放下女儿让其睡觉并离开房间时，丹妮尔就开始哭。她补充说："直到上个月，我们还经常在丹尼尔睡前玩一个游戏。我们会把丹尼尔的毛绒玩具狗放在床上睡觉，然后我亲吻我的宝贝，给她盖上被子，轻声道晚安，然后离开房间……最近我对这个游戏失去了兴趣。我太累了，所以我只是技术性地、自动化地做着这件事……我对游戏的态度无法唤起丹妮尔的积极反应。"纳丁对先前仪式的内省，使她能够对这只玩具狗给予比以前更多的关注。之后，她俩再次能够轻松地相互分离了，因为她们各自保存着缺席-在场的客体。

共享空间中的媒介感官交流（另一种过渡性现象）

如此不同的个体是如何成功地理解彼此、传达信息、吸收它们的深刻意义并创造真正的交流的？这并非不言自明。一位病人曾经告诉我："当你的解释让我感到你真正理解我时，我常常感到惊讶。我从小就得到了关注和爱，但我经常觉得，除了祖父，没有人真正理解我。"

我用"媒介"这个词来描述个体间感官交流的过渡性现象。《牛津英语词典》对媒介的定义为：（1）传达或表达某事的手段；（2）将印象传递到感官的中介实体。

正是通过媒介感官交流，个体传输他们的信息，这样对方才会变得专注、参与交流并总体上理解交流内容。媒介感官交流往往成为人与人之间的秘密语言，使他们可以理解彼此，不用言语就能猜测彼此的愿望。在与不同人（同学、配偶、同事）的联合与相处中相互投入到他们的过渡性媒介中，人们会扩大自己的感官交流范围，最终家庭和同伴达到媒介配对的无限组合。最后，在对话中，我们似乎更容易受到无意识感官信息而不是言语内容的影响，即使我们已经掌握了语言。[①]

亲密的交流，包括肢体语言的身体对话、言语或非言语的私人交流，让交流双方之间的身体距离的延伸成为可能，并在一定程度上弥补了这一距离。伙伴之间的对话可以通过只有他们明白的感官信息、符号、象征和表征来加强，还可能通过以下形式加强，即艺术、宗教、行话（口语），甚至科学术语。因此，个体之间的定期交流形成了某种"秘密"的语言，这种语言是由此类伙伴商定并为他们所独有的。其范畴的扩展（也可能随后缩水）贯穿生命周期。

伙伴双方常常无意识地感知到这些无声的媒介交流，并将其视为彼此心境的"情报"信息，任何与通常的感官对话有微小或重大偏差的信息，以及在他们的联合关系中发生的事情——就像米歇尔（在上面的例子中）试图使自己适应我和他的情绪伙伴关系。这些信息是通过微妙的感官信号检测到的，如面部表情、呼吸、语调和音高、说话的韵律和节奏以及身体语言等。媒介也被用来传递亲密、爱、快乐、警觉、沮丧和愤怒的秘密情绪信息。一方可以识别另一方的信息是否真实，及其是否正确地解读了自己的信息。

显然，我所称的"媒介感知交流"与情绪分享、双向调节和相互依存、共情、心智化和亲密沟通这些概念都有联系。

巴瑞·莱文森（Barry Levinson）导演的电影《雨人》（Rain Man）

---

① 奥利弗·萨克斯（Oliver Sacks）在其著作《把妻子误认为帽子的男人》（The Man Who Mistook His Wife for a Hat）中记述了"总统的演讲"。在这个临床故事中，他描述了失语症患者是如何对伴随口语的感官交流做出情感反应的，对比了音调失认症患者和"正常人"的反应。（不过，他并没有特别提到这里所述的媒介，但可能丰富这一主题。）

的主题曲反映了媒介感官交流对个体间关系的影响。查理（Charlie）告诉女友，这首《雨人》主题曲对他有镇静的作用，而他自己却不知道原因。后来，查理透露他有一个患有自闭症的哥哥雷蒙德（Raymond），已经被收容多年。然而，当查理设法与患有自闭症的哥哥团聚时，他惊奇地发现，当自己还是个小男孩时，他常常把哥哥的名字念成"雨人"。此外，雷蒙德突然唱了这首特别的歌，这首歌他小时候经常唱给查理听，用来安慰他。显然，查理将歌曲的标题浓缩成了他哥哥的名字，因此他将《雨人》的这首主题曲作为他们共享的安抚感知交流的媒介自恋地保存在他的自体资产中。在当下它依然是一个安抚媒介，尽管它的起源已被遗忘，且这种媒介感官交流的另一方（他哥哥）缺席了。

在对话中，个体在共享的语言交流上相互协调。双方都试图被对方理解，同时也根据彼此的开放性和沟通意愿调节对话。相比之下，在独白中，由于否认他人的分离性，个体会产生一种幻觉，认为自己总是会被理解和接纳的。

在口欲期，幼儿（由于其耐受性较低）需要感到父母对他即时而完全的理解，当不被理解时，幼儿就会感到苦恼和焦虑。因此，从口欲期开始乃至整个生命阶段，我们都渴望有一个人无须言语就能理解我们，也害怕不被真正理解；另外，我们有时又担心别人可能了解到了我们并不想透露的信息。

在精神分析或心理治疗中，对作为一种过渡性现象的媒介感官交流的使用，为这种概念化的有效性提供了最清晰的证据。在治疗室这一共享空间中，治疗师和病人之间的媒介交流在他们的联合关系中流动。它们都需要多次治疗的时间，直到在他们之间编织出一种双方都理解的、熟悉的治疗媒介。分析师根据不同病人传输给他的感官信息，与每个病人都开发出一种独特的媒介感官交流。病人也磨炼自己的感官，以便熟悉分析师的澄清和解释模式，并找到适当的方式将自己的联想传递给分析师。

分析师试图吸收和解读病人的一系列无意识幻想、叙述和联想，同时解读自己的联想，并解码移情和反移情（分析师对病人及其信息的独特反应），这是治疗演化的自然发生过程。在此基础上，他可以解释病人的潜意识，方法是不断谈及与病人对生活中的事件的主要叙述风格有关的自由联想。分析师必须调整自己的解释，让其适应病人的吸收能力，也应该使用病人的话语，并将它们整合到他们之间发展出的熟悉又独特的媒介感知沟通中。一般来说，若时机恰当，则分析师对这些媒介的解释与患者的情绪状态和感受是一致的，在情感上触动他，并引发新的移情联想的回响，这可能会引导他进入更深层次的体验。

然而，不当的解释是难以避免的。分析师具有独立的、不同的人格，具有自己的主观联想、感觉、焦虑和外来影响（反移情）。所有这些可能与病人无关，但都是由病人触发的，而且可能会干扰他们的媒介交流。

我的病人米歇尔在一次治疗中告诉我："我想到了我们在这里进行的特殊对话方式。如果有人突然听到我们说话，他肯定什么也听不懂。自从我开始分析以来，我们创造了许多秘密信号。你总能把我的话变成我们的独特对话。我非常喜欢这个。它让我觉得离你很近。也许你和其他病人在一起的时候，有其他我猜不到……哇，我刚刚想起，我小时候总是很好奇，想知道我父母用他们之间的秘密语言在说些什么。"

不同的语言和不同类型的媒介交流（语言和非语言）让我们能够吸收和传达详细阐述生活神秘性的信息。信息的不断流动可以在人与人、甚至是国与国之间架起桥梁，产生一种超越物质或意识形态距离的亲密伙伴感。从婴儿期到成年期，为了在这个疏离的世界中进行交流，人类的对话是必不可少的，最理想的情况是，对话由伦理、社会和文化价值丰富，从而达成交流的目的。

客体关系中的干扰——共生

共生这个术语是由马勒提出的，用于表示婴儿期客体关系的正常发展，该术语已经深深嵌入了心理学文献中。然而，我想提请大家注意其自诞生就具有的病理方面。我理解，虽然马勒强调了婴儿和母亲之间的融合，但她并没有涉及彼此分离性的部分。然而，如果我们仔细阅读马勒的理论就会发现，马勒确实区分或者说接受了母婴共生中各自的分离性，因为她声明，婴儿对母亲的需要是绝对的，而母亲对婴儿的需要是相对的。

在后来的观察和研究中，有证据表明，婴儿区分了自我与非我的表征。马勒的合作者派恩近期也声称，马勒当时并没有注意到婴儿这方面行为的全貌。派恩重新阐述了共生理论，他仍然假设婴儿确实没有分化地与母亲融合，但他也体验着自己与母亲的分化。

在我看来，共生依恋代表了两个个体（母亲和婴儿）融合的情绪幻觉，马勒将其描述为"一个全能系统—— 一个共同边界内的双重统一"。共生关系通常源于母亲的需要，即想让自己和孩子包含在一个排他性的、共同的空间里，以抵御自己的分离焦虑或被抛弃焦虑。因为孩子的分离性让她感受到一种威胁，所以她对此予以否认，从而依赖孩子来提供一种完整和安全的感觉。

婴儿感觉到母亲的焦虑，为了获得安全感，会过分依恋母亲的物理存在。共生关系看上去为婴儿提供了情绪需求、母亲的保护、对其存在的反馈以及对他们分离性的否认，但与此同时，婴儿也在不知不觉中牺牲了真实的自体和自己的个体化，这两者都可能引发焦虑。

共生的两个人，尤其是婴儿和母亲，只要没有分离的迹象，双方就可以得到充分的满足。他们看起来就像连体婴：一方保持距离就让另一方感到受伤、被抛弃或精神崩溃。共生的两个人可能仍然沉溺于这种过度亲密的关系中，他们想要依附于任何一个能够满足他们熟悉的自恋需求的人（即时和持续融合），并且一生都被这种强烈的需求所驱使。

共生体验在自体与客体之间留下了融合的、"不可分离"的主导记忆痕迹，仿佛它们之间的关系中不存在任何非自体。根据科胡特的观点，这种关系可以被描述为自恋的客体关系，他者是作为古老的自体客体而加载的。

我想知道，体验到他人和自己是没有区别的，或者将客体作为自体客体而进入融合中，或者将自体与客体视为一个整体存在于共生关系中的婴儿，是如何以及什么时候愿意永远放弃这种自体享受（self-luxury）的。孩子会怎样去克服被抛弃的焦虑？每当他遇到任何有关分离或差异性的暗示时，这种焦虑就会产生共鸣，并表现为陈旧的记忆痕迹。

在我看来，共生的双方，即使牺牲他们的个体化、真实的自体和自尊，仍将试图追求他们的自体客体。双方常常都充满了焦虑，担心如果没有彼此都无法生存下去。因此，对于融合的狂热似乎超过了保持自体熟悉感和分离性的需要。

下面的例子便详细阐述了共生客体关系会产生的一些后果。米利亚姆（Miriam）在分析中对我所有的手势都非常敏感，每当她听到我深呼吸、擤鼻涕或者在椅子上动一动，她就会感觉自己被抛弃，甚至会勃然大怒。当我给出的解释与她的感受不完全相符时，她就拒绝我，如同我是个陌生人一样。在我们的一次分析性会面中，她说："当我躺在你的沙发上，而你在我的身后时，我总觉得我是如此需要你的陪伴……如果看不到你，我会感到完全的孤独……和你仅仅亲密那么短暂的片刻是不够的。我是如此渴望与你完全亲近……亲近到彼此没有距离，亲近到我们俩就像一个人……我如何才能越过那些分开我们的东西？"

4个月大的婴儿赫伯（Herb）躺在母亲的怀里。他带着一丝微笑望着母亲，母亲也报以温暖的微笑并拥抱他。我们开始交谈后，赫伯突然把头转向我，也许是想知道声音是从哪儿传来的。他看着我笑了。母亲立刻将他的头转向自己，说："如果赫伯看着你，朝你微笑，就像现在这样，或者他和父亲在一起时，我觉得自己就要疯了……因为我感觉自己被忽视了……我觉得自己要失去他了。"

我注意到赫伯下巴上有个小小的凹痕，后来我明白了，那是母亲在感到被抛弃的威胁时，就用手指压着他把他的头转向自己，这种被抛弃的威胁可能与她的童年产生了共振。

看到共生的需求一步一步从母亲身上转移到婴儿身上，既令人印象深刻，又令人痛苦。母亲无意识地传输给孩子，孩子个人的需要（看向我）会对他们的共生体带来威胁。赫伯可能感知并吸收了母亲的苦恼和焦虑。他忍住了想看向我的诱惑，顽强地抓住母亲，想要释放他们俩的焦虑。在这样做的过程中，他歪曲了自己的需要。

因为客体并不被视为非自体（即自体分离性的外在客体），而是被视为自体客体，所以我认为，想要融合的冲动并没有发生在第三共享空间中，而是"在一个共同的边界内"。因此，共生代表的是二元客体关系，个体在这样的关系中不需要与非自体进行协调，也不需要寻找时机。在他们的幻想中，这种融合是永恒的，不受时间和地点的限制。这些来自早年婴儿时期的共生经验的记忆痕迹作为一个公理回响在整个生命中，即只有共生性融合是安全、生存和终极爱的证明。这些回响就像史密斯所描述的"金色幻想"（Golden Fantasy）。

然而，很明显，即使在生命开始的时候，共生体验也不是总能得以实现。这可能是因为，在现实中双方本身就是分离的，其中一方并不总是能够对另一方过度融合的需要做出回应。在这些受挫的时刻，被抛弃的焦虑也会被激活。这就好像母亲的退缩感固着了孩子心中的焦虑感。这种分离焦虑在以后的生活中面对任何分离迹象都可能被激活，如当配偶必须离开而不在身边时，当分析师缺席或者一些新的责任出现时，这些时候都会凸显病人进行独立行动的需要。

共生关系具有以下特征：

1. 极度依赖自体客体的即时、完全的存在；
2. 每当自体客体令人沮丧时，便会产生极度的自恋性伤害（包括羞耻类情感）；
3. 在客体丧失、被抛弃和毁灭的焦虑下，面对任何独立性、分离性和差异性的线索时都显示出脆弱；
4. 具有取悦客体的持续需要，包括歪曲真实自体和放弃个体化。

共生体验唤起无意识却伤害性的记忆痕迹的共鸣，将共生性个体暴露在无限且不可避免的自恋性受损、挫折感和焦虑感之中。

客体关系的共生模式可能是病理性自恋进程的结果，这种过程让自体熟悉感——作为一种融合的自体客体——抵御来自真实自体的分离性需要这个"外来"信息。受伤之后，融合在一起的自体客体被自恋地储存为非分离性（un-separateness），而防御机制则被调动起来，否认非自体及其分离性，否则就会引发被抛弃和毁灭的焦虑。共生模式意味着病理性的客体关系，表明了在共同边界内与自体客体的融合。如前所述，这阻止了在第三共享空间中过渡性现象的充实，放弃了个体化，显示出虚假自体。交流往往只是一种独白，却伴随着相互完全理解彼此的幻觉，而事实上，个体此时更加无法耐受对方的差异性，同时陌生焦虑也会加剧。

共生和联合-分离关系都始于生命之初，虽然看似相似，但又有很大的不同。为了确保自身的存在，共生双方只有在自体客体持续在场时才能得到充分的满足。而联合性伙伴，尽管他们彼此不同，而且经常分离，但能幸福地联合在一起，并促成了分离-个体化、交流和伙伴关系的正常发展（见下文）。在我看来，共生是一种自出生就有的病理性情感结晶，会导致自体脆弱、自体调节困难和脆弱性。于是，个体形成一种不成熟的人格，伴随着虚假的自体、有限的个体化以及分离焦虑——被抛弃焦虑和被毁灭焦虑——所有这些都可能出现在人格障碍（包括自恋型人格障碍）和与他人关系的障碍中。

分离-个体化和联合-分离

马勒和麦克德维特首先描述了分离-个体化的概念，用它来表示婴儿从与母亲共生的二元关系中浮现的个体，以及意识到母亲与自己是不同的（在5个月大左右）。在我看来，这种复杂的分离-个体化过程始于出生，新生儿从子宫中降临人世，对新环境中任何非自体都具有抵抗的原初动力，同时又被识别为熟悉的非自体所吸引，将其作为力比多性客体予以投注（见第二章和第四章）。此外，我认为婴儿天生的初始分离感的提升和清晰化，是经由父母的养育完成的，即父母对他分离性的认可、对他表达个人需要的鼓励、对他与其他人联结的支持以及对他抵抗不熟悉的非自体的确认和帮助。

婴儿天生具有呼吸、进食、消化食物、维护自体熟悉感，以及与熟悉的非自体的客体亲密接触的能力。此外，他生来就有能力释放或排出他不需要的或他内心不愉快的东西，为了睡觉而分离，并抵制非自体的陌生感。婴儿非常需要父母的爱和支持，因为他们会鼓励他发展这些天生的功能。他需要父母帮助他在相互具有分离性的情况下增强自己联合的能力，通过个体化来丰富自己的分离性。在这个观点上，我同意史密斯关于分离和个体化的发展观：

个体化体现在一系列自我功能的发展中，有关现实检验及其对知觉和自主性的依赖；而分离性与边界功能相关，最重要的是具有离开母亲的能力，即使这种离开只持续很短的时间然后又重新回到母亲那令人安心的怀抱中。

在孩子出生后的前 3 个月里，他们的需求和父母的需求几乎是完美匹配的，同时也伴随着分离的信号。父母尽量避免疏远自己的孩子，或者把孩子留给替代的看护人，而孩子则完全依赖于对父母的熟悉感，避免陌生感。在最初的几个月里，父母可能意识到孩子的分离性，而婴儿仍然通过抗拒非自体来体验分离性。

在巴拉克生命的最初几个月里，父母随时都能满足他的需要，同时也完全尊重他的分离性，尽管他们每天晚上都要醒来几次，给他喂食、给他安慰。巴拉克在 3~4 个月大的时候，可能已经连续睡大约 5 个小时，这样他的父母晚上就能睡个相对安稳的觉了。渐渐地，巴拉克的父母越来越在意他们自己和其他家庭成员的需要了，因此，巴拉克与父母的分离–个体化以及父母与巴拉克的分离–个体化进程加快。

这种情况改变了父母与子女最初的和谐匹配，利益冲突开始出现。例如，由于已经习惯了不受打扰的睡眠，父母就会觉得自己需要保持这样的状况，所以，当巴拉克因为某种原因在晚上醒来时，父母在情感上就不像以前那样容易理解他了。因此，父母需要更多的时间来解读巴拉克不同寻常的夜间烦恼，并让他再次入睡。与父母不同的是，巴拉克仍然需要他们通过自他出生起就熟悉的匹配来减轻他的痛苦。因为他们的安慰延迟了，巴拉克产生了陌生感，很难放松、分离和入睡。最后，父母又恢复了他们惯常的仪式，亲切地拥抱他，把他的大象玩偶放在他怀里，安慰他，直到他能够离开他们，带着对客体的熟悉感安静地进入梦乡。

通过这些经历，巴拉克逐渐发现，父母除了存在非自体的特征，还具有分离性。他意识到，他需要积极地吸引他们的注意力，清楚地表达自己的不同需求，表现得更加坚定而自信——甚至借由哭泣——最后，不允许他们在没有实现真正和解的情况下离开。虽然巴拉克的独断专行经常激怒父母，但从巴拉克的角度来看，这些对分离性的肯定表明了分离-个体化的正常发展。

在出生后的早期阶段，若本尼（Bennie）在吃母乳的时候睡着，他母亲便不知道他是否已经吃饱了；她需要从他那里得到一个表示满意的信号。大约一个月后，她就能轻易破译本尼的信号了，并能依赖他的信号来理解他表达的欲望和情绪状态：愉悦、饥饿、疲劳、退缩或痛苦，抑或在吃母乳前想环顾四周的愿望。当幸福的亲密时刻出现时，她很高兴，她觉得自己不用费力就能解读他的信号。尽管孩子只有 3 个月大，也能理解自己会使母亲感到满足。母亲意识到，她正在与本尼发展一种真正的伙伴关系，本尼在其中是作为一个独立的个体存在的。采取这种态度，也意味着她鼓励孩子的分离-个体化和联合性。

鲍勃（Bob）6 个月大了。他母亲看着他，很高兴看到他可以一个人玩玩具了。当鲍勃注意到有什么东西在动，有什么东西发出好听的音乐时，或者当他试图抓住猴子的尾巴，就像抓住母亲的手指一样时，母亲就会从情感上参与进来。简而言之，他看起来很快乐。于是她拿起书，坐在他旁边，轻松地看书。他们偶尔的相互微笑在他们分离-个体化的身体距离之间架起了桥梁，并让他们感到他们之间具有情感的关系。渐渐地，鲍勃继续玩的时候，母亲开始短暂地离开房间，但她从来没有忘记告诉他，她要离开一会儿，很快就会回来，尽管他还不懂这些词——只懂它们的语气含义。她为孩子越来越有能力和她分开而感到骄傲。

8 个月大的时候，鲍勃仍然喜欢在母亲的注视下独自玩玩具，他注意到母亲在打电话。尽管她继续看着鲍勃，坐在同一张扶手椅上，甚至微笑地看着他，但从她的语调中他感觉出她没有在和他说话，也不是他通常的那个伙伴。鲍勃变得紧张起来。他会扔玩具，然后开始哭，以此来表达他的个体性，直到母亲不得不停止聊天。与母亲离开并告诉他她会回来相比，他似乎更难以忍受母亲就在身边却感觉不到她的存在。

有趣的是，当我们的伙伴在我们共享空间的范围内长时间打电话（对亲密关系的一种干扰），不论我们处于任何年龄阶段，我们都会感到联合性被破坏，也会感到被被叛。

哺乳和断奶

6个月大的奈丽（Nelly）开始长第一颗牙。她会咬所有进入嘴里的东西，包括母亲的乳头。母亲被咬得很痛，所以她的反应是每被咬一口都会退缩。奈丽感受到了母亲的反应，为了让奶水流出来，她抑制着自己咬乳头的本能反应。渐渐地，母亲让奈丽习惯了新的食物，减少了哺乳的次数。奈丽很快就适应了新的饮食习惯。她现在可以愉快地咀嚼新食物，而不会伤害母亲，也不需要抑制自己的攻击性了。她逐渐放弃吃母乳，同时保存了与母亲亲密相处的愉悦感。

母亲只在睡觉前进行最后一次哺乳，到10个月时她给奈丽断了母乳。她惊奇地发现，完全断奶对自己和奈丽一样困难。两个人都不愿放弃这些特有的亲密时刻。母亲不得不承认奈丽不再需要她的母乳了，这让她感到自恋受损。然而，断奶对奈丽的个体化是十分重要的这一观点战胜了母亲不愿分离的心理。母亲也从喂养孩子的绝对义务中解脱出来；奈丽的父亲现在也可以喂她了。奈丽和母亲都能够调整原始的亲密模式，以适应新的亲近方式，发现新的过渡性现象，以调和分离性、享受联合性。

母亲高兴时，奈丽也高兴。她喜欢和母亲亲密，也有勇气展现自己的分离-个体化。然而，当母亲焦虑或苦恼时，奈丽变得悲伤、与世隔绝、不敢表达自己的分离-个体化需要。

正常情况下，婴儿根据自己的经历，巩固其自体熟悉的分离性，增强自己调节与父母的亲近距离的能力。从 5 个月左右开始，分离-个体化过程就通过肢体语言、肌动活动、反应速度、注视、面部表情和情感表达积极地表现出来。

8 个月大的史蒂文感觉到，每当他离开母亲时，母亲就会立刻变得焦虑不安。因此，为了让自己感到安全，他不断地注视着她。通常情况下，他会爬到她身边，无论她走到哪里，他都会跟着她，即使其他刺激吸引他，他也不敢从她身边爬开。不知不觉间，史蒂文的母亲只为史蒂文的分离-个体化留下很有限的空间。因此，他变得越来越依赖母亲，需要被她抱起来，放弃自己的分离-个体化的实验。

祖母抱着 6 个月大的茉莉，送茉莉的母亲走到门口，说："再见，再见。"同时她也鼓励茉莉主动跟母亲挥手告别并在母亲走后关上门。母亲也说："再见，再见，一会儿见。"这就好像茉莉自己开启了分离-个体化的过程，因为是她送母亲离开，而不是她被母亲留在别处。渐渐地，茉莉甚至喜欢上了这种常规的分离仪式（一种过渡性现象），这使她（的适应机制）能够保持母亲的正性形象，并为基本的信任、内在的安全感以及发展出父母会为她守候的自信奠定基础。

主动和某人分开总比不情愿地被甩在身后容易。这个过程在心理治疗中是明显可见的，当病人去度假时，其感觉比分析师度假时好得多。

让婴儿准备睡觉可以被认为是分离-个体化过程的一个原型。无论对婴儿还是成人而言，带着爱意分开都是一个有益的过程，这能使婴儿平静地撤回到其自体空间，进入一个放松的睡眠状态。对婴儿来说，准备睡觉意味着与父母和白天的活动分离，甚至与其观察和控制周围环境的能力分离。作为成年人，我们知道当我们有压力时，我们的睡眠往往会有问题。因此，对我们所有人来说，无论是婴儿还是成人，在分别前，尤其是在进入梦乡前，积极地分开是至关重要的；尽管之前可能经历过利益冲突，但对我们所有人来说，与最亲密的人在和解的状态下分开是很重要的。

父母也需要定期的分离仪式，甚至不少于婴儿，这种仪式与过渡性现象相伴，有助于双方积极地保护对方。宝宝需要自己的泰迪熊（过渡性物品），就像其父母需要对讲器（用来监控宝宝的房间）、手机、短信、电子邮件、互联网和社交网络一样——所有这些都能帮助我们在客体不在的时候与我们的客体保持接触，从而避免分离焦虑。

小 结

客体关系，我将其定义为联合-分离，是在出生时就被创造出来的，在正常的客体关系中呈现为三元关系，其中共生表示二元关系，并且代表了一种我认为是病理性的客体关系形式。联合-分离发生在两个不同的、分离的自体熟悉感"空间"之间：婴儿的空间和父母的空间，或者任何伙伴之间。双方暂时在不同类型的第三共享空间中相互连接。与此同时，每个人都保留了从爱的客体撤回力比多并在受伤感恢复后可以再次投出这些力比多的自由。在共享空间里，双方都可以表达自己的个性以及正性和负性的感觉，享受分享快乐或减轻痛苦。他们可能会忍受距离、伤害甚至愤怒，这些通常会以和解告终。伙伴双方可能会经历亲密、爱、交流和迷恋，所有这些都会暂时模糊个人之间的界限，并促使那些特有的幸福时刻的出现。

因此，从口欲期开始，联合-分离客体关系可以被视为一种心理进化系统的表示，这种系统基于本能结合与天生的自恋过程以及自我（经济）适应功能的和谐运作。这些过程会引起人们对一个日益重要的、熟悉的、可能满足驱力、情绪和联结需求的非自体的客体的吸引力。然而，由于客体的分离性，其总是持续满足婴儿或任何其他伙伴的能力通常是有限的。因此，挫折和伤害难以避免，这强调了调节自体与外部客体关系的必要性。此外，大多数人都经历过分离，体验过孤独，也曾经历与所爱之人的真正分离，这几乎是无法忍受的，因为他们通常会引发对失去客体的隐性焦虑。婴儿和父母，就像任何一对伙伴一样，能够保持积极和谐的关系，甚至幸福，并且能够沿着连接-分离的两极（不被差异性淹没）分别提高他们自己的个体化，这就是在虚拟共享空间中伙伴关系的相处艺术。

第二部分

肛欲期——协商期：
从 12 个月到 3 岁

从口欲期到肛欲期过渡时儿童的情绪状态

《童年之谜》的第一部分从口欲期的角度讲述了人生第一年的许多挑战，它们为未来的发展奠定了基础。本书的第二部分将讨论在婴儿的自恋功能运作、适应和防御机制及其客体关系某些特征中这一复杂过程是如何得到提升的。

第二个阶段为肛欲期，其情绪发展阶段大约开始于 12 个月，持续到 3 岁左右，即俄狄浦斯期开始之前。在孩子生命的前 6 个月里，即在口欲期，父母与其达成了舒适的配合或熟悉的匹配度（见第二章和第四章），它们在肛欲期却遭到了破坏，主要原因是幼儿醒着的时间延长，其要求也在增多，父母又无法再即时满足其需求。另一个非常显著的变化发生在婴儿 12 个月左右：其精神运动智能和运动能力有所提高，很快他就会开始走路了。他现在想触碰一切，并且靠自己尝试各种活动。在这些至关重要的变化之后，父母要承担保护孩子免受伤害或保护家庭财物免遭破坏的艰巨任务，为此他们不得不时刻保持警惕。他们不得不限制孩子的活动，告知其什么是被允许的或者什么是不被允许的，而且在这样的教育性养育中还得兼具创造性。

在面对这些变化时，幼童经常因父母的限制而感到愤懑，在关系中经历的这些新的挫折往往会修改他们之间关系的性质。幼童在分离-个体化的需求上变得更加肯定，甚至可能会做出过激的反应；与此同时，他又经常变得敏感脆弱，渴望恢复与父母的亲密关系，确保他们对自己的爱。此外，他逐渐意识到父母的分离性，还意识到为了与他们继续保持亲密，自己就必须服从他们的要求。在口欲期，父母对孩子的理解甚至是不需要言语的，而现在，到了肛欲期，孩子意识到，他必须努力让他人理解自己，以便让父母明白自己想要什么。这一新的生活事实激励他增加与他人的口头交流。

在这个情绪发展阶段，婴儿经历了断奶和其他重要的分离，如不再吃母乳、不再用奶瓶、不再用尿片，甚至不再用奶嘴。最终，孩子的发展达到了可以离家去上幼儿园的阶段，那里是一个全新的外面的世界，没有他熟悉的父母，有的是新的照顾者和朋友们。

对于婴儿及其父母来说，这些变化并不简单。幼儿的情绪技能——在口欲期获得的——影响了他处理新情况以及平衡内心需求与新环境中对他的新要求的方式。

一般来说，很难理清每个情绪系统（自恋、自我和客体关系）各自独特的功能运作，也无法完全区分开父母角色、生活环境或遗传因素的具体影响。我试图将它们分开讨论本身是武断的，只是为了教授的目的，以便更好地理解正常和病理的发展。

第五章

肛欲期自恋发展

本章论述肛欲期的自恋免疫系统进程，该进程在之前的口欲期记忆痕迹之上持续发展。一般情况下我们认为，个体的每个发展阶段都会对之前的阶段进行总结概括，该总结与本阶段的发展一起以记忆痕迹的形式印记在个体的自恋免疫网络中，并整合到当下持续的发展中。

基于不断增加的经验，幼儿的心理运动技能提高，用新的"近乎熟悉"的记忆痕迹丰富了其自恋免疫网络，包括身体运动、对身体活动的掌控、有目的的行动以及力量感。这些记忆痕迹与口欲期那些有关愉悦共鸣的身体感官记忆痕迹整合起来并对其予以增强。当下这些整合的记忆痕迹的自恋免疫网络不断产生回响，使幼儿在表示友好和掌控新的经历时能够应对自如，也增强了其愉悦感。

身体自体意象的形成

在口欲期，婴儿对自己熟悉的自体感通常建立在其身体感官和感知的基础上，这与其和父母在一起进行的快乐活动和快乐体验有关。此外，婴儿的注意力主要集中在持续、熟悉和愉悦的身体感官上，而不是集中在抗拒偶尔出现的陌生感上。我们可以假设他一生中对自体的熟悉感通过三个层次的无限排列组合而形成、巩固和完善：自恋免疫网络；记忆痕迹的回响（通常反映的是自恋理想）；以及新旧记忆痕迹的并置和组合。三者可能以抽象和压缩的形式存储在我们的身体／心理中。

在肛欲期，在日常生活经历中，幼儿的身体感知和日常活动形成其健康的自恋免疫网络，从该网络的回响中，我们可以观察到其自信是如何得到巩固的。这些共鸣唤起幼儿的熟悉感，唤起一种力量，吸引着他任意地开始和重复这些身体的动作和运动（熟悉原则），这些都是他在掌控和应对甚至提升自己的成就[①]。因此，幼儿受到启发后重新唤起他对权力和掌控的几乎全新的印象，这往往会增强他对自体能力的信心，并表现出其自恋的理想。

自恋理想代表了以保存自体熟悉感的自恋性熟悉感为原则，并且随着不同的发展阶段而不断得到丰富：口欲期的自恋理想代表着完美和夸大的自体熟悉感，而肛欲期的自恋理想则代表着力量和全能的自体熟悉感[②]。同时，幼儿抗拒不熟悉或不愉快的活动，有时负性记忆痕迹的回响会浮现，幼儿可能会感受到失败的威胁。幼儿是陷入这些内在威胁的泥潭之中，还是能够通过健康的自恋恢复其正性的（自体熟悉感）能力，以继续其身体活动，并再次尝试克服这些障碍呢？

2 岁 10 个月大的茉莉随着音乐的节奏起舞，她享受控制自己身体运动的身体能力。当父亲也加入时，她的动作与他的舞步配合起来。她

---

① 从潜伏期开始，身体掌控的肛欲期成就可能成为一种自我理想，如成为一名冠军运动员或科学家。

② 自体熟悉感可能会被保留下来：夸大自体和完美主义是口欲期的自恋理想，而全能的、强大的自体是肛欲期的自恋理想。主要从潜伏期开始，自恋理想可能与自我理想相结合，这些自我理想代表了个体的自我被激励以达到理想的目标，或者正如弗洛伊德所定义的："自我理想是自我对其真实成就的评价。"因此，自恋理想与自体熟悉感有关，而自我理想则与动机成就有关。

从下往上看着父亲，意识到他们身体之间的差异。几次成功的尝试之后，茉莉摔跤了，还擦伤了自己，于是她开始哭。"不行，不行。"她尖叫道。她觉得这似乎是对她身体意象的伤害，是一种失败。父亲安慰她，劝她再试一次。几分钟后，茉莉邀请父亲再次共舞，她说："爸爸，就算我会摔倒，我也可以跳了。"很明显，她身体的自体熟悉感已经恢复了，因为她的健康自恋是协调一致的，尽管四肢是分开的。在她适应和整理步伐的自我适应机制以及父亲的鼓励（客体关系）下，她也恢复了自信[1]。

因此，幼儿的自恋不断被动员起来，使其不断强化的自体熟悉感和自体资产免受来自内部或外部的入侵，这些入侵可能会挑战、威胁甚至伤害其身体自体意象。此外，正如下文将要阐述的，自恋免疫和恢复性的进程系统显然是由身体的记忆痕迹和对过去父母"包裹"婴儿并鼓励其克服困难而产生的共鸣所支持的。这种"克服"也部分包括（在身体及其感官的水平上）释放多余的神经能量。这些由父母对孩子的涵容来帮助他们达成，父母以最佳的方式帮助孩子整合其经历，这些方式包括与他交谈，用几句话解释所发生的事情，将孩子的自体资产与他的经历联系起来等。从这个意义上说，我们可以把自恋免疫系统视为一个心理包膜，把正在萌发的思想放在一起，等待进一步的发展。在《超越快乐原则》（Beyond the Pleasure Principle）一书中，弗洛伊德描述了 Pcpt-Cs[2] 系统包裹其他心理系统的方式，提供了一种抵抗有害刺激、保护发展中的自我的"原始表层"和"特殊包膜或膜"。根据弗洛伊德的理论，我认为健康自恋是心理包膜之一，通过整合熟悉或近乎熟悉的人（事物），起到"抵抗有害的刺激"和陌生感并保护发展中的自体的作用。

---

[1] 当然，她的身体感觉很大程度上依赖于以下三点：视觉、平衡器官（前庭系统）和本体感受的完整性。

[2] Pcpt-Cs= 感知-意识。弗洛伊德用这个词表示感知意识系统的任何功能。

作为包膜或免疫膜的自恋

自恋，作为包膜或免疫膜，从三个层面进行工作。

1. **自恋免疫网络。**由三部分组成，即过去体验产生的感觉运动记忆痕迹，与其相伴随的感知，以及感官、自主神经系统和身体三者的相关行动模式。这包括我们对"逃跑或战斗"情况的个人熟悉程度，以及对创伤的"冻僵"反应，无论其是身体上的，还是情感上的，抑或两者兼具。[①]

2. **情感共鸣。**记忆痕迹的情感共鸣（通常是无意识的，有身体参照的）作为对当前事件的反应，在应对新的经历时产生新兴的熟悉感。这往往会形成自恋理想和熟悉原则。

3. **并置。**将实际经历和感知中新的、"近乎熟悉"的记忆痕迹与之前的经验和感知并置，并在自恋免疫网络中进行整合。

安吉欧对"自我皮肤"（ego-skin，le moi-peau）的概念化强调了自恋包膜对维护自体安全界限的贡献，而我认为自恋的免疫包膜对巩固熟悉的自体感（即自体熟悉感）具有特别的贡献。

正如我在第四章中所提到的，斯佩罗在其论文中对心理包膜的概念（弗洛伊德阐述的）添加了一些有趣的观点："笑话的包膜：一个被忽视的精神包膜的前体。"斯佩罗把这个笑话包膜当成一个"容器"，认为它在早期的发展过程中发挥着至关重要的作用，同时也保留了"幽默作品"的潜在元素，这是生活中每个笑话的乐趣所在。他强调了心理包膜

---

① 关于这点，请参阅莱文关于创伤后应激障碍（Pos-Traumatic Stress Disorder，PTSD）及一般创伤的杰出作品，亦可参考体感疗法（Somatic Experiencing）从业者的宝贵工作。

的属性，诸如庇护、免疫、容纳和封装等功能，它们在人类发展的很多阶段以及不断增加的象征化水平上运作。"一个心理包膜，"斯佩罗称，"永远包含在两个双重的或循环的功能中。"一方面，它提供了一个在个体心理现实中运作的交往障碍和给定环境的模板；另一方面，在自体和他者以及环境中发现的其他元素之间的紧密联系和分化方面，它维持着复杂的节奏。

我同意斯佩罗的观点："笑话和玩笑象征性地重复了呼吸、自体-他者分化以及母性容纳和包裹的内化这些内容的早期破裂和狂喜。"斯佩罗的注解强调，在其他事情中，自体-他者分化对心理包膜提供的自体保护的重要性。

我想强调的是，父母对分离性的感知（从孩子出生时就已经开始）为幼儿提供了容纳和包裹的基础，使他能够迅速地区分自体和他者。此外，父母对幼儿独立性的尊重和接受，对幼儿在肛欲期和之后的发展过程中提升自己天生的健康自恋过程、维持并巩固自体熟悉感起着至关重要的作用。

在口欲期，如我在第二章和第三章中所阐述的，婴儿的挫折阈值很低，健康自恋、自我和客体关系的功能运作（生存价值）受到三个绝对的、原始的原则的影响：（本我的）全或无原则，（自恋的）熟悉感原则（特别基于感官记忆痕迹），（自我的）快乐原则。这些基本原则产生了口欲期的自恋理想，即完美主义。在此基础上，口欲期自体熟悉感的形成将被统一为一种理想和夸大的自体熟悉感。

从肛欲期开始，幼儿的挫折阈值不断提升（这是由于他掌握了精神运动和抑制经验的结果），同时父母也对分离性予以容纳和鼓励。在这种情绪发展之后，自恋和自我的原则得到加强，变得不那么绝对。因此，（增强的）自恋发展了，从完美主义和保持夸大自体熟悉感的熟悉感原则发展到与保持全能自体熟悉感的界限相连的强大的熟悉感原则。

此外，增强的自我一直以快乐原则的调节为特征，维持着自我对力比多客体的绝对而短暂的愉悦以及爱和幸福的即时满足的投入。现在，自我调节与现实原则联系在了一起，维持了自我对包含力比多客体在内的家庭和社会规则的掌控性和适应性的投入。

在控制身体运动、身体感知、肌肉运动知觉和自体表征（包括身体意象）的体验中，幼儿能够投入长期的情绪能量。这些基本体验的记忆痕迹为幼儿有关权力和掌控的肛欲期自恋理想提供了必要的属性。鉴于这些自恋理想，他对身体掌控经验的记忆痕迹被整合并塑造成一种凝聚的身体自体意象感，被自恋进程视为正性的自体熟悉完整性而得到免疫和恢复。

此外，父母为孩子取得的精神运动成就及其他成就感到骄傲。他们鼓励孩子的创造性和自主性，并为他能掌控和控制自己的身体而欢欣鼓舞。因此，幼儿体验到自己的身体动作和成就是非常令人满意的，并为和父母联合在一起感到非常高兴。他喜欢与他们产生联结，这种归属感唤起了他作为一个强大的家庭中一员的感觉。这些身体成就的记忆痕迹的回响和父母持续的鼓励，共同构成了幼儿熟悉的自体感和内在资源感的心理包膜。随着孩子口欲期的理想和夸大的自体熟悉感不可避免地幻灭，他通过健康自恋扩展了自己的自恋理想，其中包含力量、掌控和地位，这些既是回报，同时也在某种程度上弥补了口欲期完美主义的丧失。

肛欲期身体自体意象的自体熟悉感是对口欲期和肛欲期身体表征的补充，在互动中也可能包含了客体和关系表征。换言之，在与他人进行情感上的互动（"剧本创作"）中，我们（最优地）表现、内化并巩固了熟悉的自体感。这些记忆痕迹在目前事件中的共鸣，激发了幼儿或成人获得身体控制和身体满足（如爬楼梯）并证明其个体化和自主性、个人效能及其在家庭中的地位。因此，我们可能会注意到，幼儿经常坚持说

"不，不"或者"我想要"，或者"我自己做"等，因为他试图实现自己新的自恋理想。幼儿通过其外表和肢体语言就能够"营销"他的精神运动、认知能力和情绪智力。

"爷爷，看看我有多大。"2岁6个月的茉莉说。"当然，"祖父回答说，"你已经是一个大姑娘了，我为你感到骄傲。""我比你还大，"她哥哥大声说，"我永远比你大，因为我是在你之前出生的。"茉莉生气地说："我知道，但是我很大。"然后她哭了起来，这表明她这个"大"的自体熟悉感表征受伤了。当她设法在与哥哥的关系中学会妥协，接受自体缺陷时，她就能够将这个信息整合到一个连续谱中。因此，她恢复了自体熟悉感的凝聚力，又高兴地向她的祖父推销自己："爷爷，妹妹比我小，哥哥比我大；你也比我大，但我现在长大了，我还会长得更大，大到跟你一样。"

身体自体熟悉感的巩固使幼儿可以将自己与他人进行比较。随着父母对幼儿身体活动的鼓励及其自己的掌控力不断提升，幼儿可能会表现出对自己身体的喜爱，会爱自己的身体意象，并感到自信和自豪。与此同时，当幼儿的身体自体意象投注于掌控感和力量感这样的自恋理想上时，他对批评、缺乏支持和嘲笑以及失控感会特别敏感。一旦这些敏感点被触发，羞耻一族的情感可能减弱其本来的兴趣和好奇心，也会减少其对生活的享受和乐趣。

2岁6个月的巴拉克以不同的姿势从滑梯上滑下来时，以及爬过狭窄或宽敞的通道时，发现了新的身体掌控和身体感觉的愉悦体验。他能感觉到自己的裤子小了，他也喜欢穿吓人的装扮。他似乎喜欢自己的身体，会时时想要照顾好它：刷牙、洗澡、避免危险的活动。他觉得父母为他感到骄傲。巴拉克想友好地对待不断长大的身体，因为他希望自己能像父亲一样。然而，他也经常感到自恋受挫。例如，他的哥哥会嘲笑他对掌控的尝试，甚至嘲笑他的腹泻。这些受挫有时会引发他对失去身体控制的焦虑感。尽管如此，他还是设法保持了对自己身体意象的完整感，尽管它会变化，尽管他的哥哥对其进行嘲笑。

25 岁的泰德（Ted）在分析中谈到了他对自己身体的自卑感。他常常嫉妒看上去精力充沛的男人："我的身体瘦小，我从来就没喜欢过它……我刚想起一个在老家时的非常痛苦的场景，那时我可能 3 岁左右。我站在父母卧室的镜子前，双手放在臀部，与我父亲常常站立的姿势一样。我感到自己是强大和安全的。我确信自己的裤子也有口袋，就像我父亲的一样，但当我试着把手放在口袋里时，我发现自己的裤子原来没有口袋！我现在还能感受到那种丧失力量的、沮丧的刺痛感。我尖叫着，'我的口袋哪儿去了？'我担心父亲会奚落我……母亲给我找了一条合适的皮带。我系上皮带，双手放在皮带上，我能感觉到力量又回到了我扩展的胸膛。那当然不是口袋，但仍然……实际上，我真的很喜欢皮带。直到现在我才明白其中的缘由。"

就像任何一个成年人一样，幼儿通过对精神运动的掌控和成就获得了关于自己的身体意象，以及能否控制自己身体的新信息。

2 岁 6 个月的艾拉说："妈妈，你应该知道我已经可以自己穿衣服了。"换言之，即为："我已经升级了自我表征，你需要更新这个信息了。"

此外，幼儿对任何与其身体自体意象的偏差都会意识到，或者敏感地觉察到或者保持警觉——如身体上的伤口、内在感受性或本体感受性的缺陷、疼痛、疾病或失败等——这些都会在他的内在产生一种陌生的感觉。因此，他可能会呼唤父母来帮助他，甚至想找到痛苦的来源，并为此积极配合他人所提议的医治。

将近 3 岁的茉莉对母亲说："妈妈，我的嘴巴疼。"她很清楚，疼痛发生在她自己身体里，而不是母亲的身体里。她呼唤母亲的帮助，以便让她从痛苦中解脱出来。母亲看着茉莉张开的嘴说："我要在你的手指上涂上药膏，你把药膏涂在痛处，这样就不会疼了。"母亲惊讶地发现，茉莉爽快地接受了自己的提议。茉莉显然已经准备好配合治疗了，也清楚地看到父母（或医生）是减轻她痛苦的要素之一。父母不仅帮助她恢复了她熟悉的身体自体意象（尽管她有伤痛），而且还帮助她意识到，她并不能完全控制自己的身体。

近 3 岁的简在和父母的旅行中一直戴着一顶帽子。回家后，她摘下帽子，走到镜子前，然后她惊讶地对母亲说："妈妈，这看起来很奇怪。我觉得帽子还在我头上，但我却没看见它。"帽子与头之间的"依恋"差距以及意识到帽子的缺失这两点暂时削弱了她对身体的自体熟悉感。正如在下面的例子中所呈现的，孩子对尿片也有同样的依恋。

2 岁 6 个月的艾拉患了腹泻。在去看医生的路上，艾拉问母亲为什么要带上她的尿片去看医生并说："这是我的，不是给医生的。"当她们到了医生那里时，母亲让艾拉把用过的尿片放在适当的地方。在自己的控制下，艾拉准备好和她的自体资产进行分离了。

大多数人在任何年龄都难以适应身体的变化。熟悉我们新的身体形态需要时间。例如，体重下降或增加，改变头发的颜色或发型，青春期出现第二性征和变声，以及怀孕期间和分娩后的身体变化。因为疾病、衰老或诸如瘫痪、截肢等意外事故导致的永久性残疾让人格外难以适应，难以接受。但即使看似平常的或短暂的伤害，如腿部骨折，也可能造成严重的后果。奥利弗·沙克（Oliver Sack）便生动地阐述了自己的离奇经历，即他从受伤后的去神经（传入神经阻滞）继发的本体感受性暗点（盲点）中恢复过来。每一个身体自体意象熟悉感的改变都需要自恋免疫过程的动员来恢复。

我的病人贝亚（Bea）在我们的治疗中描述了她怀孕初期的感觉："我的乳房变得丰满了。这令人高兴，但我觉得它们很奇怪，那不是我所熟悉的乳房。反胃使我抓狂，我觉得我控制不了自己的身体。我知道自己体内有个胎儿，我很愿意为此做好准备，但我还是感觉不到胎儿的存在，只感受到了副作用。这些都是陌生的、令人困惑的感觉。"孩子出生后，她的身体会再次发生改变；子宫里丰满的感觉将被空荡所取代，对这新的体型，她不得不重新修复她的自体熟悉感。

莫里斯（Morris）是名年轻的男性，他在分析中揭示出他对自己身体的感受："我不喜欢我的身体……任何疼痛或伤口都让我感到恶心……我妈告诉我，她喜欢把我当成小宝宝一样给我喂饭、洗澡和穿衣服。从我 2 岁时开始，她觉得我的排泄物很恶心……我知道她在清洁卫生方面有些强迫……我的身体让她感到嫌弃，我也有同感。"

2 岁 6 个月的史蒂文摔伤了，他抱怨腿疼。他母亲看到他的脸上显现任何痛苦的表情都会立刻感到恐慌，所以无法安慰他或者帮助他应对痛苦。于是她对此予以否认说："这没什么。"为了取悦母亲，他接受了她异样的、焦虑的反应和她对其自体熟悉感受到侵犯的否认。因此，他也否认了自己的疼痛，并开始接受自己的跛行。第二天，幼儿园老师问他为什么跛行，是不是哪里疼痛时，他回答说："这没什么。"史蒂芬受损的自恋无法察觉身体意象的进一步差异，如疼痛，他的身体自体意象不正常地恢复为跛行的人。

父母对幼儿身体的态度对其身体自体熟悉感的形成至关重要。父母的鼓励能给予孩子身体上的自尊，如上所述，批评、厌恶和体罚会伤害其身体自体意象，甚至使其受到精神创伤。这种痛苦的经历可能会在孩子的内心激起一种被贬低或被侵犯的自恋感，激起无法保护自己身体自体空间和隐私的自恋感。在这种情况下，自恋被激发以恢复其自体熟悉感——这样，他就会将这种熟悉的耻辱感与负性的身体自体意象以及一种被人憎恨和虐待的感觉联系起来。这一过程说明了我在之前所提到的自恋性自体免疫进程或病理性自恋（见第三章）：史蒂文将跛行接受为自体熟悉感的部分，并没有对此产生抗拒，也不再抱怨；回想起莫里斯的临床片段，我们可以看到他不喜欢自己的身体，就像他母亲对他的排泄物感到排斥一样。

由此而论，"自体免疫进程"一词表明，自体熟悉感的自恋性恢复是由一个外来入侵者的存在所决定的，就好像这个入侵者被自恋错误地解读为自体熟悉感的一部分——属于个体的身体自体意象。因此，在外部批评者的力量影响下，对由真实自体熟悉感所带来的陌生感的外来侵犯不再进行自恋性抵抗，而是恢复了受损的自体熟悉感。现在这种自体熟悉感被塑造成负性的、令人厌恶的、被羞辱的，而身体意象可能会被个体体验为肮脏或不光彩的，随之而来的便是个体对来自内部和外部的身体危险（陌生感）失去警觉。一种可能的表现形式就是成为容易发生事故的人。另一种病理性自恋的例子就是被虐待的幼儿，他学会了将殴打体验为熟悉的身体自体的部分。因此，他通过（病理性）自恋自体免疫反应恢复了自己受损的自体熟悉感。与此同时，他的自我也调动起了防御机制，诸如向攻击者认同，甚至可能后来也成为打孩子的家长。

杰森（Jason）是两个男孩的父亲，他的分析中充斥着痛苦的童年记忆："我记得我父亲常常用皮带抽我……我感到生气、被羞辱、被侵犯……我的身体变得僵硬，像化石一样，四肢不再属于我……我放弃了自己的身体，把它交给父亲去打，但我设法保护了我的心理……他抽的每一鞭我都在心里嘲笑他，'你这个强大的男人没法伤害我。'……有一天我意识到我也有能力打我的俩孩子时，我决定找你来咨询，这也意味着我父亲成功地伤害了我。"

婴儿在保持自己真实的自体熟悉感的过程中，可能会期待父母对他的身体活动有所反应，无论是给予他增强其自尊的爱和鼓励，还是施以他降低其自尊的批评、失望和焦虑。孩子们（2岁6个月之后）往往倾向于把这些自尊的表征作为其自体熟悉感的一部分。

艾尔（Al）的父亲希望有一个无所畏惧的儿子，小儿子身体上的任何困难都会被他主观地体验为怯懦。他有极大的被愚弄感，所以无法认可和鼓励儿子的能力。当艾尔和父亲去公园时，尽管他具有爬上梯子再滑下来的运动能力，但他还是经常听到父亲的嘲笑："你不知道怎么爬吗？你真是个胆小鬼。"艾尔钦佩父亲，尽管父亲对他很不屑，而且他还太小，不能理解父亲无礼的行为只是反映了父亲自己的情绪问题及他无法顾及孩子的分离性。艾尔更多地认为父亲懂得更多，他（他的健康的自恋）屈服于父亲的批评。因此，他不敢对父亲的嘲弄做出反应，以保持其自体熟悉感的能力。在这种情绪状态下，艾尔的健康自恋不具有保持其身体自体意象的能力，渐渐地，父亲不断地嘲笑并侵犯他的自体熟悉感，现在，艾尔的自体熟悉感被巩固为一个怯懦的男孩，而且他放弃了掌握体育活动。鉴于他病理性自恋自体免疫进程，艾尔的自体熟悉感不是发展掌控感和骄傲感，而是被不断"重建"（被保存）为受损的自体熟悉感。

珍妮（Jenny）在治疗中和我分享了她对女儿的反应让自己多么难过："从幼儿园回家的路上，安娜贝尔（Annabel）告诉我，'今天我们玩得很开心。我们玩疯了，然后我摔倒且哭鼻子了。'虽然安娜贝尔说的实际上是'我们玩得很开心'，只是后来'摔倒并哭鼻子了'，可是对我来说，听起来就完全相反，就像我母亲会说，'噢，我亲爱的宝贝，你怎么了？哪里受伤了？给我看看。'所以，我也用同样的方式做出反应，你猜安娜贝尔怎么回答的？她说，'妈妈，你不明白。今天我们很开心！'……我为她感到骄傲，也为自己感到惭愧。"珍妮回应着侵犯她（病理性自恋）的破坏性的记忆痕迹，并内摄（自我调节）到她的自体熟悉感中，现在作为一个剧情或叙述从她的自恋免疫网络中产生了回响。因此，她对女儿的愉悦和自己的快乐体验更不加留意。

反过来，安娜贝尔的真实的自体熟悉感和（想与母亲分享快乐的）幸福女孩的表征两者与母亲的焦虑之间存在着差距或不和谐的感觉。然而，（通过珍妮与我分享她的难过）似乎安娜贝尔的正性自体熟悉感的完整性很快被其健康自恋恢复了。也许，在母亲意识到自己对女儿的破坏性影响下，安娜贝尔顶住了母亲的焦虑对她的入侵。安娜贝尔的自我适应机制，正如她对母亲的反应所表现出来的那样，似乎已经内化了母亲或父亲对其分离性的考虑和一贯为其提供的支持，这些都会不断巩固安娜贝尔的健康自恋。因此，对于安娜贝尔（她的健康自恋免疫进程）来说，她不愿意放弃自己的真实自体，她真诚地想与母亲分享快乐，她自发地宣称："妈妈，你不明白……"

40多岁的玛雅（Maya）在治疗中有些激动地告诉我："昨天，我10岁的女儿尼娜（Nina）向我抱怨，在她需要我的时候，我从来没有与她真正在一起过。她就是这样看我（客体表征）的吗？……我希望她把自己说的话收回去，想听到她说她不是这个意思……我如此爱她，我一直在那里，与她在一起……她怎么能这样看我？我完全不是那样的，这不符合我们的关系……"玛雅拼命地想要恢复女儿的表征，拒绝女儿作为外来入侵者，她觉得这不是她真实感部分的自体熟悉感，这潜在地破坏了她的自体表征。

父母常常感到被孩子形成的关于他们的表征所冒犯。他们希望恢复一种可能更好、更温和的形象，当然，他们无力改变孩子所承载的主观记忆痕迹。但自此之后，他们现在的行为能为新的关系打下基础，这种关系完全有可能卸下过去关系中的重负。

肛欲期自恋发展的三个重要阶段

弗洛伊德创造了用于描述前生殖器期（口欲期和肛欲期）和生殖器期的术语，每一个性心理发育阶段都代表婴儿的愉悦/性爱活动集中于某一身体区域。

在口欲期，婴儿将口腔和皮肤作为主要的身体自体熟悉感"性"敏感和愉悦区域。在肛欲期，幼儿将肛门区域作为身体自体熟悉感"性"敏感带。肛欲期可以被分为三个阶段描述期间的自恋和自我的发展进程。

第一阶段大约从 1 岁到 1 岁 6 个月，主要集中于幼儿生理成熟和父母开始进行如厕训练（见第六章）。当幼儿清空肠道（排泄和放屁）时，会发现在肛门处有愉悦的性感觉。他感觉到腹部压力的释放，以及他尿片上令人愉悦的温暖和潮湿（自我即时满足的快乐原则）。在这一阶段，幼儿将他时时穿在身上的尿片体验为他身体自体熟悉感的一部分，从属于他的自体空间；将粪便排泄到尿片上体验为身体的快乐产物（自恋熟悉感原则）。这就是为什么幼儿会把父母换尿片的要求或者让他在厕所排便视为自恋损伤、入侵，视为"绑架"他的肛门处的快乐。

幼儿控制自己的身体进行排泄时所体验到的快乐也可能伴随各种焦虑，这些焦虑会与曾经的口欲期焦虑并存。例如，他将肛门空虚体验为绝对的、不可逆转的，这种体验与口欲期全或无的原则相对应，将会引起身体自体意象总是为空的焦虑，类似于口欲期的被毁灭焦虑。

第二阶段为从 1 岁 6 个月到大约 2 岁 6 个月，排泄物代表了幼儿的自体产物，为了保存这些产物或抵抗将其放弃，他的自恋被激活。如果孩子的独立性受到尊重，他会喜欢拥有自己的产物，并在他认为合适的时候（在他的控制下）与他的尿片告别，这一过程可能会与父母的要求相一致。如果孩子被迫去厕所，他可能体验为丧失自己的产物——一种准身体伤害，同时还会伴随着对身体失去控制的焦虑感。

第三阶段为从 2 岁 6 个月之后，幼儿识别出内在和外在身体自体意象的区别。他喜欢把自己的产物（排泄物）存留一段时间，然后将其排泄在外——这是他开始体验到的对掌控自己身体的一种奖励。他喜欢自己的身体意象，对自己腹部的心理表征是充盈的资产。他发现了自己抑制腹部释放压力的能力阈值，超越其可能导致大小便自控力受到伤害，现在他可以享受令人愉快的释放了。

在这个阶段，幼儿掌握了与身体自体意象分离的新仪式，如冲马桶时对自己的产物说"再见"。当他经历这样的分离时，他在口欲期与父母分离的记忆痕迹可能会在他的心理上产生共鸣。

因此，幼儿努力平衡自己矛盾的自恋需求：保留其自体资产产物在体内，这样就没有人可以在未经他同意的情况下拿走这些资产；以及交出自己的资产以获得父母对他的"产物"和合作的认可。他想被当作"大男孩"，就像他周围所有的"大人物"一样。这将提升他的自尊，并补偿他需要告别身体排泄物的丧失。

在肛欲期，幼儿开始在对许多资产的所有权和权力感之间绘制一个自恋性平行关系。他的所有权象征性地被置换为自己身体的排泄物，在后来的发展阶段，这可以解释财富对人类自恋的重大意义。从这个意义上说，财富表明了人的力量，而自体资产的营销被认为是扩大了自己的自尊。这个象征过程代表了肛欲期占有欲的起源，为自体归属、自体资产甚至是秘密赋予了自恋的意义——一个人隐藏的分泌物的象征。

同时，在个体将财产和秘密体验为自体资产象征方面，当任何人发现或泄露其秘密，或者未经其允许触及其财产时，其自恋脆弱性就会加剧。孩子可能会感到受伤，好像对自己的秘密已经失去控制，他可能会尖叫，仿佛其整个身体意象都被破坏了。晚些时候，在 6 岁后的潜伏期，他可能也会因为自己的秘密被揭露而感到强烈的羞耻和羞辱。

巴里（Barry）是一个小男孩的父亲，患有"情绪性便秘"。在分析中，他经常抱怨自己没有别人所拥有的东西。从他的语调和联想中，我感觉到他不是在表达嫉妒，而是在说一些更古老的东西。经过几个月的分析，他说："在来的路上我想告诉你，我感觉好些了，但现在在躺椅上，我又觉得恰恰相反……（很长时间的沉默）。如果我告诉你我感觉好些了，甚至满足了，我敢肯定，你会嘲笑我，说这是不可能的，或者你可能会说我不需要再来了。所以我保守这个秘密。"经过另一段长时间的沉默，我对他的感受做了如下的解释："你害怕如果你告诉我你感到满足了，我会把它从你身边夺走，或者对你失去兴趣。"巴里回应道："我从不透露我喜欢什么，甚至都不会告诉我的妻子。我总是说在我的生活中没什么好的……我守卫我的快乐，甚至我的性愉悦，像守卫一个秘密一样。"我若无其事地问他："你还记得你的如厕训练吗？"巴里对这个问题感到困惑，他回答道："我什么都不记得了，但现在你提到，我想我母亲在清洁卫生方面很强迫。当她认为我小儿子的尿片吸满了尿时，就会催促我的妻子斯特拉（Stella）立刻换掉。斯特拉并不着急，说，'你担心什么？我一会儿会换的。他喜欢把尿片弄得湿湿的。'可我的母亲连听到这个都受不了。我真的不明白斯特拉怎么知道杰克喜欢那样；他从没告诉过她……我想，如果我的母亲是这样对杰克的，她当年很可能很频繁地为我换尿片……"

我强调他所说的："正如你所说的，你母亲的活动聚焦在清洁而不是快乐上。"他回答说："我现在还记得，我的母亲曾经告诉我，小时候我经常在家里不同的地方藏起我的大便，每次发现大便她都会发疯。如果杰克藏起他的大便我相信斯特拉也会发疯……但我不明白这一切与我克制自己不揭露自己的乐趣有什么联系。"我继续说："这就好像从你的童年开始，你隐藏自己的秘密这样的故事就一直持续，甚至在你现在的生活中仍旧可见。"在我还没说完这句话之前，巴里就打断了我的话："我简直不敢相信自己的耳朵。你是说我现在隐藏我的快乐，就像是小时候对母亲隐藏我的大便？这是不可能的！"巴里对他刚刚意识到的联系感到困惑和惊讶。

2 岁 8 个月的南希（Nancy）已经被训练上厕所了，而且她对在家里和幼儿园使用这些设施感到很舒适。她可能觉得这些地方是她身体自体意象的一个熟悉部分，就像她习惯尿片的感觉一样。然而，在家或幼儿园之外，她拒绝使用不熟悉的厕所，并且会好几个小时不上厕所。有一天，她表达了自己奇怪的焦虑感："也许我的大便找不到我留在家里的那坨。"她害怕在外面的厕所丧失自己身体的产物。自恋可能将对陌生感的警觉与自我防御机制结合起来，以免个体被丧失客体的焦虑感所淹没。

似乎隐藏肛欲期童年体验盛行于成年人的生活中。例如，避免在家外使用厕所，即使是在熟悉的地方，如分析师的咨询室；克制情感表达或克制清晰的表达；乐于保守秘密和保持专业机密性。另外，我们还要加上：感觉到一个人腹部丰满；收藏象征丰富资产的物品或任何形式的占有；节约或浪费；掌控、力量和全能感，或者与之相反，感觉自己一无所有；还有一种空虚感，低身体自体意象和低自尊。

说"不"的孩子，在自主性和父母权威之间的自恋性斗争

在学会站立、行走或跑步时，幼儿会感到对自己身体和对父母反应的掌控。他将自己的自体熟悉感体验为充满了力量、自尊的，甚至是全能的，他觉得可以独自做所有事情。

2 岁 6 个月的巴拉克在和父亲的共享空间中向他展示自己新的运动成就和全能力量。他说："看，我在滑（从楼梯扶手上滑下来）。"被他的这个举动吓坏了的父亲大喊："巴拉克，停！你会摔下来的。"巴拉克感觉被冒犯了，很生气，就好像他整个身体自体意象和自主性都受到了攻击，他准备好调动一切自恋的力量来保护自己受伤的自体熟悉感。他回应道："我在滑。"现在，代表父亲自体熟悉感的权威感，被这个小男孩的差异性伤害了，父亲也准备调动一切自恋的力量来保护自己受伤的自体熟悉感。父亲大喊道："不。如果我说不行，你就不能做；你怎么

敢。""我会啊。"巴拉克答道。他们都被拖进了一个不得不保护自己受伤的自体熟悉感的境地。他们放弃了彼此之间的亲密的联合，在一场自恋与自恋的斗争中针锋相对。每一个人都面对着其挚爱客体的差异性，现在被彼此视为竞争对手和陌生人。两个人都精疲力竭并感觉受到伤害。双方的对峙一直持续，直到两个人更成熟，父亲理解了这个局面的荒谬，他抱起心爱的儿子，拥抱他，并提出换个游戏玩。巴拉克感到高兴。这场斗争在他们的共享空间中以和解、爱的方式处理了。双方都恢复了各自的自体熟悉感和客体熟悉感，并都恢复了冷静。

几分钟的快乐之后，父亲决定离开他们共享的联合空间。他说："我现在有一些工作要做，亲爱的。你现在想做什么？"巴拉克回答说："我玩会儿汽车。"每个人都回到自己的自体空间，每个人都将通过自己的记忆痕迹来阐释两个人自恋间的斗争、两个人的和解以及两个人的分离，尽管这种阐释是在无意识中进行的。

2岁10个月的艾拉还未断奶。一天早上，在她上幼儿园之前，父亲对她说："亲爱的，你知道发生了什么事吗——我们忘了买新的尿片，家里没有了。我们该怎么办呢？"艾拉立刻回答说："我会穿内衣。"她很高兴地去上幼儿园，而父亲为她准备了备用的衣服以防万一。当母亲来接她时，老师告诉她艾拉去了好几次厕所。回到家后，艾拉尿到内裤上好几次，她手里的玩具兔子也被弄湿了。现在很清楚的是，她拒绝在家上厕所，这表明她需要在父母权威面前坚持自己的自主权。母亲决定放弃争执。到了晚上，母亲告诉艾拉，她心爱的兔子（过渡性客体）还是湿的，所以她不能带着它睡觉了。母亲当时心想，这样肯定会发生一场动荡，因为女儿从来没有被训练而准备好在没有兔子的情况下睡觉。但这一次，艾拉平静地说："好吧，让我们把它弄干净，今天我就带我的多拉娃娃睡觉。"事实上，她是在向母亲传达自己拒绝服从的态度。然而，这一次，母亲为女儿的果断（自我的适应机制）感到骄傲。

在幼儿园，艾拉不需要为自己的自恋全能感而挣扎，但在家里，她需要在父母的权威面前巩固自己的自主性而奋斗。几天后，母亲对艾拉说："亲爱的，在家里你可以自己选择换新内裤还是去上厕所，你也可以穿尿片。"艾拉选择穿内裤，并试着在幼儿园和家里保持一整天的清洁。

肛欲期对于增强健康自恋、自我管理进程以及个体化和自主性的免疫都很重要。幼儿通过说"我是""我不是""我想要"和"我不想要"来划分自己具有自主性的自体熟悉感空间。因为在幼儿自恋的身体自体意象幻想中，他可以靠自己做任何事情，父母有责任为他们设定明确的界限，什么是被允许的，什么是被禁止的。父母或照顾者愤怒的批评和情绪爆发通常被孩子体验为自恋受损，暗示着孩子做不到自己想做的事，或者被体验为一种自我委屈，暗示孩子做了什么坏事。

在受伤之后，健康的自恋被激发来恢复个人的自体熟悉感，根据的是其身体自体意象在身体尺寸、身体能力或残疾方面的新变化。自我的适应机制被动员起来，建立一个人可以做什么、不可以做什么的内在边界，它代表着——家庭规则在不威胁到孩子自主性的同时又促进他对现实原则的把握。因此，孩子的自尊在他力所能及并被允许的范围内变得强大，他也会熟悉父母对他们与自己间的自恋斗争，以及他们对自己拒绝服从命令的耐受限度。

巴拉克2岁6个月，有一天母亲提议让他一起去公园。母亲为他准备好衣服，想尽快给他穿上，但他立马回应："不，不。我（想）自己穿。"母亲又试着帮忙，但他坚持说："不，不，我不想。"他还不会自己穿衣服，这会花很长时间，但展示自己的自主权更加重要，甚至不惜付出让母亲愤怒的代价。最后，母亲说出去已经没什么意义了。她感觉被冒犯且精疲力竭，愤怒爆发了。他们都被卷入了熟悉的双方自恋间的斗争中。在这些斗争的过程中，巴拉克经常暴露于父母的愤怒之魔以及面对他顽固时的软弱中。当巴拉克意识到母亲已经忍无可忍，他走近她，想去看看她是否仍然"在那里"，并没有抛下他。他说："你爱我吗？"这个问题立刻抚慰了母亲。她拥抱他，帮他穿衣服，然后一起出去——每个人的自体熟悉感都得以恢复，直到下一次战斗爆发。

当幼儿从下往上看着他的父母时，他感觉自己就像格列佛（Gulliver）身旁的侏儒，即使在他的游戏、幻想、想象中他主观的身体自体意象是比年长者大得多、强得多（一种夸大的自体的表达，现在充斥着全能感）。每当幼儿看到父母的无助时，他就会担心自己的力量会伤害到他所爱的人，而他也可能会失去他们的爱、保护和认可。因此，作为一个与他想象中的力量相抗衡的安全网，他的健康自恋恢复了对父母的意象（表征），即不是比他的身体自我力量更强，也至少保持对等。他断言："我父亲比我们所有人都强大，是全世界最强大的。"

巴拉克差不多3岁，像许多孩子一样，他无法想象成年人曾经也是小孩，或者不能想象他父亲也曾经很幼小。他没有关于父亲很幼小的自恋性信息（记忆痕迹），这引起了他的陌生焦虑，他断言："爸爸从来没像我这么小过。他总是那么大，我以后也会像他那样高大。"他问："妈妈，我是不是会像爸爸一样大？爸爸会突然变得像我一样小吗？"第二天，他提出要和父亲一起表演节目："我演你，大的爸爸，你演我的小男孩。"当他们开始表演时，巴拉克忧心忡忡，担心角色互换可能变成真的，他停止了游戏："不，不，你不能这么小，你是我的爸爸！"

幼儿在面对格列佛式的权威时，会在一种自我全能感和自我无能感之间摇摆，从一种控制父母的感觉到一种被父母控制的感觉之间摇摆。渐渐地，幼儿的健康自恋进程获得免疫并恢复了其自体熟悉感。归属于一个强大的家庭能够弥补他在权威面前的无能感。因此，从学步到成年，掌控、权力和自主构成了肛欲期自恋性自体熟悉感的快乐、自我果断性的来源，以现实检验和判断暂缓为代价，变得对权力上瘾。常言道："成功冲昏了他的头脑。"

同胞竞争

从肛欲期开始，幼儿对自体资产的占有欲变得非常强烈（这是他"自体产物"的象征，如他的排泄物），尤其是在他拥有强大的家庭和父母之爱的地方。因此，他对父母将爱给予另一个人会非常敏感，如他的小妹妹。在这种情况下，他可能会感到自恋受损，被一种背叛和嫉妒的感觉所淹没，因为他的生活方式是以爱为一切的中心，在爱与被爱中寻求所有的满足。

快3岁的肖恩有了一个小妹妹。他们的祖父想把妹妹抱在怀里，呵护她。肖恩立刻很愤怒并试图吸引祖父的注意。肖恩不再像妹妹出生之前那样肯定祖父对他专属的爱（他的自体熟悉感资产）了。看到祖父或父亲和妹妹玩耍比看到母亲或祖母照顾妹妹更让他嫉妒。他感到受伤和难过，好像他的家庭自体熟悉感已经被剥夺了。肖恩似乎还把照顾功能（母亲/祖母）和游戏功能（父亲/祖父）区分开来，所以当看到母亲和妹妹玩得很开心时，他就会大发雷霆，就好像他的母亲正在改变规则一样。

渐渐地，肖恩和妹妹成了朋友，甚至对她产生了感情。妹妹很可爱，肖恩很骄傲自己有个妹妹，尤其是他自己的亲妹妹。他把她和他的家庭资产联系在一起，这样他的家庭扩展成一个庞大而充满活力的部落。归属于一个强大的家庭，弥补了他独一无二的地位被妹妹篡夺的丧失感。肖恩越来越不把她当作对手，而是当成了他的客体，他开始把她当作一个小而独立的妹妹，他必须照顾她，注意她的好恶，做她坚强的哥哥，保护她。尽管如此，每当他感到或看到父母向她表达爱意时，他的嫉妒心仍会浮现。

　　每周，2 岁 10 个月的茉莉和她的兄弟们去看望他们的外祖父母。在餐桌前用餐时，每个人都有自己常坐的座位。每个人都自恋地依附在这个熟悉的地方，把它视为身体自体意象的延伸。有一天，茉莉的母亲和孩子们一起在外祖父母家，她几乎是本能地坐到了自己小时候常常坐的那个熟悉的位置上。茉莉看着母亲，生气地说："那是我的位置！"母亲很快明白了发生的一切，于是，她怀着爱意把位置让给了她的女儿，并温柔地补充道："当我还是个小女孩的时候，那是我的位置。"茉莉不明白母亲以前怎么会坐在那儿。她只根据她自己的记忆痕迹来认识母亲，任何其他的信息都会引发陌生感。她继续坚定地说："这一直都是我的位置！"[①]

　　还有一次，在家庭聚会上，茉莉坐在母亲的大腿上，享受着她们之间的亲密。她用眼角的余光注意到父亲坐在远处，正招呼她的堂兄到自己身边。但堂兄还没走几步，茉莉就从母亲的膝头跳下来，跑到父亲身边坐在了他的腿上，以守卫自己的地盘不被堂兄侵犯。在肛欲期，自体熟悉感的身体位置意象仍然是脆弱的。因此，茉莉将父亲对堂兄的邀请视为背叛，认为他们的共享空间会遭受入侵的威胁。坐在父亲的腿上，她的自体熟悉感恢复了，现在她也愿意让堂兄加入进来和父亲一起玩这个游戏了，两个人分别坐在她父亲的两条腿上。在健康自恋的指引下，贾思敏的家庭自体熟悉感已经扩展，将其堂兄也包含了在内。

　　……秉持爱是一切的中心的生活方式的个体会坚持客体归属于那个爱的世界，并在与其的情感关系中获得幸福……它……紧紧抓住原始的、充满激情的努力，以获得正性的幸福满足。弗洛伊德然后又澄清道："当然，我谈到的是以爱为一切中心的生活方式，所有满足均需在爱与被爱中获

[①] 这个例子显然让我们想起了罗伯特·索锡（Robert Southey）的著名的《金发姑娘》（Goldilocks）和《三只小熊》（Three Bears）的故事。

得……但这并不去掉基于爱的价值作为达成幸福的途径的生活技能。"

克劳德（Claude）是两个孩子的父亲，他在分析中透露出自己在多大程度上放弃了自己在核心家庭中的地位。他拒绝拥抱和亲吻，觉得自己毫无价值，不讨人喜欢。他的联想使他回到了童年的记忆中："我记得20多年前的两个画面，它们还和当年一样清晰。第一个画面是，我感觉母亲拥抱着我，她的爱在我身体里流淌，我很高兴。第二个画面是，我跟着父亲从幼儿园回家。我母亲朝我走来，我高兴地跳了起来，但她说，'我们把你的小弟弟带回家了。'现在我还记得，我们都看着他睡觉，我母亲就站在我旁边，她真的很高兴……即使现在我仍然能感到她看着弟弟所流露出的充满爱的表情，就和她以前总是看着我的表情一模一样……我开始意识到，我回避拥抱和亲吻与我感觉弟弟抢了母亲的爱之间具有一定的联系……我意识到，现在我不亲吻或拥抱我的孩子是因为我总担心他们中的一个人看到我和另外一个我爱的人拥抱会嫉妒……我想象自己回家拥抱我的女儿。她会认为我是不是发生什么事了……当我拜访我母亲时，这么多年之后我还能拥抱她吗？我相信我不会。这是这样一个奇怪的情况，我不敢……我渴望拥抱和被拥抱……我可能因为嫉妒错过了我父母的爱……我想知道为什么我并没有争取……为什么我放弃母亲的爱？放弃比斗争更容易吗？……这似乎是我的人格特征。"

病人在分析中（通过他的联想和对分析师解释的反应）的收获是过去的经历对他的影响至关重要。诚然，这些见解并不能改变记忆的痕迹，但它们可以帮助病人更开放地面对当下，面对此时此地发生的事情。这可能会使他摆脱童年时期的叙事（如嫉妒），战胜他的其他愿望，从而允许他想要被拥抱。

婴儿时期的克劳德，似乎更专注于他的兄弟姐妹得到的东西而不是自己得到的东西。因此，他对肛欲期嫉妒的洞察力唤起了他对童年时错过爱的强烈痛苦。然而，改变目前熟悉的习惯似乎会引发陌生感。然而，有时候，失去爱的痛苦是如此令人难以忍受，以至于病人仍然停留在他过去的解释中。例如，病人会说："但是我父母真的爱我的妹妹，而不是我。"在这种情况下，病人可能会抗拒从这些非常重要的内省中获益。这些内省常常唤起对熟悉的爱的特定表达的渴望的进一步回响，个体并没有意识到自己曾体验过这些爱，现在可能更加自由地再次去体验，并将这些从父母那里获得的爱传递给他们的孩子、配偶，尽管这个传递过程本人并没有意识到。我引用弗洛伊德的话来结束本小节，他说："创立家庭的爱在文明中依然保留着它的威力……它执行着把为数众多的人相互结合起来的任务……在陌生人之间产生了新的纽带。"

健康自恋免疫进程的巩固

健康的自恋在口欲期发展起来（如第二章所述），可能被认为是天生的自体保存能动性，它在子宫内就开始对胎儿产生影响，并保护婴儿的自体熟悉感、抗拒陌生感。我认为我们可以把婴儿天生的健康自恋进程的巩固视为他参与父母健康自恋关系的结合体。父母对来自孩子的熟悉感和与他的亲密接触感到开心——伴随着对孩子的差异性、独立需求和偶尔回撤到自己的自体空间予以包容，主要是他们对孩子独立性的鼓励——证实了父母的健康自恋。

个体此时此地经历的事件与这些原始记忆产生的共鸣唤起了其熟悉感，帮助其应对当前的实际经历和抗拒陌生感。与客体频繁产生共鸣的常规体验——同时在分离和联合中——巩固了自体熟悉感的完整性。

正如上面所描述的，孩子经常因父母的限制感到气愤，他将它们体验为自体熟悉感之外的异物，因此往往会抵制这种陌生感的入侵。我认为幼儿的抗拒是一种健康的自恋反应，尽管这对父母来说难以忍受。新的挫折导致幼儿痛苦的自恋受损，包括一种不被理解或被拒绝的感觉，这破坏了他的全能自体熟悉感的凝聚力。

让我们从健康自恋免疫系统的角度详细查看正常的情绪发展。我们可能会思考，幼儿是否或者什么时候将父母设立限制体验为入侵他的身体自体熟悉感的对抗性指令和脚本，将它们体验为一种外来的"植入"，引发其羞耻一族的情绪而威胁到其完整性。幼儿（通过他的健康自恋）抗拒这种陌生的限制感，并倾向于通过对照顾者频繁呈现愤怒来对此予以拒绝，如果需要，他甚至会大发脾气。因此，他硬拽着父母的健康自恋来抵抗孩子的愤怒，同时也爆发了一场令人厌倦的、痛苦的、婴儿自恋与父母自恋的斗争。最后，幼儿带着他的橡皮奶嘴和他手中的过渡性客体回到了他的自体空间。在那里，他可以无意识或有意识地（通过自恋、自我和客体关系进程）处理所发生的事情，直到他的自体熟悉感最终得以恢复。

这些事件中的个体采取一些措施来克服困难，以便成功地应对父母设立限制这种"入侵"。孩子、父母、兄弟姐妹或任何相互争论的个人（每个人都认为自己是对的，对方是错的，都容易受到伤害）以及伙伴（或团队成员）也用相同的措施克服困难，以成功地处理他们的关系。首先，每个人都对对方的陈述或行为表示愤怒，有时一方（或双方）可能否认自己实际上听到了对方设立的限制。随之而来的是对自己全能的自体熟悉感或客体表征方面的幻灭和哀悼。当一个人将自己体验为面对大人和父母权威的孩子，或者意识到自己的孤独时，就好像自己真的成了一个孩子。这可能会导致人们认识到自己保护和免疫熟悉自体感的能力，而不顾客体的损伤和差异性。可能有必要区分设立限制、自体熟悉感和客体熟悉感（也就是说，客体与自体的分离，限制与自体表征或客体表征之间的分化），这样的限制不一定表示儿童/成人就是个"坏男孩"（或"坏女孩"），也不代表他的父母不再爱他了。

这个分离过程帮助个体重新与自己的力比多客体结合，将限制象征化为自己的行为所需遵守的边界或规则，并升华自己对力比多客体不受欢迎的、威力十足的愤怒。因此，他就能学会如何与家人和谐相处，同时从一个全能的婴儿过渡到一个能掌控自己行为和反应的人。最后，个体熟悉的自体感自恋地恢复为积极的、全能的或稳健的（在公认的规则中），因为他能更好地让自体熟悉感免疫，同时能更成功地应对父母或伙伴的差异性。

在自体与客体分离的过程中，以及随后在家庭规则的保护伞下进行的重新与客体结合的过程中，孩子可能达成以下各条：

1. 孩子自恋性地恢复其积极的、全能的自体熟悉感；
2. 将父母设立的限制（自我）内化（"植入"）；
3. 这些限制随后被整合为自体熟悉感边界；
4. 根据（自我）内化的家庭规则有其象征化和升华的行为。

孩子因其分离和个体化而使（自恋性）自尊得到提升、对父母的爱的确认（客体关系鼓励），并把其家庭作为一个强大的统一体（因为这些现在出现在他的自恋理想中）。他可以选择服从权威的界限，感觉自己属于这个强大的家庭，或者敢于违抗权威，感到自己强大但可能有罪，同时承担被惩罚的风险。他的自体和客体表征被整合到其巩固的正性自体熟悉感中。

然而，在口欲期，幼儿无法提升先天的自体客体分化，其健康自恋可能不是以上述方法得到增强的。这可能主要是因为照顾者无法容忍孩子的差异性以及强加给孩子限制，这些限制倾向于唤起一种恐怖的感觉，或者他们病理性的自恋需要把自己视为一种未分离的同一体或无差异的家庭自我集合[①]。他冒着被照顾者的限制入侵的危险而没有反抗的可能性，因此，孩子可能会歪曲自己的身体熟悉感。因为被抛弃焦虑，他可能也倾向于放弃自己的自主权，尽自己的最大努力去取悦父母。因此，这些限制可能并没有被充分内化；相反，他们仅仅是对此进行了内摄，并构成了一种提醒—— 一种被同一性拒绝的威胁。因此，幼儿通常会觉得自己无法满足父母的要求，因为他们似乎对他很失望。他的自体熟悉感就自恋性地重建为负面的、脆弱的和受损的。

在这方面，值得注意的是诺伊康（Neukom）、科尔蒂（Corti）、布思（Boothe）、伯勒尔（Boehler）和格茨曼（Goetzmann）于 2012 年公布的研究，该研究查验了肺移植接受者与该器官相应的、未知的已故捐赠者之间的关系。他们展示出病人的有趣叙述，这些叙述中呈现了"心理器官整合的理论模型中的讨论"和"精神分析对器官整合和捐赠关系的贡献"中的相关内容。在阅读他们的论文时，我惊讶于器官移植逐步适应的情绪过程和自恋进程中关于情绪入侵自体熟悉感的相似性，因为这两种"移植"都来自于外部的捐赠者 / 父母。健康自恋进程可以根据与生物免疫系统对器官移植反应的隐喻相似性来进行阐述。从这个角度来看，父母可能被认为是限制（移植器官）的捐赠者，而孩子体验的记忆痕迹则被认为是移植器官的接受者。

以上作者揭示了移植器官的逐渐适应过程，我发现这类似于婴儿的自恋和自我逐渐内化父母设立的限制的进程——首先被认为是身体外来物……作为与自体分离的客体。后来，移植的器官被投注自恋力比多，可能被视为一个过渡性客体。

关于健康的自恋免疫进程，我认为父母设立的限制最初被认为是外来的敌对指令，即作为一个与自体分离的客体。然后，通过父母-孩子

---

① 默里·鲍恩（Murray Bowen）在 20 世纪 60 年代的家庭治疗中创造了这个术语。

在共享空间中相互遭遇的联合中的共同规则，植入的指令被投注了自恋性力比多。在共享空间中，父母考虑到孩子的分离性，鼓励他获得自主性。因此，这些指示可能被视为过渡性现象，象征着自体熟悉感界限和家庭的规则，并在幼儿与父母的相处中得到升华。在这点上，我赞同作者的观点，即具有成熟和完整的象征及升华能力的成年病人，可能会同时将移植器官和未知的捐赠者体验为外来的，或者位于过渡性空间内。

肢体受损的成年病人，诸如因为意外或摔倒引发，也会面对无数的感受，包括因肢体受损而带来的陌生感，由于其功能受限和／或相关的外围（甚至皮质）处理事宜可能让他们被体验为非自体，就好像奥立佛·萨克斯（Oliver Sacks）自己说的一样[①]。这可能同时发生在字面意义上（就像在更普遍的左脑，视觉领域和身体的左侧没有被察觉，除非注意力集中于此，或者是由于存在本体感受性的盲点）和情感意义上（不作为身体自体熟悉感的一部分）。令人神往的临床神经心理学和康复学领域，以及大脑受损的个体挣扎于接受功能丧失，并对他的自恋理想创造出更新的版本，这些话题太大，所以无法在这里充分探析。

从出生开始，在整个生命过程中，一个人的健康自恋免疫网络经由内在的记忆痕迹与新的、近乎熟悉的、正性的和负性的记忆痕迹（这些新的记忆痕迹是一个人在一生中不断经历的）的多种联系而不断得到丰富。共鸣的记忆痕迹，如那些在共享空间发生的与父母的亲密幸福时光以及与他们的分离和向自己分离性的自体空间内的回撤（在口欲期和肛欲期），帮助个体提高其在生命长河中对联合和分离性的感知，耐受客体的差异性并留意内在陌生感的出现。

上述记忆痕迹的回响可以被认为是对个体体验的正性感知和表

---

① 在萨克斯所著的《站立的腿》（*A leg to Stand on*）这本非凡的著作中，一位医生极富表现力地描述自己在登山时所承受的是"核心的共振，也就是说，外周神经损伤"。

征——自体、客体以及个体与客体的关系。在当前的体验中，这些正性痕迹会激发个体的创造力和成就，激发个体自尊的提升及其与他人的交流。实际体验与正性记忆痕迹的呼应相结合，帮助形成自体熟悉感、客体和关系的表征模式，这无论是在分离还是在联合中都是有益的。在这个基础上，个体健康的自恋使其能够对一个真实的、熟悉的自体进行免疫，同时也能根据其自恋理想对自己有一种凝聚性的自体熟悉感。

然而，反复出现的陌生感、沮丧感、失望感、被拒绝感、被遗弃感、焦虑感或创伤通常会引发的自恋受损作为负性记忆痕迹在自恋免疫网络中根深蒂固。负性记忆痕迹的频繁共鸣可能会伤害个体的自尊，还会导致对（关于客体和关系表征模式的）虚假自体熟悉感的自恋性重建，将其重建为受伤害的、受威胁的，甚至破坏性的。很明显，自恋免疫网络包括复合的正负记忆痕迹。然而，在目前情况下它们各自的共鸣之间的平衡决定了自恋保存和自体熟悉感恢复进程的质量。当正性自恋的共鸣战胜负性的共鸣时，健康自恋似乎在自体熟悉感的免疫和恢复过程中留下了印记（在连接或生本能的影响下）。在当前经常出现的负性记忆痕迹的自恋性共鸣表明，自体熟悉感的凝聚力可能会被分解（在分解或死本能的影响下，见第三章）。

我们可以理解这种情绪的动力学过程，反复出现的负性解释是一种固着或逆转，从正性连接记忆痕迹的共鸣为主导转变为负性的、破坏性的共鸣占上风。似乎在分解本能的影响下，自我调节可能会退行到默认的本能张力释放。个人冒着愤怒爆发的危险，为自己的苦难而指责全世界，在极端的情况下，甚至开始实施具有破坏性的、致命的暴行。因此，当这样的个体参与类似的事件时，自体熟悉感仍然容易受到伤害，如当他感觉被拒绝、被批评或者经历羞愧时。

健康自恋多模式的和动力学的过程在连续的情绪发展阶段得到改善、取得进步，并且在并行的发展中可以实现和谐。这包括自恋免疫网络中记忆痕迹的丰富、凝聚性的自体熟悉感的形成、从客体关系中获得的鼓舞以及自我适应机制的增强。

健康自恋进程的进步，意味着从口欲期自恋理想的自体和完美客体——在接下来的阶段中通过幻灭和哀悼完美主义的丧失——到对自恋理想的修正和更新。

在口欲期（从出生到 2 岁），婴儿对自己的熟悉自体感被巩固为一种理想、夸大的自体熟悉感，与其口欲期的完美的自恋理想一致。根据绝对感官和感官熟悉感原则，婴儿通过自己所有的感官（包括本体感觉）被熟悉所吸引并且抗拒陌生。

在第二阶段肛欲期（从 1 岁到 3 岁），幼儿能自恋地熟悉其精神运动能力，这种能力被体验为其（精神运动的）身体完美感。他和父母喜出望外，因为他能够控制自己的身体、自己的环境、自己的自主性以及自己在家中的地位。他对自己的熟悉自体感被巩固为一种凝聚性的全能自体熟悉感和身体意象，它们被认为是完整和自给自足的。其全能的身体自体熟悉感与其肛欲期自恋理想的力量、掌控感相匹配，这一定程度上弥补了他在理想的夸大自体和完美主义方面的幻灭。根据掌控熟悉感原则，幼儿被越来越熟悉的强有力和有能力的感觉所吸引，同时抗拒陌生感。

所有这些都标志着个体的健康自恋和自我功能运作的提升，这可以通过其自信、快乐、成就、掌控感甚至在分离和联合中的力量来衡量。在每一个阶段，幻灭的过程都发生在个体的自恋理想上，在不可避免的陌生感、失望感、被冒犯感和创伤的自恋受损面前，所有这些都可能引发愤怒的爆发和失去理想的悲痛。然而，个体与其客体的和解、对他人的宽容以及对自己的不完美的意识日益增长，这些逐渐被巩固并为自己的行为和反应生成了越来越多的责任。

有一点虽然超出这本书的范围，但仍值得注意，即从俄狄浦斯期开始，健康的自恋和自我功能的和谐结合可能包括超我的作用，以及从潜伏期开始的自我理想的动机。从俄狄浦斯期开始，经过潜伏期和青春期直至成年期，自恋理想将包括性别认同和伦理、社会、文化以及性价值的表征。

乔（Joe）前来进行精神分析，他按下了诊所的门铃，却发现分析师没有时间，因为对方在登记簿上记录了错误的信息。分析师非常诚恳地向他道了歉，然后他回家了。显然，这样的事情会引发愤怒、失望、沮丧、羞愧和自恋受损的感受，所有这些都破坏了自体的凝聚力，触发了自体熟悉感的自恋恢复过程。病人的自恋会如何处理这种令人不安甚至伤害性的事件呢？

在下次分析时，乔带着情绪说："当我意识到你没有在等我时，我当然不高兴，甚至感到被伤害，也生你的气……我已经准备好了进行分析，这对我很重要。我感到失望，鄙视你这种误解，但是我也十分惊讶于我可以自由地感觉到自己的愤怒了……我决定去附近的咖啡馆，我发现自己在内心与你对话，真正在修通自己的感受，却是独自一人进行的……首先，我不得不平复自己的愤怒。然后我回想起你的反应，我感觉到你对我的关心，也感到你被我的挫败感触动。我觉得你给了我愤怒的空间；你尊重我的痛苦，也认为你应对这次'意外'负责。你没有为这个错误责怪我……我认识你很长一段时间了，我意识到你从来没有忽视过我……我甚至突然很高兴看到你的不完美。我觉得松了一口气，毕竟你是一个人，就像我一样，不是完美的……我觉得我可以继续信任你。我甚至感觉和你更近了 [恢复自体和客体熟悉感]……我不知道你是否记得，一旦你去度假取消我们的分析，在那期间，我的仇恨泛滥，想摧毁一切。然后我便很长时间不再相信你。我敏感于你的任何解释。我毁了你、毁了自己，也毁了我们的分析。现在我可以权衡一下我对你的情感依赖，我已经取得了进步。"

小　结

幼儿的健康自恋经历了不断的发展和改善，通过不断的幻灭和对丧失完美的哀悼（在有意义的关系或治疗的帮助下），以及在与情感发展阶段和现实原则的协调中吸取更新的自恋理想。与此同时，幼儿的自体熟悉感（作为一种整体和完整感）被塑造、自恋地保存、免疫，并恢复为与情绪发展的各个阶段相应的凝聚性的身体自体熟悉感。

在肛欲期，婴儿的健康自恋是通过一个熟悉自己的新特性的过程而增强的，如身体自体意象、身体产物、自主性及其在家庭中的地位。幼儿的心理运动发展成就（自我适应机制）是由新的自恋理想（如掌控、权力和占有欲）所激发的。伴随着这些自恋的特质，幼儿可能对自己熟悉的自体有一种全能的感觉，其父母及其家庭都是一个强大的整体。任何对这些自体资产的贬低或威胁都会使人产生被伤害、嫉妒、失望或被背叛的感觉。幼儿界定了其个体化，并与其父母不断地为其全能自主权在父母的权威方面进行斗争，而其父母的权威与他们的协调一致。通过玩耍和幻想，幼儿将正性的自恋特质投注到其创作和产物上。他可能乐意将其部分资产赠予其爱的客体，或者可以利用这些资产与父母协商。这样的成就在一生中都可能受到严峻的考验，如在身体受伤或生病的时候。

第六章

自我的巩固

口欲期到肛欲期的自我调节

本章论述自我功能运作，它作为一种心理能动性，是调节情绪的。请注意，尽管我们说自我是人格或自体的能动性，但人格成分不应被视为身体器官，而只是对心理功能的隐喻性描述。

肛欲期的自我巩固吸收了口欲期父母的辅助性自我。从地形学理论的观点来看，自我于内在需要和外在现实之间起着协调作用。从动力学观点来看，自我启动适应机制，让自体适应现实，这在整个生命过程中不断增强精神智力潜能的精神运动、认知和情感方面。同时，自我启动防御机制来保护自体，避免其被无法承受的压力和焦虑感所淹没。从经济学理论的观点来看，自我的运作指向情绪收益最大化、情绪成本最小化。早在 20 世纪 60 年代，贝拉克（Bellak）、赫维奇（Hurvich）和克劳福德（Crawford）^①就已经开发了相关的程序和量表来评估自我的适应能力，包括从临床访谈和心理评估中推断，也包括心理测试［例如，主题统觉测试（Thematic Apperception Test, TAT）和儿童统觉测试（Children's Apperception Test，CAT）］。从那时起，涌现出大量通过使用投射测试来评估自我功能和客体关系心理表征（数量和质量）的尝试。

自我的功能运作与朝向自体保存的天生自恋进程^②相协调。这涉及额外的职责和更复杂机制的使用。在口欲期，幼儿的基本自我根据快乐原则来调节驱力和情绪，而父母则作为一个"辅助性自我"来支持孩子最初的情绪调节（见第三章）。从肛欲期开始，幼儿的精神运动和生理能力浮现出来，也会受父母强迫而抑制自己即时满足的渴望并适应和采纳家庭的行为规则。这些规则的内化逐渐引领自我根据第二原则即现实原则来调节驱力和情绪。

停用尿片是自我巩固的关键阶段

停用尿片是肛欲期的重要成就，其影响体现在自恋的发展（见第五章）、客体关系的提升（见第七章）以及自我的巩固中。从自我的角度来看，可以将这些过程分为三个阶段。

---

① 贝拉克、赫维奇和克劳福德认为，自我的建构有着类似于韦氏成人智力量表提示的相似的智力模型：一般因素（韦氏智力测试中的智力总分与"自我力量"大致平行），一些不那么综合性的因素（韦氏智力测试中的言语智力，与交互相关的自我功能簇平行）。他们从精神分析文献中选取了十二项自我功能，描述了它们的组成要素。这些自我功能如下：现实检验、判断力、现实感、冲动和情感的调节和控制、服务于自我的适应性退行、防御功能运作、刺激屏障、自主功能运作、客体关系、思维过程、综合-整合功能运作、掌控-胜任力。

② 在我看来，天生的自恋可能被认为是一种原始的人格组成部分，在时间上先于自我功能运作（见第二章）

第一阶段：从 12 个月到 18 个月左右

在父母的鼓励下，这个年龄阶段的幼童开始掌控自己的身体运动和括约肌。然而，父母要求他们用"干净"的尿片代替他的"重重的"尿片或者要求他们在厕所里大小便，这些要求被孩子们体验为对其身体自体意象及其独立性的侵犯。这些新的要求引发了孩子和父母之间的利益冲突：幼儿希望在他的尿片（熟悉和快乐原则）中享受身体自体意象的"产物"，而父母要求他和尿片分离，或者让孩子忍着排泄冲动到厕所后再排泄。这些要求意味着他要放弃许多自己熟悉的和令自己愉快的感觉（见第五章）。

15 个月大的德里克拒绝母亲给他换尿片，不论母亲如何甜言蜜语地哄骗。他的母亲是个较为迂腐的女人，面对孩子的反抗无能为力。她不能理解母子之间的利益冲突，还断言："因为他，我们都会病倒……"

第二阶段：从 18 个月到 2 岁 6 个月左右

幼儿第一次意识到，他有能力通过自己的身体来交付自己的产物，还能任由自己的意愿来克制或排泄。

2 岁 4 个月的娜塔莉身体成熟后，她能有力量地控制括约肌了。因此，如果她想（自我调节），她就可以把自己的身体产物交付到父母那里，让他们为她感到骄傲，甚至在每次去厕所大小便就能换上新内衣。她也可以让自己克制，控制和保护自己的产物，将其留在身体里或尿片上，这当然会激怒父母。在这两种情况下，娜塔莉都觉得自己控制着父母的情绪。尽管母亲有时也会强迫娜塔丽换尿片，但也有时候她感觉自己应该服从父母的权威，甚至享受伴随着清洁和柔软的尿片的新的身体感觉。然而，她很担心自己的产物会在哪里消失，担心第二天会不会有更多的产物。

史蒂文 18 个月大，他的母亲经常会"绑架"他的身体产物，甚至是强行如此，母亲觉得他已经大便后总会换掉他的尿片。最终，他屈服于母亲的要求，很早便停用了尿片（18 个月大），并且像一个"训练有素的宠物"，在母亲的坚持下去上厕所，作为对被抛弃的焦虑的防御。史蒂文并没有表达出对自己的"产物"或"掌控"的愉悦；相反，作为母亲绑架的置换，他经常表现出对兄弟姐妹的怀疑，怀疑他们偷了属于自己的玩具。

2 岁 5 个月的巴拉克喜欢冲马桶。母亲向他保证，只要他用马桶来排泄，他就可以冲马桶。巴拉克抑制住想保留自身产物的愿望（自体资产的自恋性保存），为了可以冲马桶，从而在与他的产物分离后体验到自己的掌控力（适应机制）。

第三阶段：2 岁 6 个月之后

此时停用尿片的过程常常趋于尾声了，这是婴儿情绪进步的关键一步。通过克制和像其他接受家庭规则的成年人一样排泄，展示了他对自己身体自体意象的掌控力。因此，作为回报，他得到了父母对他的爱和骄傲，他的自尊得到了增强，这有助于他选择与自体产物分离。从今往后，对他的身体自体意象负责是符合他自己的利益的。这与父母的要求不再有任何关系，如果他犯了"错"，就可能会感到羞愧。

2 岁 8 个月的娜塔莉每天早上都控制自己排空肠道的节奏。她享受自己可以感觉到并且看着这些粪便进入马桶，听到它们掉下来，闻到它们的气味，然后肯定地说："明天我会有更多。"娜塔莉发出的信号表示，她对自己不断变化的身体意象的周期性感知是不变的：那是一种充实、空虚，然后又充实的感觉。4 个月后，她母亲听到她在浴室里对自己的娃娃说："我刚生了三个孩子，明天我会生更多的孩子。"几个星期后，她问母亲："真正的婴儿也像我的粑粑一样出生吗？"（娜塔莉在口欲期、肛欲期和俄狄浦斯期都表现出正常和持续的情绪发展。）

随着周期性感知的巩固，每个幼儿都通过一系列的仪式来掌握自己与身体产物的分离。停用尿片可能反映了一个从肛欲期开始（也出现在伙伴关系中）的主要内在冲突——对客体是顺从还是抵抗，是斗争还是和解。停用尿片也可能被认为是矛盾情感的根源。

长远的部分满足感

面对以上冲突，新的调节程序得以创立，幼儿可以由此获得满足：根据（口欲的）快乐原则获得完全满足，或根据（肛欲的）现实原则获得部分满足。完全或部分满足的共振触发了个人在当下实现自己的愿望。这激活了其（自我）适应机制，使其相应地投入自己的情绪能量（其驱力和情感），从而再生其获得满足的愿望。

从肛欲期开始，在幼儿停用尿片和自我巩固之后，其情绪精神能量的投入会由预测的、经济的方式来指导，这就意味着利益最大化，如奖励；成本最小化，如挫折和伤害。

在正常的肛欲期情绪发展过程中，个体一天的自我管理足以调动大量完善的适应机制。这种自我调节使他能够获得长远的部分满足感，如管理、协商、与客体就"给予"其"所属"或接受他人进行谈判（按照他们的规则/现实原则）。这意味着延迟满足能力的增强和耐受阈值的提高（这些在口欲期是较低的，现在开始提升），这使自尊心得以提升，从而能够克制无时无刻不在的获得即时驱力满足的强烈欲望。

在一定限度内，幼儿会享受不断增加的紧张水平，这让他们既有自我控制感，又能得到父母的认可。他可能因此获得了部分满足的长远利益，如权力、掌控、爱和各种重要的回报，尽管错过了一些东西或有受伤害感或挫折感。在这个意义上，我完全同意鲍迈斯特、福斯和泰斯的观点，他们认为自我控制是"自体的中心功能，是人生成功的重大关键"[①]。幼儿还可以根据（口欲期的）快乐原则，抓住一切机会让客体完全满足自己，享受张力不断降低到他熟悉的水平，这使人得到即时的快乐和幸福时光。

人的一生中，在张力唤醒（现在由自我控制调节）时，广泛的部分满足可被体验为情绪愉悦、持久的现象，尽管实现完全满足的愿望永远不会消失。例如，一些幼儿从准备汽车或娃娃游戏中获得更大的乐趣，这是源于对想象力控制的感觉，而不是源于在游戏中的实际表现。然而，对延迟奖励的渴望就像完全满足一样培养他们进行准备工作和想象，助长其情绪智力和认知智力，这些和他们的乐趣一样变得更加强烈。在通往完全满足的道路上，这些长远满足的现象被定义为部分满足，结果就是自体熟悉感和自信、自我控制、自尊和自主性一起得到增强。我们可能会注意到，这些增强的长远部分满足感为长期的爱的关系奠定了基础，也为长期的创造性和工作投入奠定了基础，会产生幸福感。

3岁的巴拉克说："奶奶，我真的很喜欢你做的甜点。把它放桌子上。我现在不吃了。我留到饭后吃，然后我会很慢很慢地吃，让味道留得久一点（对持久味道的想象和内观）。"

因为这个孩子还没有时间感知，他是根据恒常性和周期性来计划自己的活动的，如"幼儿园放学"。巴拉克对他的父亲说："如果我表现得好，你会带我去看足球比赛吗？"或者对母亲说："妈妈，（幼儿园的）老师说今天是星期三，所以我们要去奶奶家玩。"

[①] 鲍迈斯特（Baumeister）、福斯（Vohs）和泰斯（Tice）认为，自我控制是一种深思熟虑的、有意识的、需要努力的自我调节的一部分。相比之下，自我平衡的过程，如保持恒定的体温，可以称为自动调节而不是自我控制……缺乏自我控制与行为和冲动控制问题联系了起来，包括暴饮暴食、酗酒和滥用药物、犯罪和暴力、超支、性冲动行为、意外怀孕和吸烟等。

当孩子让客体钟爱、引起其注意时，孩子会通过情感渠道获得部分满足，并产生一种鼓励其成就的回应："我爱你，妈妈；看看我为你做了什么。"

对驱力和情绪的自我调节

幼儿重要的、正常的、肛欲期的自我调节聚焦于性欲和攻击性的混合以及爱恨结合形成的建设性潜能中（见第三章），其创造性或正能量显著增强。我们也强调，巩固的自我更多地调动适应机制而非防御机制。

因此，在面对挫折时，幼儿可以保持对客体的爱，同时调节对他们的攻击性。在肛欲期，自我巩固的一个重要标志就是个人在面对差异性和挫折时不立即爆发出攻击性的能力。因此，他能获得一些长远的好处（部分的满足），如保留掌控力、口头表达愤怒并能够与令人沮丧的客体进行协商与和解等。因此，其正性的自体熟悉感、正性的客体表征，以及与客体的正性关系都得以丰富，且骄傲感远胜过羞耻感。这种有益的体验加固了幼儿的自我，从而维持一个平衡的性欲／攻击性融合，同时正性的力比多能量压倒破坏性的攻击性能量。因此，幼儿的动机是要对自己的身体、行为以及与他人的爱的关系承担责任。

弗洛伊德强调对性本能的调节，这与上述对攻击性的调节及其对爱的能力的重要性的概括是类似的：

在某种情况下，恋爱不过是性本能为了获得直接性满足而进行的客体投注，当这个目的达到时，这种投注就会消失；这是所谓的常见的感官爱……对刚刚结束的需要的复苏……这无疑是对性爱客体持久投注的首要动机，也是在无激情的间隔期间保持"爱"的动机。在这一点上，必须加上另一个因素，这是由人类的情爱生活所追求的非常卓越的发展历程所衍生出来的。

弗洛伊德描述了一个 5 岁的孩子如何在父母中找到了他爱的第一个客体。然而，压抑迫使他放弃这些大量的婴儿性欲目标……孩子仍然与父母紧密相连，而由于本能，这必须被描述为在他们的目标中是被抑制的。他对这些被他爱的客体所产生的感情被描述为"深情"。弗洛伊德宣称：如果感官冲动或多或少被有效地压制或搁置，就产生了一种幻觉，即这个客体是被感官所爱的，不会受到批评，只会受到高度的赞赏。这种歪曲评判的倾向就是理想化。

随后，他指出：

有趣的是，正是那些被抑制在他们的目标中的性欲冲动，实现了人与人之间的持久牵绊……这是性欲之爱的命运，当其得到满足时就熄灭了；为了使它能够持久，它必须从一开始就与纯粹的感情混合在一起。

2 岁 4 个月的艾拉因其 6 岁的哥哥利奥不跟自己玩而对他大吼大叫："我不是你朋友，不是你朋友！"利奥用正性的语气回应说："但我永远都是你哥哥。"当利奥在艾拉这个年纪时，他有时也会对母亲大吼大叫："我很生气，我不喜欢你。"他母亲会用同样的正性的语气回答："但我永远爱你，永远做你的妈妈。"母亲的反应似乎在儿子的自恋中留下了记忆痕迹，随后被内化和整合，作为其巩固的自我调节的一部分。我们可以想象，当母亲听到儿子与她的自我调节和谐相处，她的孩子们保持着一种令人满意的连续性时，她是充满喜悦和自豪的。

弗洛伊德还观察到："谦卑、自恋的局限性以及自我伤害三者的特点呈现在每一段恋爱中；在极端的情况下，它们仅仅是被强化了，并且由于感官欲望的撤回，它们仍然各自孤独地存在着。这在爱令人并不快乐且无法让人满足的情况下特别容易发生。"在这些损伤和挫折之后，驱力和情绪的混合很容易被瓦解。

这些损伤和挫折感的即时瓦解表明了本我具有的分解破坏性的本能力量，它战胜了重新连接这种对抗性能量的自我功能。这意味着，与协调、恢复和重建关系相比，爆发攻击性或瓦解关系要容易得多——根据熟悉感/陌生感、愉悦/不愉悦，以及全或无的原则。当攻击性与性欲分裂开来，它会对幼儿的情绪能量产生负性的影响，如痛苦，如果短暂些，则为羞愧感、攻击性爆发和破坏性。虽然不一定针对客体，但这种攻击性或暴怒可能会在客体或客体关系上爆发，或转向与自体对立。

在挫折、受伤或创伤后，幼儿的攻击性爆发和负性的情感影响了他与客体在一起的感受，由此也建立了负性的自体、客体和客体关系表征。其特定的细微差别是在当时的情况下所能得到的独特的负性和正性情感独特混合的结果。为了适应而融合和重塑驱动、（正性和负性的）情感的能力表明，作为人格的一种能动性，个体的自我具有向前发展的兼容性。罗森菲尔德（Rosenfeld）进一步引入了"病态融合"的概念，用以区分正常和病态的能量融合。他声称，病理融合是在力比多和破坏性冲动混合之处，破坏性冲动的力量得到了极大的增强，而在正常的融合中，破坏性的能量被减弱或被中和。也许一个人的羞耻度决定了这一点。

根据凯利（Kelly）的说法，我们所有人都很容易感到羞耻，所以需要不时地对此加以防御，然而还是时不时表现出某种程度的羞耻罗盘中的防御行为。这些包含了内桑森描述的以下现象：攻击他人、攻击自己、撤退（躲避他人）或回避（躲避自己）。

我们可能会注意到，如果幼儿的自我得到巩固，在经历受伤后不久就能设法重塑和平衡正常的融合。因此，随着建设性能量的增强，混合能量中的破坏性冲动被克服了。若这种情绪状态的不稳定持续，幼儿的自恋可能会根据负性表征和自我毁灭来巩固和/或恢复其自体熟悉感，这就导向自恋的病理过程。与此同时，我们可以观察到幼儿的自我会调动其主要防御机制，与客体发展出令人不安的关系。

自我调节试图调节内在（生理、自恋、情绪和与驱力相关的）和外在（现实和家庭规则）的各种需求。幼儿的自我也在爱和愤怒、想象和行动、允许和禁止、占有和给予之间进行调解。在正常的肛欲期自我调节发育过程中，幼儿能够选择时而对抗时而顺从父母的要求，能够与他们进行协商，表现出自己的个体化和自主性。他忍受自己的愤怒，但让步于和解，保持与他们联合的关系——同时维持自己真实的自体熟悉的独立性，也尊重其父母的权威。

一般情况下，5 岁的哈罗德会按照自己的主观现实原则礼貌行事。他会说"谢谢你""请""对不起"和"打扰一下"，同时在他的内心，他也体验到有一个"顽皮的孩子"。正如他在治疗中向我解释的那样："那个坏男孩肯定不是我，而是从我的身体里跳出来的一个坏的陌生人。"不过，他担心父亲会发现他的"小家伙"并惩罚他。

与停用尿片相关的肛欲期症状

在内部或外部的压力下，自我可能会短期或长期无法重建上述所说的瓦解后的驱力和情绪的混合。若这种驱力和情绪的混合被诸如攻击性和仇恨的破坏性力量支配，而力比多能量还没有得到充分的发展，则可能会激起丧失自我控制的焦虑。在这种情绪状态下，自我会很警觉地调动防御机制，有时甚至会产生肛欲期症状。

过度克制、便秘、遗尿和大便失禁都是起源于肛欲期的常见躯体化症状。这些躯体化症状通常是无意识的，是对父母要停用尿片的要求做出的暂时的被动攻击性的抵抗症状（防御机制）。然而，这些几乎正常的肛欲期症状也可能会推动幼儿朝持续的病理症状发展。

2 岁 8 个月的阿尔玛（Alma）无意地与母亲建立了一种被动攻击性

的关系模式。她开始便秘，觉得自己"充满"了力量，完全掌握了自己的身体，而她的母亲则越来越为她担忧。从表面上看，阿尔玛对母亲并无恶意，毕竟，是她自己患有便秘。在阿尔玛便秘三天后，她的母亲向我咨询。从母亲对阿尔玛（我没有见过她）的介绍中，我觉得阿尔玛对自己的身体自体意象（健康自恋的运作）有足够的免疫力，但对自己攻击性的调节力（自我功能）不够。我推测，如果父母能够停止与她的权力斗争，躯体化症状将会失去其作用，阿尔玛应该会自发地从症状中恢复。因此，我对母亲的担忧表示了支持，嘱咐她不要催促阿尔玛去厕所或者给她任何泻药，尽管母亲希望我给出让孩子用泻药的建议。相反，我建议她鼓励阿尔玛的个体化，尽量奖励她的自主行为和她的掌控能力。在阿尔玛便秘后第五天（我和她母亲会面两天后），她告诉母亲，她要去厕所。就像母亲准备离开家去做事的时候通知阿尔玛一样，她也选择了把自己的决定通知母亲。母亲感到必须要等到阿尔玛去完厕所才放心。阿尔玛再次控制了他们之间的被动攻击性关系。然而，她的便秘最终结束了，两个人都感觉好多了。

2岁10个月的史蒂文的情绪状态和阿尔玛很不一样。从口欲期开始，他就一直饱受被遗弃焦虑之苦。此外，在肛欲期，他也承受着抛弃其部分身体自体意象的焦虑，以及对失去身体产物和永久保持空洞感的焦虑。在这种焦虑下，史蒂文的自我也会调动便秘这种症状性防御，虽然他和阿尔玛同样有着便秘的症状，但症状的含义却不相同。阿尔玛的症状主要表现为由她所控制的一种被动攻击性行为，而史蒂文的症状主要是指向他对失控、被剥夺的焦虑，这种症状是他无法控制的。

医生指导史蒂文的母亲给他使用泻药栓剂和灌肠剂，以缓解便秘。治疗之后，史蒂文感受到自己无法掌控的身体排空，整个人被焦虑所淹没，就好像有人穿透他并移除了他的部分身体一般。他陷入隔离之中，含着奶嘴，拒绝玩耍、吃饭，也拒绝与父母配合，他的便秘症状仍然没有得到缓解。

　　诺拉（Nora）是一位 20 岁的学生。她意识到自己很想跟我讲讲自己的痛苦，却依旧陷入了让她一直很痛苦的与其他人一样的沟通困难中，这让她很惊讶。她连续沉默了好几个小时。我尝试缓解她的痛苦，可都被她感受为一种穿透，她尖叫道："我不能说话，你不明白吗？你永远别想从我这里拿走什么。"经过几个月的心理治疗，她终于能够表达自己的焦虑："当我患便秘时，我母亲曾带我去看医生，医生采用的治疗方法是灌肠。我对此很讨厌……只要我不让自己说出来，我就感觉自己很强大……没人能把秘密从我的大脑中拿走。"考虑到其童年的经历，诺拉似乎很有可能把自己的焦虑转移到了我的身上（如灌肠治疗）。我耐心地等待着，默默地思考着身体便秘和情绪便秘之间的相似之处，以及"秘密"（secret）和"分泌物"（secretion）这两个词之间的相似之处。

　　幼儿对自己的秘密有掌控感——那是一种自己可以保留在内心中，没有自己的允许任何人都无法将其拿走的东西。换句话说，他象征化了自己的分泌物，升华了自己的排泄物。拥有和保守秘密的能力是提高自尊的一个极其重要的因素，甚至可以为内化肛欲期适应机制建立坚实的基础，这对于巩固自我功能非常重要（见有关适应机制的章节）。拥有或保守自己的秘密，充满了力量和充实的价值，取代了意味着软弱、羞耻和失去忠诚的便秘——超越了孩子的主观现实原则的界限。不幸的是，当看护人忽略了保守秘密的重要性时，他们可能会对孩子保守秘密的行为做出消极的反应，并指责其是一个撒谎者，这可能导致孩子真的把自己当成一个撒谎者。

自我经济地调节选择和决定

　　从肛欲期往后，个体的自我和情绪调节的原则对其选择和决定有着重大的影响（这种影响甚至可能反映在财务行为上）。个体选择在何处进行情绪投资是基于其主观的记忆痕迹的共鸣，这通常是潜意识的。其选择表达了最大化情绪利益（即时或长远的满足）的可能性，最小化伤害、挫折、丧失或焦虑方面的成本。这就是为什么我采用成本和收益来分析适应和防御机制（见第三章）。

自20世纪90年代以来，行为经济科学的进步帮助我们更好地了解，是什么触发了人们的选择和决定，以及人们为什么和在何时倾向于即时满足而非长期收益。前景理论（prospect theory）提出了一种认知心理学的观点，即人们倾向于估计可能的利益或损失，而不是评估最终产品。这种方法也反映在人们的金融决策中。人们通常会根据最后的交易结果快速做出决定，同时相信当前的情况会永远持续下去。

情绪金融观聚焦于决策是一种持续的体验，且主要是情绪体验，因为结果根本是不确定的。这种方法强调了情绪对投资决策和投资者行为动机的作用——动力学的无意识需求、矛盾心理、恐惧和不确定性。

我对情绪和金融行为的看法都是基于自恋的角度和自我的经济功能。做决定可能会无意识地受到个体的自恋免疫进程的影响，这使其重复一个熟悉的决定，也许会与熟悉的东西有少许差异，就好像这个决定是安全的一样，同时，个体会抗拒主观感知上具有重大差异性的决定，因为这会引起陌生感和未知感。

经济学家和神经经济学家已经开始从认知心理学的角度研究人们的金融投资。他们确定了大脑中参与决策的区域，如前额叶皮质和边缘系统，这是大脑深处相对原始的区域，掌管大脑的感觉功能，如满足、恐惧和愤怒等。

神经经济学家声称："选择获得短期回报的机会，是与边缘系统和边缘系统皮层结构相关的，这类结构中的多巴胺能神经分布十分丰富。这些结构一直与冲动行为有关。"

边缘系统……优先对即时奖励进行回应，对未来回报的价值则不太敏感，而长时间的耐心是由外侧前额叶皮层和相关结构所调节的，能够在抽象的奖励之间评估权衡，包括在遥远的将来得到回报。

我认为口欲期的一些特征，如需要得到即时和完全的满足，或在受伤、丧失和挫折后容易爆发攻击性，可能反映在边缘系统的功能运作中。而肛欲期的一些特征，如保留和寻找长远利益（代表部分满足）可能反映在前额叶皮层的功能运作中。如果在神经成像技术如正电子发射断层扫描（PET）和功能性核磁共振成像（fMRI）的帮助下去验证这一假设应该是很有趣的。

研究人员再次强调了生物和情绪系统之间存在的平行过程。这与弗洛伊德关于发现一种科学心理学的梦想、寻找一种对情绪过程的生物学和神经心理学解释以及揭示大脑中发生的与生理、生化活动相关的心理过程的梦想产生了共振。这一梦想得到了坎德尔（Kandel）的进一步阐述，他是一名医生和神经学家，对精神分析和神经精神病学感兴趣。他后来获得了诺贝尔生理学或医学奖，他耐心地观察大脑的"一次一个细胞"，从细胞和分子生物学的角度来理解大脑的生物学原理。这种方法在学习和记忆领域中对动物和人类学习、记忆领域的功能运作模型都产生了有价值的见解。

我们可以用决策过程的角度来表示自我经济调节的特征：能够（自恋性地）保留其自体熟悉感和资产、享受拥有财产以及与客体的伙伴关系（联合–分离性关系）的个体，可能对他们拥有的东西更感兴趣或者更加满意，而不是更关注到丧失和缺失。因此，他们的自我决定可能更多地基于未来长远利益而不是基于损失，也就是长远的部分满足和评估最终的产出。例如，一个保守的"买入并持有"的策略，便可能是选择通过定期的"调整"来逐步建立多样化的投资组合。

无法自恋性地保存其自体熟悉感资产、总是对错过或失去的东西持不满和抱怨态度的人，肛欲期自恋的伤害或创伤对其的影响体现在身体自体形象和客体关系上［被体验为丧失了自己的所有物（客体）］。这样的人，他们的自我决定更多地基于损失的概率和短期内的完全满足。这会导致成长偏差，而不是持有价值股，或者可能导致一种主动的、更具有攻击性的方式，即涉入更大的风险以获得更大的回报。

社会心理学家罗伊·鲍迈斯特（Roy Baumeister）在其职业生涯中研究了决策对个体的影响，并创造了一个将决策与心理能量联系起来的范式。从弗洛伊德的理论出发，鲍迈斯特描述了一种精神能量的储存，它可以专注于复杂的决策过程。每一个决定都会消耗能量，直到个体最终遭受鲍迈斯特所称的"决策疲劳"。有生理证据表明，当我们精神疲惫时，我们会屈服于即时的满足，而不是继续依赖于我们的高功能运作的认知中心。例如，许多节食减肥的人发现，在疲惫的时候，晚上更容易屈服于对食物的渴望。

肛欲期的适应机制

本节讨论在肛欲期出现的一些重要的适应机制，它们为智力的发展提供了基础。

内化、现实原则、掌控和执行功能

内化，被认为是将外在的输入信息通过自我心理吸收、消化和整合到内在的过程。为基本的自我和自我的巩固"添砖加瓦"。因此，内化的过程需要同化（吸收和消化）和适应（整合）的补充过程，这是皮亚杰所阐述的观点。格林斯潘（Greenspan）描述这些过程的参与是在"外部边界"上进行的，也就是说，经验的组织或多或少涉及非人的、常常是无生命的世界，并将它们应用到"内部边界"，也就是说经验的组织或多或少与驱力、愿望、感受、内部表征和带有情感色彩的人际关系方面的各种刺激有关。正如格林斯潘所指出的那样，这些"边界"的概念不应该从字面上理解，而是一种速记简化。

婴儿的父母作为"辅助自我"在婴儿的自恋网络中以记忆痕迹的形式印记着，其中一些在肛欲期被整合输入到自我中。例如，每天晚上，贾思敏的父母都会提醒她刷牙，她也会照做。有一天，她说："我什么时候可以自己决定这件事呢？我想在你给我讲故事之前先刷牙。"从那天起，没人再提醒茉莉刷牙的事了。刷牙被内化成她自我的一部分；她拥有它，并自己决定什么时候去做。

在我看来，内化作为一种肛欲期适应机制，是在口欲期合并[①]和内摄[②]的适应机制的基础上，通过自恋记忆的回响来增强的。这些机制为俄狄浦斯期调动认同的适应机制奠定了基础。内化的过程意味着以前的成果被概括，并被反映在未来细化（如区分）的发展中。人们可以把发展想象成一个向上发展的螺旋，每个连续的循环（阶段）都以具有更多差异性和整合性的方式来组织。

父母辅助自我和权威的内化是另一种有益的适应机制的主观根据，弗洛伊德称之为"现实原则"，也是从口欲期的"快乐原则"（见第三章）而来。现实原则成功地建立了其作为监管原则的统治地位，寻求满足并

---

① 事实上，"合并"包含了三个意思：一是通过让客体渗透自己来获得快乐；二是摧毁这个客体；三是通过将其保持在内部以占用客体的品质。正是这最后一个意思让合并融入了内摄和认同的矩阵。

② 对于这个定义，我要补充的是：合并（一种口欲期机制）可能被认为是保存来自外部世界输入的原始生物模式，如吞咽食物和用身体吸入，或者吸收和保存各种不同的口味。内摄（一种口欲期机制）可能被认为是自我心理"吞咽"外部世界的方面，但没有"消化"或整合它们，因此，也有人说是摄取"外来的"或"自我外来的"。内化（一个肛欲期机制）包括消化和整合从外部进入自我表现的"吞咽的"输入。在这个过程中，自我的功能发生了变化，变得更加复杂。认同（一种俄狄浦斯期的机制）可能被认为是自我对客体的表征的心理加工，以保持其客体、意象、价值，甚至理想与其自体熟悉感之间的兼容性。请注意，上面描述的各种内化过程都带有感情色彩。

没有采取最直接的路线，而是根据外在世界施加的条件，曲线前行并且延迟实现目标。

随着幼儿生理能力的增长，他能够保持和抑制自己对满足的迫切需求（根据快乐原则），并根据新的现实原则将其推迟到更合适的时间得到满足。这就意味着，尽管它延迟了满足的实现，但对快乐的渴望却得以保留。

现实原则将家庭规则定义为幼儿行为的主观指南，成为他快乐原则有形的自我边界，体现了什么活动被允许、什么活动被禁止。若根据该原则做出自己的行为，幼儿便能够在其个体化以及与周围客体的关系中获得最大的长远满足（部分的满足）和最小化的挫败感。在随后的发展阶段，这些指导原则会被提炼为社会、文化、伦理和道德价值观。

由于在肛欲期的幼儿还不能对他所内化规则的潜在逻辑进行反思，所以他持续地测试父母权威施加给他的限制。他监测着父母界限的一致性和稳定性，看看自己能走多远，以及他的父母执行这些限制时是否"打盹了"。

因此，家庭规则可能会被内化，或被"消化"，从而成为自我功能的一个组成部分，将自体熟悉的边界整合到主观现实原则的形成之中。换句话说，幼儿开始学会自律以应对家庭不断强调的明确的界限和规则。

幼儿会根据现实原则检验其被允许和被禁止的界限（表明规则的内化，而不是驯服的结果）。就像幼儿一样，家畜也会按照主观的现实原则行事，这一原则会让它们免于惩戒。每当一家人聚在一间卧室时，狗就会在屋子外面待着，然后身体开始往房间里挤，但它的头却一直朝外。这样，根据狗的主观现实原则，它在被允许的边界上停了下来，但也显示出了一种复杂的情况——它的屁股在禁区内，但是它的头所代表的规则是在禁区外的。当然，不可能不嘲笑它的"智慧"并接受它，就像在这些情况下我们也会这样对待幼儿。然而，成年人肆无忌惮的行为就一点也不可笑了。例如，司机虽然看到了"禁止"的标志，仍然逆行驶入道路。

2 岁 4 个月的简差点碰到电源插座，然后她指着它果断地说："不，不，不！"这符合她的主观现实原则。然而，当简温柔地摸着正在睡觉的小弟弟，而她母亲说"简，别碰他"时，简哭起来并说道："我爱他，你却不让我碰他！"简还不明白，如果她那么爱弟弟，为什么不能像触摸父母一样去触摸他。她不得不更新自己的现实原则，因为她意识到，母亲的边界与她的情感无关，而是因为弟弟正在睡觉。

当幼儿的行为偏离了自我的主观现实原则时，他常常会（因为自己做出被禁止的行为而）感到内疚，甚至期望受到惩罚。与因被禁止的愿望、幻想或想法而产生的罪恶感不同，因被禁止的行为而被意识到的内疚会在俄狄浦斯期伴随着超我伦理准则的巩固而得到发展。

在幼儿园及其朋友的家庭中，幼儿发现了不同的行为准则。那么，他该怎么做呢？这些重要的困境伴随着我们所有人，从肛欲期开始，贯穿我们的一生，在伴侣关系中主要体现为每个人都具有不同的行为规则。双方都确信，自己的现实原则和家庭规则是最好、最根本的，而对方秉持的原则却不那么具有强制性。主观的现实原则强化了个人对行为准则的任何轻微或重大偏差的警觉。这些差异可能会削弱他对客观性的幻觉或损害其现实原则的通用编码。

7 岁的桃乐茜（Dorothy）在她的治疗中问我："我朋友的行为怎么总是对的，而我总是错的？我讨厌她没有得到我的允许就偷看我的笔记本，她却说，'这就是好朋友的行为啊！'……谁来决定一个人的行为是对还是错呢？"

随着冬天的临近，2 岁 7 个月的娜塔莉开始喜欢上幼儿园，她穿着一件新毛衣，将毛衣拉出来盖过裤子。母亲说她看起来很可爱。那天，老师把孩子们集合起来，坚持让他们把毛衣塞进裤子里。娜塔莉开始哭："我妈妈让我把它放在外面，我不想扎进去。"老师对自己制定的规则十分严格，娜塔莉屈服了，但第二天她拒绝去幼儿园。母亲发现原因后，向娜塔莉解释说，既有家庭规则也有幼儿园的规则，每天在放学后，把毛衣拉到裤子外就可以了。于是，娜塔莉真实的自体熟悉感就得到了自恋性的储存，她的现实原则得到了充实，她的自我得到了加强（母亲的权威），她又快乐地去上幼儿园了。

父母对孩子行为的回应也不完全受家庭规则的影响，有时也会有一定的随意性。这些对熟悉感的偏离会加剧孩子的自恋受损及其对服从的抗拒，加强其对惩罚的恐惧及其孤独感。

父亲工作累了，回家后没有耐心忍受巴拉克在玩游戏时发出的噪声。父亲生气地告诉巴拉克不要在客厅里玩，尽管这种行为一般都是被允许的。巴拉克担心父亲愤怒，所以试着调整自己的行为来取悦他。这个行为是他考虑到父亲可能恼怒而心生恐惧后基于该恐惧而非根据其自我基本的现实原则做出的。

面对未知的压力和恐惧时，大多数成年人和孩子都希望重新找到他们丧失的原初的理想客体。大家希望重新找到口欲期的辅助自我，这样就可以盲目而安全地追随指引者，就好像这个理想客体就是现实原则，他在内在和外在世界的不确定性中知道什么是好的，什么是坏的。这就是对权威性有魅力的指引者的渴望以及对神圣的天意和理想的信任的源泉，也是在极端的情况下对弥赛亚崇拜依赖的源泉。

当一个人进入治疗中时，他会无意识地向治疗师传达他童年时对辅助自我的渴望的回响。他往往倾向于依赖治疗师的解释而不去质疑他们是否适合自己的现实原则，或者是否唤起了对其自体熟悉感的差异感。这种依赖可能也反映了希望取悦治疗师并得到其认可的意愿的移情。在这种情况下，治疗师需要支持病人的自我及其健康的自恋和分离。换句话说，通过解释，治疗师需要病人自由保存其真实的自体熟悉感，以抵御外来解释的入侵。

伊琳娜（Elian）是一位 30 多岁的女人，她总是一味地接受我的分析性的解释，就好像那是上帝的话的一样。她说："我以前都听父母的。我曾是个好女孩。他们知道什么是好的，什么坏的……当我女儿尼娜反抗我时，我感到深深的快乐。我真的很欣赏她，因为她自己知道什么对她好，什么对她不好……我完全依赖你或我母亲的想法，你们觉得我应该做什么，我就觉得自己应该做什么。唯一的例外是我的孩子们！我允许自己忽略我母亲的意见，按照自己的对错标准来做。他们是我的孩子，不是别人的孩子！"

家长、治疗师和权威人士都制定行为准则，在家庭或社会中制定规则和规范。正如弗洛伊德所称："只有通过那些可以树立榜样的个体以及被大众认可为领袖的个体的影响，大众才可以被说服来完成任务并忍受文明存在所依赖的自我克制。"从幼儿期之后，在人的一生中，人们根据自己遇到的新的权威来更新他们的现实原则。

我们可以观察到家庭和文化之间在行为上的重要差异，这是一种将家族遗产代代相传的载体。从这个意义上说，家庭和社会的规则都可以被视为联结幼儿与父母或长期联合的伙伴关系的肛欲期过渡现象。每当孩子表现出其主观现实原则和真实的自体熟悉感时，他可能会体验到自信、自尊和自我兴奋（部分的满足）。这可与管弦乐队指挥的兴奋相媲美，他们成功地将所有的音乐家和乐器组合成一段连贯的音乐，同时又保留了每一种乐器的独特性。

麦克洛斯基（McCloskey）和珀金斯（Perkins）将执行功能定义为对感知、情绪、思想和行为的提示、指导和协调方面。自我调节执行功能的目的是让其在指挥日常运作中为自我调节提供便利。他们在四个"舞台"上运作：（1）内心舞台——关于自体；（2）人际关系舞台——

关于他者；（3）环境舞台——关于环境；（4）学术符号系统舞台——关于文化和交流符号，包括语言、阅读等。

本-阿特西·索兰（Ben-Artsy Solan）补充说，高效利用执行功能意味着管理者可以管理局面，反过来则并不成立。在她看来，这些都是自我功能的一部分，与适应和防御机制有关，也在情绪领域运作。个体根据自己的主观现实原则感知周围环境的情况，并根据愉悦的原则来获得满足。

在自我调节执行功能中，也有自恋功能的一个组成部分，在倾听环境和使其元素变得熟悉的过程中可以辨别；在运用熟悉感处理新情况时可以辨别；在倾听自己的同时，让这些元素为自己所熟悉，直到达成自我定义的巩固。自我的运作是按照自恋的自我定义来完成自我实现的。

拟人化、泛灵论、人性化，移情以及想象与现实之间的界限

我们研究了内化、现实原则、掌控和执行功能运作，现在我们将注意力转向肛欲期的其他一些特征性适应机制。这些适应机制激发了想象和幻想，将一个有生命的人的感觉归因于一个东西或想法。泛灵论可能是人类最古老的信仰之一，即灵魂或精神存在于每一个物体上，哪怕是无生命的物体。因此，幼儿也会将其想象力和创造力拟人化、转移和提升（适应机制），或者将其感觉、熟悉感、掌控感投射到其玩具上（防御机制）。他与玩具玩耍，仿佛它们具有生命，因此他似乎操纵着超出自己熟悉感的现实（在其自恋免疫网络中是未知的），并对它们进行调整，以适应其家庭特征或其主观现实。

我用自己的一个故事来说明拟人化。有一次，在战争期间（我那时差不多3岁），当警报响起的时候，我们赶紧跑到楼下地下室的防空洞里。我突然注意到我的玩具熊不在身边。我清楚地记得，我当时是多么担心，"他"被丢下了会有很大的危险。于是我立刻离开父母，试图回

到楼上，但我的父亲很惊恐地追上来，紧紧地抓住我，坚决不许我离开那个避难所。我记得我自己说："你担心我，但我担心我的玩具熊。"而他惊恐的回复真的让我很受伤，他说："它没有生命，但你……"。他全力地拥抱着我。我记得当时自己的强烈的精神痛苦——我亲爱的泰迪熊对我来说仍然是一个重要的玩具，但也仅此而已了。

快 3 岁的谢丽尔有一只非常喜欢的毛皮老虎，它就像她的保护者一样。有一次，家庭的一位朋友加入了谢丽尔的游戏，低声说："我真的很怕他。"谢丽尔试图袒护她的老虎："不要害怕，他很好的。"这位朋友（开玩笑地）坚持说："我怎么能确定他很好呢？"于是谢丽尔大叫："他没有生命，只是一个娃娃！"多年以后，她仍然记得自己对这位友人的愤怒，因其迫使她公开揭发自己的秘密，明确表达出自己所知道的现实，其实她希望用魔幻般的想法对之予以隐藏。

还有一次，谢丽尔要和她的家人一起乘飞机。安全官员必须得检查她的老虎，并开玩笑说飞机上的人可能会为此感到害怕，所以她得把老虎留到行李箱里。谢丽尔变得极度焦虑，她不得不离开自己的老虎，而且它待在行李箱中可能会受伤。

对于幼儿来说，想象和现实之间的差距还不清楚。因此，就像隐藏的魔法力量可以使无生命的人复活一样，这个幼儿也在担心自己"坏"的神秘力量可能离开自己的想象，并导致家庭里发生一些不好的事情。因此，幼儿以及许多成年人都抑制了自己的想象力，害怕幻想"坏"的事情。创造的过程可能发生在想象与现实的边界之间，一般是通过积极的升华实现（见下文）。尽管如此，常常与来自他人的"恶"的爆发或类似的负性特征相关联的是，创造性为失连接（死）本能提供了出路，如通过聚焦于暴力的战争游戏或其他游戏等。

摩尔和法恩认为：移情是一种客体关系，每一种客体关系都是对最早的童年依恋关系的重新编辑，移情无处不在。在我看来，移情是由自我无意识地调动起来的——通过客体关系来实现健康自恋——让一个人熟悉其客体的差异性。从这个意义上讲，移情被认为是一种复杂的拟人化机制。个体对童年情绪性关系的共鸣在无意识中被自我转移到另一个非自体上，为的是与这个人在关系中成为熟人而非只是陌生人。安妮-玛丽·桑德勒（Anne - Marie Sandler）描述了这种精神运动是从回避陌生焦虑转向熟悉的人（事、物），它作为一种防御或适应机制，用协调感来替换不协调的体验（被视为压倒性的体验）："用已知的和可识别的东西来获得对新体验的安全感。"在我看来，移情是一种至关重要的适应机制，它让我们能够与他人进行交流，就好像他人是我们已知和认识的人一样。当移情作为一种防御机制来工作时，我倾向于称其为投射。

个人的记忆痕迹在当下事件中与一个相似的（童年的）情绪强度产生共鸣，并且通常与这个人的角色形象、"原型"或"意象"共存，如一个伙伴、权威人物或竞争对手等。然而，有时候这种移情与现实中曾有的关系并不匹配，而是暴露了客体关系中的情绪困难，因为每个个体对其关系都拥有不同的期望。

在精神分析中，移情是分析师用来接近病人无意识的主要工具之一。这使分析师、病人或双方都能在"此时此地"用言语接触到病人在童年"那时那地"移情的起源。这种认识可以用来减轻失调或减少对当下客体关系的负性移情抓住不放，从而让他们可以自由地凭借其自身的权利得到评价。

象征化和升华

象征化意味着用一种心理表征代表另一种心理表征，它的意义不是通过精确的相似性而是通过模糊的暗示以及或偶然或常见的关系来表达的。

通过象征化，幼儿设法保存其珍贵的肛欲期身体自体资产及其"产

物"的（自恋进程）象征符号，同时（将自我功能）从原始的排泄物中
分离出来，正如他的客体（客体关系）所要求的那样。与此同时，通过
想象和游戏——代表升华（自我功能）——幼儿享受肛门区域的活动，
当这些活动与父母的要求一致时，他们甚至会加入进来（客体关系）。
这两种适应机制是为了解决停用尿片过程中发生的内在和外在冲突。

下面举一些例子。幼儿喜欢玩各种材料并进行创造（升华），如面
团、橡皮泥、沙子、泥或黏土（其排泄物的象征物）；他喜欢延迟吃
他最喜欢的菜（抑制或延迟排泄的升华），一直留到用餐的最后；他把
价值归到身体以外的小物件上（象征化），喜欢把它们收集（升华）到
一个小袋子里（象征他的肚子），不允许任何人未经他的允许触摸它们
（升华）。他从保守秘密（象征分泌物）中获得快乐，避免秘密暴露（抑
制排泄的升华），只有在他想分享这些秘密的时候才会分享。只要这个
过程还在其控制之下（升华），如从自己的收藏品（象征物）中分发饼
干或物品等，这个孩子就乐于把自己的东西分享给他人。肛门产物的主
要象征物就是钱。有些人喜欢浪费钱，有些人则希望把钱看得紧紧的，
有些人认为钱是肮脏的，而有些人则认为钱意味着强大，这往往会导致
其贪婪。

快 3 岁的丹尼和他的小锡兵一起玩起了战争游戏（攻击性的升华），
并让汽车撞在一起（象征着他与强壮的父亲相撞）。现在，伴随着撞击
声和枪声，他又大声喊叫。他喜欢想象整个场景。通过想象，他创造了
一个生动的游戏，无意识地把自己的秘密表现了出来，即朝向令人沮
丧的父母的攻击性——他不敢公开表达的感受。然后，他建造了一间车
库，上面的一层有一些立方体和一所医院，他把受损的汽车和受伤的小
锡兵带来"修理"。这一创造性的、令人满意的游戏使丹尼能够与象征
他的父亲的受伤的士兵达成和解。父亲也加入了游戏："丹尼，你的士
兵比我的强。"丹尼听到父亲的鼓励很骄傲，但又不确定父亲是否会让

自己的小锡兵赢，或者自己这个儿子的力量是否会让他感到担忧。丹尼回答说："爸爸，我训练了我的士兵，但你知道他们并不是那么强壮。"丹尼这样定义了内部和外部之间、想象和现实之间的界限。他成功地调节了情绪的流动，从自己到自己深爱的父亲，在他们共享的空间通过象征化和升华将爱和攻击性维持在整合性的组合中。正性的因素主导着这个整合——健康的适应机制的标志。因此，他们能够在没有冲突的情况下愉快地继续玩耍。

象征化和升华属于最高级的适应机制，代表着通过创造性的文化渠道和艺术传达出精练的情感、思想和驱力。那些原本会伤害或扰乱我们的感受，或者那些唤起阻抗的感受，通过升华可以被接纳了。通过玩耍或任何过渡性现象表达的精练的攻击性和力比多同时让婴儿和父母得到释放，使他们能够从他们的共享空间的共同经历中获益，并保护他们的关系，否则可能会伤害到任何一方。

升华有时会失败，从而变成症状，如情绪性便秘、完美主义，或者生活脏乱。

感知、概念和表征

这些适应机制提高了个体的认知和情绪技能，提高了其语言交流能力，促进了其对外界的适应。这一组机制建立在熟悉感和个人态度的口欲期机制的基础上，将联想、整合、分化的运作和无数感官情绪体验的分离整理为图式。它也包括客体、自体和关系恒定性的机制及其心理表征、象征和升华。

在肛欲期建立的重要概念之一是周期的恒定性。在口欲期，诸如饥饿唤起这样的内在节奏，构成了婴儿的周期性和时间的基础结构，有点像生物钟。在肛欲期，幼儿可以与不断重复的变化顺序协调，如饥饿和饱食、排空和重新填充以及联合和分离事件的仪式等，开启了周期性的概念。幼儿熟悉了排出他的排泄物和接下来的一天又重新填充饱食之间的联系，也熟悉了在夜里和父母分开独自入睡和第二天早上醒来重新和父母在一起之间的联系。整个循环按照熟悉的仪式常规性地重复着，这样他就会很有把握，知道接下来会发生什么，从而避免了未知的不安全感。

2岁6个月的哈利喜欢把盒子装满，然后再清空（象征着他的排泄和再次饱食），并且确保游戏结束的时候箱子是满的。他经常在吃完盒子里的农家干酪后，盖上盖子，开玩笑地说："妈妈，我什么都没吃。看，这是盖着的。"他母亲也参与到游戏中，说："那你快把奶酪吃光，然后肚子就饱了。"然后，母亲打开盒子，哈利就会用充满掌控的、戏谑的声音说道："哈哈哈！你不知道，我的肚子已经填饱了。"

幼儿将四种不同的部分，即节奏、频率、周期性以及决定是否延迟满足的能力，整合成情绪和认知时间模式的一种适应机制。然而，在这个阶段，他还没有理解时间模式的意义，如今天、昨天或明天。在家里和幼儿园里轮换的程序帮助孩子们预测日常活动的秩序和周期性，就好像他有个时钟一样。没有恒定仪式的幼儿可能会遭受空洞和未知的焦虑。

情绪表达

在口欲期，孩子对自己的身体感觉、情绪以及（对内外刺激的生存反应的）直觉都比较熟悉了。从口欲期的第二个阶段（大约8个月左右），正性和负性情绪是由自我根据三个绝对的原则（即熟悉感、全或无、快乐）及其较低的挫折阈限来调节的。这些情绪的特征是短暂的情感表达，通常是冲动性爆发，紧接着是即时的张力释放。

在肛欲期，幼儿的情绪更加多样化，与父母的情绪对话也逐渐得到了更好的调节、感知、反映和"心智化"。随着挫折阈限的提高，在需要（或刺激）出现和延迟满足（或反应）之间的间隔有了较长时间的忍耐力。这些感觉伴随着一种持续的最理想的张力感和一种持续的感觉，如爱和力量、愤怒和怨恨等。同时，幼儿从未放弃口欲期情感；他倾向于不放弃任何获得口欲的、爱的体验的机会。有时，也可能出现愤怒的爆发，这可以被理解为对羞耻的防御，接着对兴趣-兴奋或享受-喜悦形成阻碍。

幼儿会传达正性和负性的情感，这些情感常常是朝向其客体的，会给他与客体的关系带来更多的特色、意义和情绪价值。正性的情绪将个体联结在一起，丰富了情绪关系以及有活力的言语和非言语交流。因为负性的情绪带来痛苦、羞耻-羞辱感、攻击性或冷漠，所以让人望而却步，也阻碍了人际关系。

幼儿想被理解，他意识到自己必须用语言表达自己的感受，这样才能维持与客体的关系，特别是与父母的关系。在与父母联合的共享空间的边界内，他感觉到客体对自己的感受以及自己对客体的感受。他能感觉到与他们和睦相处或在一起，也能感觉到他们的疏远和分离。此外，他可以感觉到客体对自己的攻击性或爱的行为的容忍限度，还可能感觉到照顾者不受控制的兴奋和情绪的表现。

情感首先特别包含运动神经支配或释放 [传入和传出通路]，其次是特定的感受；后者有两种类型——对已发生的运动行为的感知、快乐和不快乐的直接感受……给情感以基调……合并在一起的核心就是重复某种特别重要的体验。

"情感"（Affect）被定义为"动感情或搅动情绪"，"感人的"（Affecting）的意思是"令人激动或触动情绪；打动"。传达情感的能力确实为沟通者提供了一种工具，可以感动和打动另一个人，哪怕他们具有自己的独立性和差异性。交流感受，尤其是伙伴之间的深情的身体和言语交流，可能是一种过渡性现象（适应机制），是人与人之间沟通、理解和联结的一种方式。然而，感受、情感和叙述总是具有主观体验性。没有两个人会体验到完全相同的感觉或情感。在某种程度上，这反映了不同情感组合或混合的无限变化，就像一个调色板，也反映了情感脚本的独特性。

5岁的哈利带着动人的情感对父亲说："你知道吗，爸爸，我最喜欢《百战天龙》（*MacGyver*）这部电影了。"很明显，并不是电影本身如此打动哈利，而是因为这部电影是他和自己崇拜的堂兄、自己的父亲、自己的祖父，还有自己的堂弟在每周一次的家庭聚会上一起观看的。哈利的话深深地打动了他的父亲，因为父亲也感受到了同样的快乐（记忆痕迹的共鸣）。哈利的父亲还记得自己小时候和自己的父亲一起看电影的情景，也回忆起儿子崇拜的堂兄在自己儿子那么大的时候一遍又一遍地和祖父一起看这部电影的情景。他们都很兴奋，当时和现在均如此，就像哈利一样。这个家庭的男人聚会感动了哈利，并成为一个情绪过渡性现象（适应机制，见第三章），跨越代际将他们联结在一起。

在肛欲期，幼儿嘴里发出的声音和话语都是由他的自我来管理的，这和他对自己身体产物（尿液和粪便）的管理具有类似的适应或防御目的。幼儿只在他想表达感受的时候才会传达信息，他会表达或者隐藏。他可以用言语传达自己正性或负性的感受，这样他的客体便能够理解他，他也可以用胡言乱语呈现不愿交流的状态。在有些时候，他可能会抑制自己说话和表达感受，以此来加强自己的分离性，表现出自己的个体性和自主性。他甚至可以完全沉默或阻抗，以被动的方式惹恼对方——类似一种言语便秘。

2岁10个月的茉莉用言语表达自己的感受。她瞥了母亲一眼，想知道她是不是真的在听自己说话。她说："妈妈，我很伤心。在幼儿园克劳丁不和我玩。"她已经能够将自己的悲伤情感与触发情感的源头联系起来，在本例中该源头就是朋友对自己的拒绝。在她们共享的空间里，茉莉告诉母亲她在其他共享空间的经历和感受，如和她的朋友在一起的时候，这样她母亲就能分享她的感受。她的悲伤和孤独感，是由朋友的拒绝引发的，而在与母亲的共享空间中有一种伙伴关系的感觉，这给了她安全感和被爱的感觉。因此，茉莉能够维持最低水平的安全感。

让我们来看看正性和负性感受。正性的情感被认为是由力比多驱力冲动以及与客体相关的体验所引起的情感性的表达；它们是一种爱的感受及各种各样的衍生情感，如温柔、幸福感、迷恋、共情、同情、爱慕和想联结的愿望等。

爱在每个发展阶段都有不同的体验。口欲的爱是由被爱、被迷恋和受到客体绝对的关怀和关注的幸福的原始自恋状态构成，还伴随着诸如拥抱和亲吻的身体动作。它常常还伴随着情爱的感觉，以及象征性地"吞下"爱的客体的需要。与之相比，肛欲的爱是由自恋性占有爱的客体、最终的归属感和排他性所塑造的。肛欲的爱是伴随着身体动作的（如需要触摸和紧紧地拥抱），以及象征性地占有爱的客体的需要。肛欲的爱可以反映出结合了攻击性和掌控味道的温柔。在肛欲期的分离—个体化的过程中，幼儿也会意识到父母的感受，其中一些是隐蔽且超出其控制的。

负性情感通常被认为是由攻击性驱力所激发的情感性表达，被体验为一种愤怒的感受或者该感受衍生出的各种各样的情绪，如挫折感、被羞辱感、羞耻感、愤怒，以及想与对方断绝关系并摧毁对方的愿望。根据情感理论，攻击性驱力不需要假设。凯利认为："愤怒是对真实事物的自然反应，而不是只在特定的不幸之人身上寄居的道德上受谴责的动物。"凯利也指出：

[既然它的]……感觉比恐惧、痛苦和羞耻好一些，它可以被理解为一

种防御，抵御以下这样的感受：如果我们真的想理解愤怒行为的动机是什么，我们不能将愤怒构想为原因，而是潜在的脆弱感尤其是羞耻感的症状。

在我看来，愤怒可能是在面对陌生感时健康自恋的副产品。愤怒可以被视为自我的情绪安全阀，是一种健康、不可或缺的反应，它能让我们在自体熟悉感中保持最优的张力状态。然而，不被约束的愤怒可能会升级为仇恨、报复和破坏性的情绪。在肛欲期，对情感的调节，特别是对愤怒的调节方面的发展，能在幼儿全部的情绪技能中观察到。在某种程度上，这些被认为反映了肛欲期的防御运作，如运用反向形成而非分裂（一种口欲期防御机制）的防御机制，这是由于认知的进步而产生的。

口欲期的愤怒是由强烈的愤怒爆发所塑造的。然而，从肛欲期开始，幼儿的自我就被用来调控这些突发事件，并防止其破坏性潜能被释放到自体及其资产或其客体上。最困难但最有利的自我调节任务是联合相反的感受——愤怒和爱（见第三章）。然而，在肛欲期，愤怒和爱常常被化解了，而孩子们还无法察觉到愤怒时的爱。这在反向形成的防御机制中是显而易见的，此时两种情感是并列而不是混合的，或者在分裂的防御机制中也显而易见，此时两种情感彼此分离。

因此，在这个阶段，幼儿会不停问："你爱我吗？"当幼儿这么问时，他的意思其实是："如果你生我的气，你还会爱我吗？"或者"如果你惩罚我，你就不爱我了。"这类重复的问题也与幼儿新的意识有关，他意识到如果父母不同时明确地表达这两种情感（愤怒和爱），他就无法真正了解或控制父母对自己的感受。事实上，即使是在成年配偶或伙伴之间，也有这样重要的需要，问"你爱我吗"或听到配偶表达爱，对于成年人和对孩子来说都是一样，通过爱的表达联结在一起，这样才能确保攻击性不会摧毁爱。通过直觉，他们的触摸和语调（在他们共享的联合空间中），幼儿以及长大后成为成年人，都试图解读重要地人或伴侣的肢体语言，特别是表达爱或愤怒的词语，并与那些不带情感的词语区分开来。

科林（Colin）在一次治疗中和我分享了他昨天应对愤怒的失败情况："昨天晚上我和15岁的女儿劳拉去了一家餐馆。对我们俩来说，这是一个非常愉快的夜晚，我感到非常高兴。后来我的手机铃声响起，我就开始和我的商业伙伴进行电话交谈。这时，女服务员走过来，生气地说，'在入口处您就被告知不许在餐厅内使用手机。'于是我走到外面继续谈话。当我回来的时候，我想离开这个让我感到被冒犯的地方。我女儿却想留下来，她说，'爸爸，你怎么回事？女服务员生气是对的。让我们承担这个责任吧；我们没有理由跑掉，以致破坏我们美好的夜晚。'吃完饭，她把我的信用卡递给女服务员，微笑着道了歉。女服务员也温和地予以回应，并感谢我们给她小费。我对女儿的得体和正直感到惊讶，对自己的反应则感到羞愧。"

我解释说："对你来说，愤怒是具有威胁性和破坏性的。这就好像它不会给你任何交流的机会，所以你必须逃跑。"科林立刻说："你说得对。对我来说，有愤怒就没了关系……我记得当我还是一个小男孩的时候，如果我父母生我的气然后出去了，我就睡不着。我太害怕了，就像在他们身上会发生意外。或者我确信上帝会在我的睡梦中惩罚我……"几个月后，在缺席一次治疗之后，科林说："我昨天来不了，也没有办法通知你。有生以来我第一次不害怕你会愤怒。我可以承担责任并道歉。我甚至准备好了听你表达对我的愤怒，并且坦率地告诉你我有一个更重要的会议……这是我的自由选择，我愿意为自己错过的治疗付费。"

因为所爱的客体往往会施予挫败、批评和欺骗，幼儿的愤怒感便会出现，从肛欲期后，这种愤怒感导致我们所有人都需要面对的核心的情感两难境地：如何对同一个客体同时抱有爱和愤怒的感受，在愤怒周期性地爆发时又如何维持爱。这一两难境地也表明，尽管存在潜在的困难，我们仍然对客体或与客体的关系抱有兴趣。在此情境下出现的其他问题包括：如何在受侮辱、威胁或感到被背叛之后控制愤怒爆发；以及如何为愤怒这个恶魔承担责任，并将其视为自己自体资产的一部分，这些自体资产可以先被想象、幻想和心智化，然后才可以被完全自由地反映出来。最后，我们如何能快速地和解，以确认爱的存在，尊重客体的差异性，以及让创造性超越攻击性和破坏性？

恐惧是一种原始的感受：它常常引发愤怒，在面对陌生感时与健康自恋功能交织在一起。恐惧警示我们提防危险、陌生感或情绪状态的改变。在口欲期，当感觉到危险时，婴儿会很惊恐，可能僵住，而在肛欲期，婴儿已经能感受恐惧以及战斗或逃跑的需要。他可以用言语表达自己的恐惧，有时甚至能识别恐惧的来源，并可能找到应对它的方法（适应机制）。例如，害怕疼痛，于是接受医生的治疗。恐惧通常源于孩子将攻击性投射到陌生人或无生命物体上（防御机制）。

2 岁 6 个月的茉莉害怕蜥蜴。有一天，在幼儿园的院子里，老师和孩子们突然发现了一只被吓得僵住不动的蜥蜴。老师跟孩子们解释说蜥蜴怕他们，所以不动。当茉莉回到家后，她告诉母亲："我们在院子里看到一只不动的蜥蜴。老师不让我们吓唬它……因为它怕我，就像我怕它一样。"因此，通过拟人化（适应机制），她可以更好地应对恐惧。

不能被自我调节的恐惧可能转化为无名焦虑，它阻碍了个体识别痛苦的源头并对此进行处理的能力。虽然恐惧和焦虑看上去相似，但实际上是非常不同的。两者都是不愉快的对危险感的反应。恐惧情绪通常是一种有意识的情绪反应，针对与客体相关的或与清晰定义的情绪状态相关的具体危险。相比之下，焦虑主要表现为内在的无意识危险，与创伤记忆的回响有关。

对睡眠的恐惧是肛欲期最常见的恐惧之一。对于幼儿来说，睡眠代表着一种没有控制甚至不存在的状态。

晚安仪式结束后，2 岁 6 个月的娜塔莉叫母亲回来，称自己要喝水。母亲端来一杯水让她喝了，给她盖好被子，又道了晚安。几分钟后，娜塔莉再次叫母亲。这一次她称自己要小便，母亲带她去了厕所。然后再次重复分离仪式。几分钟后，娜塔莉又叫："妈妈，我明天早上能见到你吗？"现在母亲已经精疲力竭，厌倦了娜塔莉的反复要求。娜塔莉意识到母亲的耐心正在逐渐消退，她只要求母亲最后再唱一首歌。母亲唱着两个人都喜欢的催眠曲，成功地让两个人都平静下来。然后娜塔莉说："晚安，妈妈，我爱你。"她在自己的主动和控制之下与母亲分开，充满了和解的感觉，很快就睡着了。

2 岁 8 个月的阿尔玛梦见一个怪物在攻击她的母亲，她跑到父母的床上寻求安慰。她哭道："爸爸，妈妈怎么了？那怪物对她做了什么坏事吗？"阿尔玛担心那不是梦，以为当时的情景就是现实。她很焦虑，害怕对母亲的攻击性失去控制，这投射在了她的梦中。

随着口头语言的发展，幼儿的梦境充满了情绪的内容。做梦的人（无论是幼儿还是成人）是编剧、导演、布景师，也是梦 / 电影的主要演员。他将自己的情绪情节投射到自己的自体空间的屏幕上。梦，与想象和玩耍一样，是个体主观的产物，通过做梦，梦者表达了那些在白天打断自己休息或干扰自己的情绪和内容，只是经过了伪装与象征化。

晚上，孩子害怕他的噩梦和他在黑暗中的无能。他害怕看到父母睡觉时呈现出的一动不动样子；父母也许听不到他的呼唤，就像没有生命的物体一样不移动或不交流。有时，孩子甚至会试图打开其熟睡的父母的眼睛，以证实父母是否还活着。

肛欲期防御机制的示例

本节讨论自我在肛欲期为了保护自体不被焦虑淹没而调动的重要防御机制。在肛欲期，引发焦虑的主要是害怕丧失对身体或客体的控制。焦虑可能在三个情绪系统的一个或多个中触发（自恋免疫系统、依恋-客体关系系统和自我调节系统）。

焦虑的生理表现包括亢奋（如心跳加快、脉搏加快、呼吸急促等）、收缩（如胸部收紧、肌肉紧张等）、肠胃不适（如"七上八下"、便秘或腹泻等），以及颤抖和出汗。它的心理表现可能包括羞耻感、恐惧感和迫在眉睫的危险感，这可能会引发防御性定向反应、不确定感、不安全感和无助感。

阻抗和对抗

在精神分析治疗中，"阻抗"这个词是指被分析者所有妨碍自己进入潜意识的言语和行为。

弗洛伊德首次将阻抗概念化为对症状解析和治疗进展的障碍。在《抑制、症状和焦虑》（*Inhibitions, Symptoms and Anxiety*）一书中，弗洛伊德区分了五种类型的阻抗，其中有三种与自我功能相关：压抑、移情性阻抗以及一种从疾病出发并且"基于将症状同化到自我……代表不愿意放弃已经获得的满足和轻松"的阻抗。弗洛伊德也提到了由本我所产生的阻抗（第四种），这是一种强迫性重复的力量。超我的阻抗（第五种）似乎源自内疚感或对惩罚的需要；它反对每一个走向成功的行动，包括通过分析让其康复。这可以解释一些所谓的负性治疗反应，病人看上去并没有改善，实际上可能恶化了，哪怕从一般意义上来看该治疗是恰当的。

我对这一定义做出补充，即对未知的阻抗是健康发展不可避免的一部分（而症状对病人来说是熟悉的）。阻抗可以避免或抑制联想出现在意识中，这些联想通常会激起威胁感，其与自体熟悉感相异。阻抗也可能被概念化为源自自恋免疫系统，这种免疫系统不断抵抗较小或较大的差异或对自体熟悉感的偏离。阻抗可能采取抑制驱力和情绪表达的形式或反抗的形式，作为一种防御被调动起来抵抗失去掌控的焦虑感或者抵抗任何在客体关系系统中触发的强迫性尝试。这些机制建立在口欲期的回撤机制的基础上。

母亲叫将近 3 岁的茉莉到桌前来，她立刻拒绝了："不要。我要自己决定什么时候来。"过了一会儿，她问："妈妈，我们家谁说了算？"

回避、忽视和抵消

这些防御机制被调动起来对抗被陌生感（自恋免疫系统）或攻击性（自我调节系统）伤害的焦虑感。它们伴随着魔幻思维，这在肛欲期是正常的，但会让个体对并未真正发生过的不愉快、痛苦、攻击性的事件产生幻觉。忽视和抵消将那些可能引起意识层面上的焦虑的行为或想法抹去，而回避则让人忍住不采取可能引发焦虑的行为或想法。人们经常用表情和手势来避开"邪恶的眼睛"，如让坏运走开（touch wood）。这些机制是在否认的口欲期防御机制的基础上动员起来的，通常是对外部触发事件的反应。

2 岁 6 个月的盖伊（Guy）正在玩哥哥的玩具，虽然他很清楚哥哥不允许他玩。母亲惊讶地问他："小伙子，你在干什么？"盖伊不回答，好像没有听见她的话。他试图通过迅速收拾玩具来回避她的愤怒，仿佛这能抵消他所做的被禁止的行为一般。这一机制试图改变产生压力的现实，尽管现实显而易见。

安妮特（Annette）说："我儿子是一名现役军人，因为我不能保护他，所以我不去想他，以避免我想象的危险会真的发生。"

合理化

合理化作为一种防御机制被调动起来对抗不受控制的事件或未知带来的焦虑感，或对抗在自恋免疫系统和自我调节系统中触发的陌生感。幼儿使用理性的、逻辑的思维来减轻自己的焦虑，并为自己的行为和想法制造借口予以解释和辩解，以重新获得控制。成年人经常在意识形态和信念的伪装下使用合理化这一防御机制。

2 岁 10 个月的茉莉在设想她父母曾经也是婴儿时感到很陌生，因为她的自恋网络中没有这样的记忆痕迹。因此，她给出了一个合理的解释："妈妈，你还是个孩子，因为你也有父母。"

隔离、反向形成和强迫

这些防御机制被调动起来以对抗在自我调节系统中触发的情绪失控的焦虑感。情绪的爆发在下列情况下受阻：

1. 将体验中的情绪隔离出来；
2. 反向形成，将情绪转化为其相反方向，如从受吸引转变为反感；
3. （中等或严重的）强迫性重复，体现在行为或思想方面，它们阻止了最初被禁止的冲动浮现出来。

这些防御机制是基于口欲期的否认、分裂或压抑机制，反应全或无的原则。尽管它们源于口欲期，但在肛欲期，它们在认知和情感上表现出进一步的收益。

乔治（George）2 岁 10 个月，他母亲说："直到大约一个月前，乔治都还喜欢玩脏东西、弄碎食物、在泥巴里嬉戏，有时还把他的粪便藏在家里。他爸爸发现的时候，对他大喊大叫，甚至还打了他。从那以后，乔治的态度转变了，变得非常学究式。他对任何脏东西都感到厌恶、反胃，现在以一种非常过分和强迫性的方式维持秩序和清洁。"

2岁10个月的莫里斯以一种不带任何明显情感的、实事求是的口吻对母亲说："吉尔的妈妈接到他后打了他。"母亲从他的话里完全无法识别他的情绪反应：他对此事感到吃惊、恐惧，还是对吉尔充满同情？

30岁的拉斐尔（Rafael）在分析中用一种单调的独白来描述自己的情绪困难，不带任何情感。他说："我妻子说她嫁给我是因为她爱我，但我不知道她说的爱是什么意思。对我来说重要的是要建立一个家庭，就像建立一种业务一样……感受是无法衡量的……它们毫无逻辑可言。"

固着和退行

固着和退行是相互联系的。它们代表了对抗焦虑感的防御机制，这些焦虑感在三个情绪系统中激发，与改变、陌生感、创伤、躯体疾病或控制的丧失相关。退行是指退回到以前的功能水平，如之前早期发展阶段未解决的冲突和焦虑可能留给心理装置的"薄弱环节（固着）"。

在退行中，幼儿（或成人）可能会根据一种原始的原则（如口欲期的全或无原则）来表现或反应，即使他一般是按照现实原则行事的。他也可能会表现出退行到更早的发展阶段的行为，它们通常是创伤性的、熟悉的，即使它们不再适合目前的发展阶段。固着的其他来源可能还有对即时满足或某一特定的性爱区域成瘾，因为焦虑而继续维持这种成瘾的依赖关系；或者无法应对新的情绪，如嫉妒。这些固着点可能贯穿整个生命，在面对焦虑时作为退行的避难所；一个人倾向于退行到自己的固着点。这些固着点也可以让一个人在与自己的客体的关系中重新获得熟悉的情绪状态。

4岁2个月的罗伊停用尿片较晚（固着点）。随着弟弟的出生，他被自己的焦虑感淹没了，因为他担心自己对兄弟姐妹的攻击性失去控制。他现在退行到自己的口欲期焦虑上，因害怕被抛弃，所以急切地要求母亲即时和完全的注意力，这是遵循了口欲期的原则，当母亲抱着他的小弟弟时这种行为就更加明显。因为他的焦虑感没有得到充分的缓解或控制，他会无意识地放弃他（肛欲期）的成就，发生退行并且开始大便失禁——将大便拉到裤子上。这种退行让罗伊对他的小弟弟表现得很亲切，他的症状遮盖了他的嫉妒。然而，在他的家庭之外，如在幼儿园，他继续按照（肛欲期）现实原则行事。

对攻击者的认同或受攻击性吸引

这些防御机制被调动起来，以对抗在三个情绪系统中触发的对愤怒失控的焦虑感。当孩子经常被其客体攻击、虐待、批评或羞辱时，他可能会担心自己的愤怒会伤害甚至毁掉自己所仰慕的客体。通过这些防御机制，幼儿会吸收他们的攻击性行为特征来认同对他施以虐待和威胁的客体。通常情况下，人们会被暴力、危险或施受虐愉悦的情景所吸引，这是一种生理和情绪刺激记忆痕迹的重复。通过这些防御机制，孩子将自己崇拜的客体的形象作为自己的自体资产的一部分，这些建立在口欲期崇拜机制和肛欲期隔离、反向形成机制的基础上。

虽然这些防御机制的主要好处是减少焦虑感，但继发性获益可能是让父母注意到他。与此同时，继发性获益可能是个体对威胁、暴力和危险的刺激以及随之而来的肾上腺素激增的紧张感上瘾。他甚至可能不断地寻求生活在生死边缘的挑战。这就能解释暴力摔跤比赛或动物之间打架的视频大受欢迎，这些事件往往很容易吸引人走上犯罪的道路。

30岁的布莱恩（Brian）在他的分析中告诉我："我沉迷于电视上的暴力镜头，甚至能达到高潮……有时我对我的助理充满攻击性。我讨厌自己这样的行为……我总是努力控制自己不要打我的孩子。我还从来没打过孩子，尽管诱惑很大……在我被羞辱时我听到自己低语，'你不能伤害我，因为我很享受。'”沉默了许久之后，他又说："当我把父亲逼急了，他会打我。这一直持续到我10岁时为止。我年龄越大，越嘲笑他，也从看他这么疯狂中获得快乐，虽然他仍然继续在打我……不过，我敬佩他，也想成为像他一样的人或者征询他的建议，但并不享受他的爱。"

小　结

本章描述了幼儿在肛欲期对驱力和情绪的自我调节，以及停用尿片的关键作用。幼儿的自我主要集中在力比多和攻击性的混合上，这保护了他对客体的爱，同时也调节了他对同一力比多客体的攻击性，虽然其令人沮丧。幼儿坚持自己的个性，经常与父母的权威争夺权力。从肛欲期开始，个体很难承认攻击性是其自体熟悉感资产的一部分，就像他的父母一样，他也能够感受到对同一个人的爱和愤怒。

此外，从这个阶段开始，个体通过自我的经济性调节，可以延迟即时满足，并开始进行长远的情绪投资，以最小的情绪代价选择有益的目标。他的自信、个性、自律以及精神运动、情绪智力和认知智力都可能得到提升，此外，他的语言技能、创造力、游戏，以及包括心智化、幻想和感受表达的综合能力也都得到了提升。

内化、主观现实原则以及象征化和升华的出现，构成了幼儿在肛欲期新的主要适应机制。通过这些机制，幼儿会适应行为标准，通过掌握家庭规则和避免那些被禁止的行为来提升其自尊和自我价值。此外，通过调动适应机制，孩子的自我提高了其智力（精神运动、认知和情绪）的潜能。

　　这些里程碑事件促进了另外两个人格成分的发展，即在俄狄浦斯期出现的强调伦理价值的超我和在潜伏期出现的强调社会、文化价值的自我理想。

　　对焦虑的防御，建立在之前的口欲期防御的基础上，现在扩展到包含了新的机制，如反向形成和向攻击者认同、情感隔离、合理化和理智化等。这些新的肛欲期防御之所以成为可能，是因为性欲依恋与切断本能或与所有妨碍情绪连接的东西混合。

　　在肛欲期，主要的焦虑是害怕失去对身体或客体的控制。焦虑可能在三个情绪系统（即自恋免疫系统、依恋-客体关系系统和自我调节系统）的一个或多个中被触发。

· ● 第七章 ● ·

肛欲期客体关系动力学

肛欲期联合-分离进程

在这个时期，我之前提到的"联合-分离"（见第四章）的客体关系有了新的方向，侧重于教育性要求（清洁、秩序和纪律）、权威的建立，以及幼儿的自主性成就，尤其是掌控能力。

父母不再像以前孩子处于口欲期时那样满足其需求。幼儿经常会感到沮丧、生气或受伤。他可能觉得自己很渺小但并不理解这一点，这可能会激怒他。因此，幼儿需要产生新的适应机制来应对新的情况，如完善他的分离-个体化和促进他的自主性自体。

在这个阶段，随着尿片的停用，幼儿的延迟满足能力及其对自体资产的占有欲出现了。他不希望任何人未经自己的许可就擅自占用自己的资产，他相信父母会在他延迟满足时保护他的资产（见第五章和第六章）。当幼儿遵守家庭规则时，这样做会延迟他得到父母的爱和关注的满足感。例如，当父母忙于陪伴幼儿的兄弟姐妹并让他自娱自乐时，他与兄弟姐妹之间可能会出现嫉妒和竞争，这就仿佛父母的爱会被他的兄弟姐妹夺走一般。

2岁10个月的肖恩被叫到桌前与家人共进午餐。他对母亲说："我准备在午餐之后玩游戏，期间你不能让任何人碰我的车。"很明显，当父母看到肖恩能延迟满足并响应家庭规则时，肖恩能感受到父母的满足、爱、支持和伙伴关系。这种克制让肖恩充满了新的满足感、力量感及控制感，以至于延迟享受有时会变得比游戏本身更令人愉悦。

这是幼儿生平第一次体验到自己与父母的关系受到自己主张自主性的影响，这引发了他与父母权威的利益冲突以及权力的争夺。幼儿意识到他可以控制自己的身体和自己的父母。他发现自己的协调能力和影响父母情绪的能力能唤起父母对他的爱意、快乐和自豪感，或者会考验父母的极限，激发他们的攻击性。当他愿意满足他们的要求时，他就能取悦他们，让他们表达爱意。当父母说"你真是个好孩子"时，他的自尊得到了奖励。当他拒绝合作时，就可能会惹恼父母，激起他们的愤怒，然后会听到他们说"你是个坏孩子"。对他来说，这意味着他的好坏并不取决于他的真实情况，而是取决于父母对他的行为感到高兴还是愤怒。

幼儿把他的良好行为视为自己被接受和被信任以及遵守父母的规则的条件。有条件的信任不同于口欲期的盲目的、基本的信任，这种信任具有新的肛欲期的特征。他必须按照父母的规则行事，才能感受到他们的接纳，并且相信他们会爱他、支持他。遵守家庭规则会给他带来奖励，并激起他对一个强大家庭的归属感。他试图通过深情的姿态、礼物或游戏来吸引父母的注意力。他一直在努力提高自己的语言能力，以便让他人更好地理解他，并且通过他的自恋传感器在他们共享的联合空间里辨别出他的父母何时成为他的伙伴、何时与他保持距离（见第四章）。幼儿试图协调他们共同的联合方式并与之保持同步，也试图通过谈判与和解将冲突转化为伙伴关系。

肛欲期关系的主要问题可以被理解为父母尊重幼儿的分离、个体化和自主性与幼儿尊重父母的权威和爱之间的平衡。在达到这一平衡之前，父母和孩子之间经常会发生权力斗争，从而激发愤怒和痛苦或和解和爱的表达（见第五章）。客体关系的进展导致其以联合的沟通模式与另一个独立的人进行口头协商的能力逐渐增强。

从肛欲期开始，这种新的平衡通过父母对恰当的边界的强调传达给幼儿的全能幻想。通常，父母发现给孩子划定界限，阻挠或拒绝孩子的愿望，对他们更加严厉以及通过强化权威给孩子些挫折都相当困难。他们会因为幼儿不断地参与权力斗争，挑战他们的规则、宽容和权威的极限而疲惫不堪，并且经常会感到自恋受损。当父母面对幼儿对每一个要求都说"不"的反应时，面对其顽固抵抗和不服从时，以及当他们无法应对其愤怒时，他们发现自己无能为力。这是一个令人疲惫的阶段，在这个阶段，父母经常失去耐心，所以，他们要么允许幼儿做任何事，要么爆发愤怒。此时，父母的反应与当前的事件无关，而是取决于他们疲惫或倦怠的程度。

2 岁的妮可（Nicole）在口欲期能享受与父母的亲密关系，同时他们也鼓励她的分离。因此，在肛欲期，妮可能继续正常的联合-分离并促进自己的自主性。然而，她的母亲却一再被她的固执和叛逆行为伤害，感到精疲力竭。母亲很爱妮可，却认为她是一个"坏孩子"。她无法通过限制妮可的行为来应对她的攻击性。妮可偶尔会觉得自己是个坏孩子，会惹母亲生气并因此受到惩罚。她也担心母亲的软弱（见下文），所以会试图安抚母亲并承诺自己会做一个好孩子。但父亲往往不会被妮可的固执所困扰，与妻子相反，他成功地与女儿建立了伙伴关系，并让女儿服从他的权威。妮可敢于甚至享受和父亲进行权力斗争，然后和解。妮可很容易区分母亲面对她的主张时的脆弱和父亲面对她的个体化时的鼓励。

在这个时期，幼儿会被激发去维护自己的自主性，展示自己的无所不能，同时又担心自己可能会伤害到他人。然而，如果父母在面对这样的挑战时变得脆弱无助或虚弱（就像妮可的母亲一样），幼儿可能会感到内疚，有时甚至会寻求惩罚，或者对他人过于温和。如果幼儿的父母对权威的标准不一致，或者不断地批评和贬低他，他可能会觉得自己的个体化不被人接受。在这种情况下，他可能会倾向于放弃所有坚强的表现，放弃自己的个体化，把攻击性转向自己，把自己视为一个坏孩子——所有这些都将加剧他的不安全感，降低他的自尊。然而，当父母能坚持按照家庭规则为幼儿的行为设定明确的标准时，幼儿可能会将这些准则内化为自己的主观现实原则。然后，每当他偏离家庭规则和遵从指令时，他能在他们的共享空间中意识到这一点，并自信地控制自我和调节情绪。这将帮助他定义他的自体熟悉感表征、自尊和客体表征。

我们发现，肛欲期的联合关系通常发生在三元[①]关系中，即父母和幼儿，每个人都从自己的自体空间中离开，并在第三共享空间中联合在一起。从肛欲期开始，就出现了各种各样的三元关系，例如，一对夫妻成为父母后，就成为幼儿的领导者和权威人物。三元关系可能包括在特定时间加入家庭空间并分享共同利益的所有家庭成员，如家庭仪式、游戏和聚餐等。这些共同的兴趣是作为过渡性现象而存在的，这给家庭成员的分离和差异性架起了桥梁，并促进家庭成为一个强大的、具有凝聚性的集体表征。

伙伴中的每一方都可以在其自体空间中掌握自己的分离和自己的表征（作为自体恒定性体验），同时每次双方相遇时都会更新第三共享空间的联合。因此，双方（如父母和幼儿）加入共享空间中，每个人都拥

---

① 口欲期的三元客体关系，见第四章。

有一定程度的自我控制和容忍对方的能力，因此他们暴露在不可预知的情绪事件中，结果取决于彼此的心情和情绪指数。这将是一场权力斗争，还是一场快乐的游戏呢？双方可以达成利益匹配，并因他们联合中的爱和伙伴关系而感到欢欣鼓舞，也可能会感到沮丧和被冒犯。无论如何，在遭到任何破坏之后，他们都将努力维护合作的微妙平衡，并协调彼此的分歧。

阿兰（Alain）是一名40多岁的患者，他与我分享了自己在童年时期的刻板行为规则："当时我已经上幼儿园了，为了避免父亲羞辱、殴打我且赢得他的爱，我决定听从父亲的要求……从那以后，似乎我就开始完美、准时地执行所有任务。但我常常害怕自己会犯错误，如开会迟到，或者没有准备好演讲的材料……我一生都梦想着找到一位善良的伴侣，她会爱我并接受真实的我……与此相反，我却娶了一个要求我遵守她的严格规则的女人。"

几次治疗后，阿兰动情地讲述了他与父母的对话："令我吃惊的是，我的父亲不记得自己曾经打过我，我的母亲也不记得发生过这样的事情。我真的很困惑。难道我的父亲从来没有以令我印象深刻的方式打过我？或者我感觉到他想要击倒我，而我真的体验到了？或者也许是我甚至设法阻止了他这么做，因为我太听话了？"重新洞察阿兰与其父亲之间紧张的关系帮助他逐渐消除了他心中的恐惧，即恐惧权威人物对他可能犯下的错误的反应。

阿兰的洞察有助于解释婴儿是如何从父母那里吸收无意识的信息的。我相信阿兰很好地意识到了他父亲的潜意识倾向，却错误地理解了它，仿佛它曾真实存在一般。这种在自恋网络中的印记很容易影响孩子的行为，并在一生中限制他的亲密关系，甚至是与他亲近的人的关系。

2岁8个月大的卡门（Carmen）的母亲在治疗中告诉我，每天早上她和固执的卡门之间的斗争是多么令人筋疲力尽："我们带着愤怒和疲恚而非快乐离开家。与可爱的女儿在这样的状态下在幼儿园门口分别让我很难过……但当她拒绝穿我建议她穿的衣服，或者当她不慌不忙地吃早餐时，我都快疯了。我很害怕因为她而上班迟到……作为一个成年人，我对这个小家伙无能为力……我觉得自己是个坏妈妈……她总能让我暴露我的坏毛病，但我很爱她，也在努力做一个好妈妈。"

我们对这位母亲受伤害的根源进行了阐释，上述情形似乎主要是她的童年的重复，之后，她感到平静多了，她的创造性思维再次出现。在接下来的治疗中，她分享了自己的成果："当我们在开展'晚安'分离仪式时，我向卡门建议，'明天早上，当我们听到收音机里的嘟嘟声时，我们就给杨和巴恩（卡门的玩偶）穿衣服和喂饭，然后我们再穿衣服和吃饭，接着去幼儿园，好吗？'……从第二天早上起，一切就像变魔术一样。我们就程序、行为规则和时间表达成的协议是明确而有规律的。当卡门听到收音机的新闻信号后她就来叫我，我们俩都很享受给杨和巴恩喂饭、穿衣，也很享受我们自己穿衣服和吃饭的过程……我很高兴！我们在去幼儿园的路上也很开心。卡门告诉我她要和她的朋友们一起做什么，我告诉她我要去见谁，我什么时候来接她回家。我们互相拥抱、亲吻、告别，然后她高兴地跑进幼儿园。"

每天早上，母亲和她的孩子是两个独立的个体，他们之间存在利益冲突，他们设法创造了一种共同利益和伙伴关系的过渡现象，使他们在早晨的联合中把他们联系在一起。他们也建立了一种与家庭及彼此分离的仪式，并期待成为其他共享空间的一部分，直到他们回到家重新加入他们共享的家庭空间中。

给予的意义

在停用尿片后（见第 5 章和第 6 章），幼儿可能会把自己的身体产物与自尊的正性方面联系起来，并把其作为与父母讨价还价的"秘密武器"。因为一天中的大部分时间里幼儿都无法得到自己的粪便，在不知不觉中，他可能会经常担心自己的身体产物的缺失，从而没有东西送给父母来作为控制他们的一种手段。因此，他（通过他的自我）产生了自己排泄行为的象征和升华。

从肛欲期到成年期，各种形式的礼物可能代表着原始身体产物的象征，也可能是给予自体产物的升华。礼物代表了一种爱的表达，这种爱可以满足客体的期望。幼儿希望他的给予能得到奖励，希望他的父母能赞扬他的礼物、创造力和成果。同样，他希望他们能保护他的作品，这样它们就会堆积起来，而不会像他的粪便一样消失在马桶里。他仍然通过父母的反应来衡量礼物的价值。大多数人喜欢用肛门的象征物或通过升华的方式送礼物以表达自己的爱，尤其是对他们最亲近的人，并期待自己的慷慨能得到回报。

40 多岁的伊桑（Ethan）向一家汽车公司提交了常务董事职务的提名申请，但在申请通过后，他却放弃了这份工作并陷入抑郁之中。后来他来找我咨询，他说："我总是害怕有人会发现我是个失败者，没有什么值得称赞的智慧，我很幼稚，总是依赖权威。"在一次治疗中，他透露："我一直希望我父亲能为我感到骄傲。因为我是一个有创造力的孩子，我曾用乐高搭了一辆车。当时我大约 4 岁或更小。我来到父亲的车库，开心地在那里找到一些包装纸把车包好送给他。我还注意到地板上有一摊水。我把礼物送给了父亲并告诉他车库里有水的事。他对我喊道，'你这个没用的东西。你把水倒在了地上。你没资格进我的车库。你这个坏孩子！'然后他把车推开了。我没有在地上倒水，但在他或我的眼里，我一文不值。这就是我的人生故事。总是如此。我不能独立，因为我一文不值。"

我问伊桑："你能否意识到你讲的这个故事和你申请成为汽车公司

的常务董事然后又放弃这份工作之间的联系吗？"伊桑似乎很惊讶，回答说："没有，我没想过……我现在想起来我忘了告诉你另外一件事，当我的父亲走进车库后，他发现是水管破裂了。我觉得这是我的报复，尽管我为享受他的恐慌而感到内疚。"我解释道："你向汽车公司提交了你的常务董事提名申请，似乎是无意识地再次把你的汽车作为礼物送给你的父亲。但你似乎又为你想象中的报复感到内疚，因此拒绝接受任命。"伊桑回答说："这意味着我愚蠢地毁了我的生活。不，这不是真的。是我的父亲毁了我的生活。现在我对他的愤怒比以往任何时候都强烈……对他来说，把我的作品作为礼物接受就这么难吗？"

情绪指数作为情绪扫描的框架

逐渐地，在他们联合的共享空间中，幼儿和父母根据口欲期的身份和密码（见第四章），改进了我所说的主观"情绪指数"。在联合关系中，双方通过自己的情绪指数来扫描和衡量对方的反应。我认为这种情绪指数是父母和孩子的一种适应机制，目的是为了检测对方的感受。这个指数是基于本能和直觉，基于客体反应（对方的身份）的持续特征，也基于对关系稳定性（他们的关系密码）的感知。情绪指数使双方都能做出选择和决定，例如，是接近还是疏远对方，以及选择谁作为伙伴。

从口欲期到成年期，这些扫描技能不断更新和丰富，通过细化联合-分离的关系，促进了人们之间本能和直觉的流动。人们对自己或客体的情绪或身体状态偏离主题进行解码、破译和识别，使自己能为随时可能出现的变化做好准备。因此，幼儿能够确定谁更合适，能够控制自己的肛欲期固执，遵守严格的规则，变得特别可爱，或者更确切地说，为了达到自己的目标而操纵自己的行为。

2岁4个月的巴拉克与母亲保持着一定的距离。当他知道母亲追来时，就从她身边跑开。与此同时，他的直觉能感觉到她的警觉性是否被唤起，所以在适当的时候，他会转身跑回她的怀抱，回到他们联合的共享空间，在那里她会兴奋地说："我可爱的孩子。"

从独白语言到对话的过渡

语言习得的奇妙过程一直让心理学家、语言学家、哲学家[①]和神经学家为之着迷。最近的创新算法[②]证明，计算机软件能够从文本中识别语法规则，并且通过统计推断和推理来学习一门语言。这一突破挑战了心理语言学的观点，即学习是建立在语言的固有模式之上的。如果计算机能够做到这一点，我们可以期待人类大脑的能力会更强。这种算法能否像突触一样运作，突触的神经连接建立了恒定的模式，如语言模式？这个过程是否类似于词语与感官刺激之间的联觉[③]？

坎德尔（Kandel）表示，突触参与了学习过程（并暗示是在所学知识的记忆中）。他说："我们发现，学习会改变突触连接的强度，因此也影响沟通的有效性。这些突触连接是指在调节行为的神经回路的特定细胞之间的连接。""连接强度——即突触连接的长期有效性是由经验决定的。""学习可能是将各种基本形式的可塑性突触结合成新的、更复杂的

---

① 皮亚杰认为，语言模式是婴儿认知系统的一部分，我们必须区分 4 岁前的语言习得和之后的语言习得。见维果茨基对思想和语言发展的不同解释。乔姆斯基（Chomsky）认为，人类的语言习得能力是建立在一种普遍存在的语法（句法结构）这一语言内部结构的先天基础之上的。

② Z. 索兰（Z. Solan）及其同事开发了一种算法，该算法实现了对复合句法的计算机化学习，并在没有任何先验知识的情况下，仅在阅读文本的基础上［结构自净化（Automatic Distillation Of Structure）］创建新的、有意义的句子。

③ 马丁（Martin）认为，联觉（名词）是一种在通常由刺激引起的感觉反应的同时感受到次级主观感觉（通常是颜色）的状态。例如，'猫'这个词可能会让人联想到紫色。罗斯（Ross）认为，联觉是两种或两种以上感觉的结合（连接）。它是一种神经心理学现象，其中一个通路（如感觉或认知）的刺激与另一条通路的刺激相结合，并在另一条通路中唤起非自愿的体验。在与那些经历过压力和创伤的人一起工作时，有必要将这些联觉"分开"，一次只与一种感觉工作。

形式，就像我们用字母表来组成单词一样。"

　　大家需要注意的是，感官情绪语言的发展也可见于上述研究。我的观点是，口头语言是一组常见词语的组合，这些词语是主观情感意义的载体，它们被组织成感性的、深情的、负性或正性的感官交流。

　　事实上，胎儿在子宫里就已经能听到母亲的说话声和歌声，并且在他出生后就能辨认出熟悉的旋律和单词的发音，而这远远早于他能够理解它们的意思的时间。在整个口欲期及之后的时期，这些语音在婴儿内部产生共鸣，如熟悉的语调、声音的变化和重复的声音模式（见第二章），它们能使婴儿微笑，并且培养他和照顾者之间的眼神交流。他们之间的情绪信息主要通过运动、非语言和感官交流来传递，通常是通过相互凝视、微笑、拥抱和亲吻（见第四章）。婴儿还通过熟悉的语言旋律和语调接收父母的语言表达。因此，婴儿获得的情绪语言的里程碑是根深蒂固的，并且使父母和婴儿能够在联合的共享空间中进行情感交流，达成互相理解。

　　在肛欲期的开始阶段，幼儿想充分运用自己习得的新语言，并用口语表达自己。他仍常常胡言乱语，这是一种只有他的父母能听懂的独特语言，并且他能感受到父母知道自己能说话时的惊讶。然而，父母无法一直专注地倾听他说的话，这可能会让他的表达主要是种独白。

　　从肛欲期的第二阶段（从 2 岁 6 个月开始）开始，随着幼儿对分离的感知和对分离个体化练习的增加，他开始意识到，父母和其他人无法理解他的非语言和胡言乱语的表达。这种认知是幼儿情绪发展的一个重要成果，因为现在他意识到，他必须努力寻找合适的词汇，用恰当的语调及正确的语法和发音，才可能让听者明白他想表达的意义。

　　从肛欲期开始，幼儿在词语、语言和沟通上投入了很多精力，这些也成为他的自恋资产。他对掌握语言的渴望越来越强烈，就像他对身体自体意象及与父母的关系一样。此外，他试图通过表达自己的需要、感受和欲望，即他的感官交流，来控制自己的情绪表达，仿佛"依附"在调整了语调的词语上会让他的信息充满情感。因此，和多数人一样，对他来说，是否能被他人正确理解、他人如何理解他的故事，以及他人是否能记住他讲的话，就变得非常重要。当父母没有耐心听孩子说话时，他会感到自恋受损。然后，他可能会采取措施吸引他们的注意力，或者调整自己的表达让父母愿意与他进行感官交流。这促使他放弃自己独特的口头的胡言乱语，转而进行让人能够理解的沟通，这很可能是真正对话的开始。

那些总是能听懂幼儿胡言乱语的父母，给他留下了很小的分离空间，而这种空间可以激励他提高自己的语言水平，甚至让他坚持想知道父母是否正确地理解了他的意思。另一方面，当幼儿常常无法引起父母的注意时，或者当他们没有耐心与他交流和理解他时，他可能会放弃与他们进行对话的努力，从而抑制或延迟自己在说话和语言技能方面的发展进程。

通过倾听和吸收父母和哥哥姐姐的说话方式（语调、肢体语言和面部表情），幼儿也学会了他们的情感语言，变得有礼貌或没有礼貌，安静或傲慢。他与每个客体间都建立了一种独特的感官交流。他意识到语调可能会改变相同的单词组合的意思，传达出不同的情感信息。从此，幼儿能够通过口头语言接受、传达和参与对话，其中包含深情的感官交流。

口语交流是象征、心智化、幻想、游戏和梦的核心要素。一般来说，与语句的字面意思相比，对话中的听者对感官和情感的交流印象更深刻，也更容易被后者打动。因此，与他人的共同语言可能代表着一种过渡性现象，它将人们联系在一起，并能弥合他们之间的分离性和差异性。

保罗（Paul）向秘书口授了一封写给同事的饱含深情的信，在发信前让秘书把信念给他听，他听完很不高兴，对她说："为了吸引我的同事加入我的项目，我在口授这封信时饱含感情，但你念得枯燥无味。"

3岁的史蒂文说话的方式让幼儿园老师或其他人都听不懂。他嘴里含着奶嘴胡言乱语，只有他的父母能听懂。他对不被他人理解感到愤怒，并希望每个人都能努力理解他说的话，而不是自己努力表达得更清楚。史蒂文忽视了需要努力让自己与他人和谐相处，并用一种他们能理解的沟通方式来表达自己。

杰克（Jack）是一个20多岁的单身男士，我的解释让他感到紧张，他说："你并没有完全以我期望的方式理解我……"我重复了杰克的话："完全以你期待的方式。"他的回答中有让我吃惊的联想内容："我母亲总能理解我，嗯，几乎总是……不，我不知道我为什么这么说。我经常生她的气，因为她不能完全理解我……我有一个模糊的记忆，过去她常常不用我说话就能理解我。她可以看着我说，'你看起来很累，很伤心'。对我来说，这是明显的爱的信号……"我解释道："就好像你也在生我的气，因为我没有达到你的期望，你在审视我，就像审视你母亲的爱一样。"杰克犹豫了一会儿，接着说："是的，你是对的。现在我明白了，当我告诉你对我来说我女友理解我很重要时，我隐藏的愿望就是确认她对我的爱。显然她们都失败了，就像你一样。"杰克与他人的对话，尤其是和女性的对话，经常被他无意识的需要所阻碍，他需要在言语之外检验她们是否能准确地理解他，从而确认她们对他的爱。

我们经常希望将内心与自己的对话中已经心智化和幻想的情绪内容表达出来，但是各种各样的原因阻碍着我们与他人之间发生这样的交流。

30多岁的安德鲁（Andrew）开始向我描述他那天的不愉快经历。我很用心地倾听他在说什么，但我感觉到他实际上并没有在跟我说话，也没有讲任何不愉快的事情。当安德鲁结束了他的独白后，我解释道：

"你想和我分享你不愉快的经历，但你似乎没有把它传达给我，似乎对你来说我是否能接收你的信息并不重要。"安德鲁犹豫了一会儿，然后说："我想我很害怕发现也许你没有在听我说话……我通常能确定没有人在听我说话，没有人会对我的想法感兴趣。"沉默了很长时间后，安德鲁继续说道："我的父亲，我很爱他、欣赏他，但他却从不听我说话……每当我和他说话时，虽然他就在我身边，但我感觉他好像不在那里一样。我不知道他在想什么。他可能在想其他事情……这太痛苦了……就像今天早上我的感觉一样，我试着和你分享……事实上，你的关注对我来说很重要，但我没有做任何事情吸引你的关注，我害怕和你确认你是否理解了我，是否在听我说话。"

朱莉（Julia）是一个十几岁的青少年，定期准时来参加我们的治疗，但她在治疗中不说话，并且每次至少沉默 20 分钟。每当我的解释中没有准确地重复或包含她现在或之前说过的话时，她就会爆发："无论如何你都记不住我说了什么，所以我没有必要说话……有时我觉得你在贬低我的话和我的力量。"在接下来几个月的治疗中，朱莉逐渐开始与我分享她的联想，而我——在很大程度上——避免了可能会引起她"便秘"的解释。她经历的这些变化促使她对自己的童年有了更多的了解。在我问到与她的母亲有关的事情时，她与我分享了她获得的信息："我母亲告诉我，她记得我在 2 岁 5 个月，也就是我的弟弟刚出生时，我就已经能流利地说英语了。她很惊讶的是当我看到我的弟弟在吮吸她的乳房时，我焦急地尖叫道，'他在耗尽你的力量。'我母亲告诉我，当时我就便秘了，而我的父母试图按照家庭医生的建议强行给我灌肠，但我拒绝了，并且尖叫着不让他们这么做。"朱莉停止了生动的描述，然后开始长时间保持沉默。我决定还是什么也不说，以免激起她被刺痛的感觉。在治疗快结束的时候，朱莉提出了自己独到的见解："你是否认为我害怕被我的话掏空，就像我害怕吮吸会耗尽母亲的力量或者我害怕被灌肠一样？"

D. 奎诺多茨阐述了"动人的词语"这一主题，他强调，我们经常会被传递给我们的信息所感动，这些信息独立于词语或内容之外。相同的表述却能够触动我们的推理、感受和感觉，或者唤起意象和记忆痕迹。奎诺多茨认为，"动人的词语"更多是通过建议而不是示范运作的。它是一种语言形式，不仅限于思想的口头表达，而且还包括感觉和伴随这些感觉而来的感知。我接受奎诺多茨的概念，即分析师必须与他的患者创建一种共享的语言：能够打动分析师和患者并成为他们之间用来回顾一个洞察时刻的参照点的一种语言。这种共享的语言是基于患者的主要兴趣领域，或者他的主要"动人的"意象。例如，与音乐、足球或信息技术等领域有关，同时保存在分析过程中产生共鸣的特定意象。

奎诺多茨所称的"动人的词语"的概念与我所定义的媒介感官交流（见第六章）相对应，它发生在共享空间中的独立个体之间。这些人保留着在类似情况下产生共鸣的共同记忆和个人记忆痕迹。因此，口头语言代表了一组常见词汇的组合，这些词汇是主观情感意义的载体，它们被组织成感性的、深情的、正性的和负性的感官交流（见上文）。很明显，对话只能发生在那些意识到自己的话必须打动对方的人之间。

肛欲期标志着人们开始愿意与对话者在共享空间进行对话，这些对话者通过语言促进感官交流的流动。这一流动为伙伴提供了一份"秘密情报"档案，通过这份档案他们可以直观地收集其他参与者的心理状态及其倾听和理解程度的数据。那些理解我们、记住我们所说内容的人往往能唤起我们对他们的爱，但我们也希望保护自己的秘密，防止它们被强行删除。有些人能够传达他们内心丰富的感觉，但另一些人枯燥的语言则缺乏感官交流，这使他们很难将自己的感受传达给他们的伙伴，也很难让他们的伙伴理解他们想传达的内容。

一般来说，一种特殊的感官交流会在伙伴（如夫妻、兄弟姐妹、朋友、同事之间，尤其是父母和孩子之间）中发展起来。这种排他性的交流利用了他们之间的亲密关系，使伙伴能够互相传递被加密的信息并强化对彼此的直觉，以至于局外人无法参与其中，甚至可能感觉自己像一个陌生人一样被排斥、被忽视或以其他方式被拒绝。幼儿经常会感觉到，对于其父母的亲密语言来说，他是一个局外人，这种感觉令他难以忍受，仿佛他被排除在圈子之外，并不属于其中一般。

我从 3 岁起就非常熟悉上述感觉，在一个无法理解的家长团体中，我是一个局外人。我的父母经常会对彼此说一种我和弟弟听不懂的外语。我清楚地记得，我对父母之间的秘密充满好奇，我希望分享他们的联合。慢慢地，通过他们说话的语调和我反复听到的词语的情绪影响（感官交流），我开始对他们的外语进行解码和理解，却无法说出哪怕一个单词。我弟弟曾说过，我是他的私人翻译和中介者，所以他不需要努力去理解父母的私人语言。

与熟悉的共享空间分离，与新的共享空间友好相处

2 岁 3 个月的娜塔莉第一次去幼儿园。她的母亲打算陪她几天，让她与新老师和孩子成为朋友，但不干涉娜塔莉的活动。只要母亲在旁边，娜塔莉很快就会和她的新朋友、新玩具和新老师在新的共享空间里建立一个安全通道。当娜塔莉对母亲说"妈妈，我有了新朋友，我喜欢我的老师托尼"时，母亲明白，自己的使命已经完成了。第二天，她们设定了一个分离的仪式，就像她们每晚睡觉前的分离仪式一样。显然，不仅仅是娜塔莉需要和母亲分离；她的母亲也需要和女儿分离，离开娜塔莉、放弃或失去对她的控制让母亲感到焦虑，现在母亲觉得自己必须克服这种焦虑感。娜塔莉说："再见，妈妈。"然后拉着另一个女孩的手。"再见，再见，亲爱的，祝你过得愉快。老师讲完故事后我来接你。"

母亲回应道。

两个星期后，娜塔莉已经可以高高兴兴地与母亲分离并出去玩了。当母亲来接她的时候，娜塔莉用一种有点得意的语气告诉她："妈妈，我与老师和同学一起玩了，与他们玩非常有趣。"同样，每天夜晚，她们都能感知到从她们的共享空间中分离随后再次加入其中的循环稳定性，同时她们也能在此期间享受其他共享空间。

在我看来，在走出去迎接新的、不熟悉的挑战之前需要先建立熟悉的关系，在离开熟悉的共享空间并在新的共享空间中结交新朋友之前需要感到安全并能意识到这一点。

在口欲期，分离主要会激起幼儿的被抛弃焦虑、客体丧失焦虑或被毁灭焦虑；而在肛欲期，分离主要会激起失去对父母（或其他人）的控制的焦虑，而且幼儿不知道他们最终回到共享的联合关系中时处于什么情绪状态，如他们是充满爱意的，还是愤怒的。

2岁6个月的盖伊准备去幼儿园。他是一个快乐、外向的孩子。但在幼儿园门口时，很明显他发现自己很难与母亲分离，而与父亲分离则相对容易些。在治疗中，盖伊的母亲和我分享说："我担心盖伊在幼儿园里会发生一些什么……我觉得我正在抛弃我的孩子，把他丢到'集中营'里……我感受到纳粹让我与母亲分离时的痛苦……我清楚地知道我们不再处于大屠杀中，但相同的感受还是会不断地重复。"

盖伊的直觉可能会将母亲的面部表情或模仿行为识别为焦虑，但无法解读其意义，因此他紧紧地黏着母亲并发出尖叫。而盖伊的父亲认为儿子喜欢和老师及其他孩子在一起，在分离时他对盖伊说了些温暖的话："和朋友们玩得开心。"盖伊的直觉能识别出父亲安全的态度，因此他很容易与父亲分离。

矛盾的是，如果个体在分离时没有任何困难，那么他就能更好地分享亲密关系。然而，那些在分离过程中体验到过度的情绪或焦虑的人对自己和对方都造成了影响，导致阻抗脱离和分离，但他们会不断地期待即将到来的分离，即使在接近时也是如此。

当我们逛一家商店时，我们3岁的女儿偶然发现了一只玩具猴子，并立即"收养"了它。在离开商店之前，我们让她做好准备，几分钟后，她就得与猴子分离，并将其放回架子上。我们以为她会像往常一样说"不，不，我想留住它"，随之而来的就是恼人的斗争。出乎我们意料的是，她把猴子放回架子上，和它深情地分离，说她会记得它，并开心地回到我们身边。当她没有任何反抗地握住我们的手时，我们被她与那只猴子的深情分离深深感动了，这种深情分离压制了她想留住它的愿望。我们温柔地拥抱着她，温暖的亲密感包围着我们三个人。几周后，在她的生日聚会上，我们把这只猴子作为生日礼物送给了她，当她认出它时，我们共享了她的激动之情。她深情地拥抱着它，仿佛她已经实现了她的诺言：尽管分开了，也要记住它。这只猴子已经成为我们家庭一个十分重要的、有意义的存在，是我们所有人甚至是我们孙辈的过渡性客体。

个体化的巩固

"我知道我是谁。我是巴拉克……我不是科林……我不是妈妈……我不是爸爸……我是巴拉克！"幼儿增强了其个体化和认同，并使这些东西外化，从而能展示他自己，这样其他人就会认出他并与他联合。他试图辨别和评估自己可能与每个伙伴的亲密程度、关系和沟通的水平，然后对其进行更新。

2岁10个月的茉莉和她的家人准备去附近的公园里骑车。茉莉说："我想一个人骑自行车，而不是和爸爸一起骑。我已经和肖恩一样大了。"她的父母同意了，但他们坚持与她协商并强调："只在公园里骑。"

在公园里，茉莉试着展示她的能力和巩固她的个体化："我和肖恩一样大，全家一起骑车。"

在这个例子中，茉莉试图通过说"我想一个人骑自行车"来促进她作为一个成长中的、自主的女孩的分离。然而，她在父母授权的范围内（"只在公园里骑"）巩固了自己的个体化，并通过说"全家一起骑车"来维护她与家人的联合。

从肛欲期开始，个体倾向于在权威人物设定的范围内提出创造性的想法来促进其个体化。幼儿会不时地反抗父母为他设定的界限，以考验他们的坚定性，并实践自己的自主性，尽管他在坚持自己的个体化，但主要还是确认父母对他的宽容和爱。随着家庭规则的内化和主观现实原则的形成（见第六章），幼儿将自己视为"我们"的一部分。他将自己认同为一个个体，比他的哥哥和父母都小，但他属于一个珍贵而具有凝聚性的集体，在其中他感到安全和满足。与此同时，他希望在兄弟姐妹不在场的情况下，有充分的时间与父母建立爱与亲密关系的联合，以确保父母对他个人的爱。

马蒂（Marty）是一名 30 多岁的患者，他和我分享了他的童年个体化记忆："大约在我 3 岁的时候，父亲给了我一本日记本，说，'每周三晚饭后我们一起玩，就你和我。每天你在日记里贴一张贴纸，这样你就知道什么时候是星期三了，我们可以玩任何你想玩的游戏。'我为我的日记感到骄傲。我等待着周三的到来，感觉自己像父亲一样高大，我手里拿着日记本就像父亲拿着他的会议本一样。当每周三我的父亲单独陪在我身边的时候，我就会在日记本上贴上我最喜欢的贴纸。我很高兴他认可了我的游戏，并对其提出改进建议。我非常爱他……在周三的一次见面中，他告诉我他经常和他的父亲（即我的祖父）散步，祖父给他提了很多关于他和朋友之间发生的事情的建议。他记住了这些散步的时光，就像我记住了我的日记和每周三与父亲的会面一样。"

对于幼儿来说，促进他的个体化，确信他的客体会认同他的直觉，接受他说的话，鼓励他，而不是批评他或剪掉他的翅膀，尤其是能继续爱他，这绝非易事。

2岁10个月的娜塔莉和她的洋娃娃在一起时，禁止洋娃娃违背她的要求。在一次短暂的愤怒爆发后，她反复地拥抱她的洋娃娃并像父母和她说的一样对娃娃说："我爱你，我的宝贝，你永远是我最爱的人。"

想象和模仿，甚至在游戏中通过操纵现实来练习客体关系，都有助于幼儿的认知、情绪智力和心智化的发展。这一过程有助于幼儿从伤害中恢复、应对脆弱感、调节对立或混乱的感觉，并加强友好及和谐的和睦关系。

25岁的伊蒂丝（Edith）在治疗中与我分享道："我很容易受到别人的批评的影响……今天早上我穿了一件我喜欢的黑色连衣裙。当我的老板看到我时，她说，'黑色不适合你。'这足以毁了我的一天。我总是担心他人不喜欢我表达自己的方式，担心他们会发现我不完美……我记得我渴望得到父母的认可，但他们总是批评我。"

在肛欲期，幼儿开始区分在他的想象和游戏中什么是被允许的，但在现实中以及在与他人的关系中什么是被禁止的。然而，他担心自己会失去对幻想的控制，从而使这些幻想变成现实。因此，他需要经常确认父母对他的爱，以及对于他玩游戏中显示出自己的个体化和创造力时他们的反应。

丹（Dan）已经40多岁了，但他仍然隐藏着自己的个体化。在治疗中他告诉我："我经常感到困惑，退缩到自己的想象中……毕竟在我的脑海中，没有人能嘲笑我说的话，也没有人能批评我。没有允许和禁止的界限，也没有好或坏的界限，我可以把自己的真实自我暴露在自己面前……我记得当我还在上幼儿园的时候，我的父亲会嘲笑我做的每一件事，批评我做的每一件事和我表达的每一个想法。最终，享受我隐藏的想法和创造力似乎变得容易多了。我一直在想，在未来的某个时候，我会遇到一个欣赏我的人。"

和任何个体一样，幼儿通过面部表情、肢体语言和与他人的语言交流来展示自己的独特性。在将自己暴露在共享的联合空间之前，他在自己的自体空间中通过游戏和想象来提升自我。在他的自体空间里，幼儿可能会从（那些可能挫败自己的）客体的差异性这样的情绪负担中摆脱出来；他可以放松下来，不必努力获得他人的注意或者使自己与他人协调一致。在那里，他可以逃避外界对其个体化的攻击，并致力于恢复其作为整体的真实的自体熟悉感。通过其反思功能运作和情感调适，他可以整合、组织和内化那些影响自己的经历，如爱、愤怒、痛苦或嫉妒等。最重要的是，在自己的私人空间里，他可以创造一个充满创造性想象、成就、游戏和可以安全地推进个体化幻想的世界。最后，在他新获得的稳定的（即整体性）自体熟悉感的自信的鼓舞下，他将能够更好地处理他那波动的、不稳定的联合关系。

2 岁 7 个月的卡琳（Karin）在一个寒冷的冬天拒绝穿祖母给她的拖鞋，而坚持只穿袜子。在这种情况下，一场斗争随之而来。然而，祖母评估了状况后，决定这一次让她按照自己的意愿玩耍。卡琳快乐地四处滑行，就像在滑冰一样，同时控制好身体以免摔倒，并确保祖母看到了她的成果。经过一段"自由"时光后，她主动把拖鞋拿出来，自己穿给祖母看。然后她说："奶奶，我爱你，我们一起玩吧。"卡琳由此确定了祖母并不会因为她拒绝服从而生气，祖母爱她并愿意陪伴她。

这些事件巩固了幼儿的个体化，增强了其自尊，丰富了其与客体的差异性的伙伴关系，使其确认了在家庭单元（一个统一的、强大的、部落式的家庭结构）内的归属感。与此同时，这些事件使幼儿接触到家庭的边界和期望，以及体验到批评、愤怒和分歧等不相容的反应。他开始熟悉父母的不宽容，在这种情况下，他可能会感到难过和孤独。因此，随着个体化的形成和分离感的产生，浮现出一种潜在的幻灭和哀悼的过程。幼儿可能经常感到自己缺乏（口欲期）绝对完美和缺乏能够不断地给他的客体带来惊喜的骄傲感。因此，分离的概念通常包括在婴儿和成人体内另一种隐藏的衍生物，即痛苦的孤独。

这些肛欲期的痛苦、丧失和伤害触发了一个复合加工的过程，从而健康的自恋得以免疫和恢复了幼儿的自体熟悉感。然而，恢复正是发生在其身体自体意象、新的家庭规则、其现实感知及其客体的分离的新限制下。这是对自体熟悉感的恢复。每当这种自体熟悉感的个体化恢复发生时，幼儿就会说："我是！""我们是！"这意味着幼儿给他的自体熟悉感增加了新的自恋表征，如用自主性取代依赖、用整体性取代完美性、用全能自我取代浮夸自我，以及作为一个自主的"真实的我"而被爱。然后他想象自己像其他人一样长大了，能够独立完成别人所做的一切。在认知上，他完全有能力区分"小的"和"大的"，儿童和权威人物，允许和禁止以及他能做的事和他不能做的事。

综上所述，幼儿与父母之间的心理动力关系引发了新的内心冲突，这种冲突在自恋权力斗争中得到了加强，并且在肛欲期十分普遍（见第五章）。幼儿会不自觉地担心，因为自己的无所不能、自己在幻想和现实之间的边界模糊不清以及自己的魔力（见第六章），他可能会变得比父母更强大，并能伤害他们或失去他们。因此，他以无所不能的自恋表征来赞美父母，感受他们的权威，就像高高在上的保护者，保护他远离世界，也远离自己的强大，从而为他的个体化提供了坚实的支持。

幼儿对父母强有力的领导的归属感使他充满了自信、自豪并有信心能应对周围所有陌生人（口欲期陌生焦虑的衍生物）。"我们是"成为他面对孤独的堡垒，任何破坏家庭团结的暗示都会让他担心失去控制。因此，对家庭单元和其他群体的归属感似乎弥补了孤独感。

2岁的肖恩将和他的大家庭一起去旅行，家庭成员包括他的父母、祖父母、叔叔阿姨和堂兄妹，共计 8 人。尽管肖恩还不知道如何数数，但他清楚地知道是否有人不见了。令人惊讶的是，我们观察到他的行为像个小牧羊人一样，他得确保他的家族成员都在一起，如果有人暂时离开群体，他会非常担心。

幼儿遵守着所在家庭的行为准则及长辈的要求，所有这些都要求他抑制自己，不做某事，克制自己，控制自己的攻击性和全能性，识别危险信号，对危险和陌生人保持警惕。所有这些都融入了他的自体熟悉感和家庭叙事的蒙太奇中，并作为主观现实原则在其一生中回响。这些共鸣决定了其个体化、家庭关系和社会中的行为选择，这些行为选择共同构成了人类和文化的基础。尽管有这些进步，但从肛欲期开始，个体会继续寻求权威人物来指导自己并保护自己免受陌生人和陌生事物的伤害。

父母对孩子个体化主张的反应

对于父母来说，孩子进一步的自主性是养育子女最困难的阶段之一。父母们害怕一不小心，孩子就可能会跌倒、受伤或损坏宝贵的家庭财物。父母需要时刻保持警惕，并且他们需持续面对两难的选择：即多大程度上相信孩子可以对危险保持足够的警觉并照顾自己，多大程度上限制孩子的自主性并对其予以保护。从肛欲期开始，父母就体验了自恋受损，因为他们无法一直保护自己的孩子避免遇到任何危险。

尽管父母希望培养孩子的个体化，为其提供所有应对自己生活的必要技能，但他们发现很难与成长中的孩子分开，他们很难放弃或失去对孩子的控制（一种源于肛欲期的焦虑）。他们还经常怨恨孩子对除自己以外的照顾者的依恋。与此同时，为了自己的利益，父母又希望与孩子分离，让自己从对孩子的担忧中解脱出来，并对自己投入更多的精力，但这往往会引发他们的内疚感，从而进一步加剧上述担忧。

我们可以发现，即使孩子离开家，父母的这些困难仍旧存在。埃利斯（Ellis）说："直升机式父母是指父母不断地干涉和影响孩子的生活。他们总是在那里，就像直升机一样盘旋，事无巨细地管理和过度分析孩子生活中的每一个细节。"这种"过度养育"可能会剥夺年轻人的独立性，剥夺其通过自己的选择创造自我价值。事实上，最近美国蒙哥马利大学的一项初步研究（研究对象为 300 名大一学生）表明：与那些和父母保持距离的学生相比，拥有直升机父母的学生往往对新思想和行动不那么开放，也更脆弱、更焦虑和更局促不安。一些学生被试被描述为"依赖的……冲动的……尚未准备好离开家"。

渐渐地，从肛欲期开始，父母试图调节他们与子女关系中经常发生的高度复杂的、自恋的、动力的和情绪的风暴。出于对孩子这一个体的爱，他们鼓励孩子的个体化、主动性、动机、好奇心和学习能力。他们指导孩子如何克服困境，如何做出决定，如何为自己的需要、身体、选择、行为和生活负责。

分离、隐私和分享

从出生开始，存在想与客体联结的冲动的同时，婴儿开始寻求分离，他主要通过自己的涅槃式睡眠来表现这种原始的需要，在那里他可以无视周围未知的世界。从肛欲期开始，幼儿就明确地表达了他对个体化和隐私的需求，他会大声说："我想自己做这件事。"这句话代表了他希望与父母的支持保持距离，但仍然保留他们的爱和认可。

秘密、财产和隐私成为幼儿掌控其身体自体空间的源泉，尤其是在肛欲期的停用尿片期间（见第五章和第六章）。幼儿告诉父母，未经他的明确许可，不要干涉他的事情，包括他的抽屉、口袋和各种收藏品。

父母如果能尊重孩子的秘密、财产和隐私，就能培养孩子对他们的信心，在适当的时候，孩子会主动接近父母，与他们分享自己的隐私。

这种原始的分离和隔离的冲动，以及从肛欲期开始的保守秘密的愿望，源于我们天生的健康的自恋加工，它免疫了真正的自体熟悉资产（见第二章）。父母也希望他们的孩子尊重他们的隐私。然而，对于成年人来说，接受他们亲爱的孩子或配偶保守其秘密或者需要自己的私人空间，似乎比儿童要复杂得多。

詹妮（Jenny）是一名 30 多岁的女性，渴望被爱但同时又无法忍受被拥抱。在分析中，通过自由联想，她想起了自己对母亲的愤怒，她母亲总是不敲门就进她的房间，未经允许就乱翻她的东西，强迫她穿她不喜欢的衣服。詹妮觉得自己没有任何隐私，显然她觉得被拥抱是一种入侵，她害怕失去自由和隐私。

肛欲期个体化的本质

在肛欲期正常发展中出现的主要人格特征是自主性（家庭边界和规则的内化）、掌控感、自信、固执、占有欲、克制、好奇心、心智化，以及创造性、游戏和想象的动机。我们还可以观察到个人在多大程度上坚持维护他们的自体资产、他们的财产以及他们在家庭和团体中的地位，这常常伴随着在秩序、清洁和纪律方面的强迫行为。个体在失去控制的焦虑感的影响下，可能会出现便秘（身体和情绪上的）、囤积和专横，以及完美主义、贪婪或奢侈的倾向。过度的嫉妒、被剥夺的感受以及带有羞耻的自卑可能会淹没自我。有些特征可能接近病态，如屈服于优胜者、选择性缄默、严重猜疑、过分谨小慎微及强迫行为。

40 多岁的大卫是四个男孩的父亲，在一家商业机构担任高级职位。他形容自己是一个追求完美主义（肛欲期人格特征）的偏执和迂腐的人，而从他的表现来看，这似乎没有什么口欲期症状表现，如他表现得温暖、亲密。大卫雄心勃勃，他在专业领域非常成功，并以其正派、克制力及控制力闻名。例如，当他决定戒烟时，他能毫不费力地每日坚持这样做。他享受自己的经济专业知识以及由此带来的经济利益。然而，他细致、强迫的行为，以及对自己、儿子和下属严格的纪律要求近乎极端。每当他被冒犯或生某人的气时，他虽然会克制自己，但对"冒犯者"却保持死寂的、令人恐惧的沉默。在观看很感人的电影时，他会投入其中甚至想哭出来，但他通常会隐藏这种情感反应，并表现出嘲讽的态度。

通过精神分析，大卫能够认识到自己的孤独，认识到自己对亲近和感官亲密的渴望，也认识到自己如何避免分享爱的表现（口欲期属性），因为他担心失去控制，所以即使对自己的妻子和孩子也是如此。在治疗过程中，他能够将自己对情绪失控的焦虑与小时候母亲频繁的情绪爆发联系起来。尽管大卫总体上是一个乐观的人，他的情绪力量和诚实令人印象深刻，但他对失去控制的焦虑以及对寻求亲密和爱的回避，都给他带来了沉重的负担。

在记忆觉醒之后——罗生门效应 [①]

罗生门效应指的是感知的主观性会影响回忆，以至于一个事件的多个观察者可能会提供各不相同但同样可信的解释。

当家庭成员交流共同的童年记忆时，他们的叙述及其对客体的表征往往会出现分歧。在这种情况下，每个人都可能试图保护自己独特的故

---

① 以黑泽明（Akira Kurosawa）的电影《罗生门》（Rashomon）命名，电影讲述四人目击了同一起犯罪事件，却以四种相互矛盾的方式给出自己的描述。

事，并使其他人相信自己的版本是正确的。每个人都可以声称自己的主观"罗生门版本"具有排他性和客观性，这与其记忆痕迹的回响相吻合。这说明，每个人都在努力维护自己真实的自体熟悉感和叙事。叙事之间的分歧使每个个体的自体熟悉感都受到自恋的伤害。这就好像对方叙述中的陌生感有可能侵入自体并破坏其真正的自体熟悉感一样。这种自恋的伤害代表了一种痛苦的觉醒，即从一种"正确"的叙事或者个体对真理和现实的本质拥有排他性的幻想中觉醒。因此，在纠正我们原始但不恰当的叙述时，我们可能会遇到阻力。

婴儿通常向父母传达他的直觉或他的主观故事。每当这些叙述与父母所熟悉的不一样时，他们往往会纠正他，否定他的感觉和表征。幼儿的注意力可能会偏离他自己的真实、熟悉的直觉，这会扰乱他健康自恋的加工过程。例如，一个幼儿对母亲说："我的腿疼。"母亲回答说："你的腿没有任何问题。"或者幼儿说："我不喜欢番茄汁的味道。"但父母回答说："它味道不错，你必须喝了它。"因此，孩子可能不确定自己所感觉到的是否正确，好像只有一种正确的表征、感觉或叙述一样。

从肛欲期开始，伴随着婴儿的直觉和父母的反应之间的差异，婴儿可能会启动类似于他在断奶过程中使用的适应机制。这意味着他隐藏了自己的直觉，即他真实的自体叙述，将之视为没有人能够触及和破坏的宝贵秘密，他（他的自恋）因此设法保持自己真正的自体熟悉感和自体的完整性。在这些关键时刻，婴儿可能也愿意让自己的感官听从"无所不知"的父母。幼儿如果保留了某些口欲期特征，如虚假的自体，那么在这些情绪状态下，他可能会放弃自己的直觉，并伪造自己真正的自体熟悉感。他甚至可能为了取悦父母而扭曲自己的叙述，但这样做的同时也扭曲了他健康的自恋进程。

因此，即使存在叙事上的分歧，但鼓励孩子们表达他们的内心感受和叙述是很重要的。渐渐地，在父母的鼓励下，他们可能会体验到，保持真正的自体熟悉感可以与分歧同时存在。因此，幼儿能够应对自己的体验和自己所爱之人的体验之间的不一致的情况，并在他们的共享空间中获得对他者的尊重。如果幼儿能像成年人一样，支持并认为自己的直觉合理，发展了自己直觉和个体化的自体自信，那么在他熟悉差异性时，他将感觉更安全、更有兴趣。因此，婴儿可能会说："爸爸说我错了，但我觉得我说得很好。"

斯特恩①将他所称的"前叙事包膜"的概念定义为一种婴儿般的主观体验，它代表了一种前语言单元，以重复的节奏原型模式为基础，叙事将从中产生，并发生转换。在这方面，前叙事包膜与主观的罗生门版本的基础是一致的。事实上，斯特恩的想法似乎与我对自恋童年记忆痕迹的看法不谋而合，这些记忆痕迹与当前事件一起在个体内部反复共鸣。在这些早期记忆痕迹的回响影响下，个体的事件被主观地体验为熟悉的或陌生的，并被赋予意义。这些记忆痕迹单元的共鸣逐渐被组织成自体熟悉感，并与叙事或罗生门版本的自体资产相关联（将在第八章进一步阐述）。因此，前叙事和罗生门版本包含了作为"单元支柱"的欲望和动机的主观和独特的目标。

锡德（Sid）30多岁，在精神分析治疗中，他兴奋地告诉我："昨天我在墓地遇见了我的两个兄弟，那天是我们父亲的阵亡纪念日。在墓地，我们交流了童年时与父亲在一起的回忆。令我吃惊的是，我们发现，好像我们每个人心中都有一个不同的父亲。这简直令人难以置信！布拉德（Brad）是老大，在他的记忆里，父亲几乎是完美的，总是做正确的事情……南森（Nathan）则笑着说，'你在说什么？当我们不服从

---

① 斯特恩将"前叙事包膜"称为"无意识幻想"的另一种观点。他提醒道："'无意识幻想'的概念参考了弗洛伊德早期的'原始幻想'的观点和克莱因的'无意识幻想'的观点，并且'无意识幻想'是包含了一个客体、目的和目标的遗传的脚本。"斯特恩补充道："研究叙事结构的学生发现，动机和目标导向是叙事的关键部分。"

他或者不按他的期望做事时，父亲是咄咄逼人又爱挑剔的，并且他总是很生气的样子。'我是他最小的孩子，我能记得他的权威人格，他对我的宽容，他的爱和支持……在墓地里，我们开始争论谁最了解我们的父亲。好像我们每个人都想更好地维护自己心中父亲的形象……我感到压力很大。我希望我能和我'真正的'父亲单独在墓地里……这样他们就不会损害我的记忆了……也许我甚至会因为我对父亲有这么多美好的回忆但他们没有而感到内疚。"

"内疚吗？"我问。锡德立即回应："是的，内疚……南森常常因为学习和父亲争吵，当时他忽视了我，一个大约 3 岁的男孩，我记住了这一幕并决定要比他更好，这样父亲就会爱我并以我为荣……我也害怕父亲向南森发火……那让我感觉就像我从他那里偷走了父亲的爱。这就是我昨天的内疚和压力，我想……也许南森是在保护自己不受父亲的愤怒影响，从而无法享受父亲对他的爱……"

这确实令人难以置信。同一家庭的三兄弟对父亲的主观体验居然有这么大的不同；他们童年的记忆痕迹不断地在他们心中产生共鸣，每个人都深信自己的客体表象是真实的。每个人都有明显不同的欲望／动机目标，这助长了其罗生门效应。

40 多岁的克劳丁（Claudine）是两个孩子的母亲，在很多次治疗中，她都在和我分享她对母亲的仇恨："母亲从不照顾我……从不支持我，有时甚至会狠狠地打我。从记事起，我就恨她，想让她死……然而，每当她回家晚了，我却又害怕得睡不着。"几个月后，克劳丁来治疗时非常恼火："我 15 岁的儿子弗雷德（Fred）今天早上居然对我大喊大叫。我都不记得为什么了。他讨厌我！……突然间，我觉得好像有什么在我内心敲了一下……也许我母亲对我还有爱和关心的积极方面，但由于我的仇恨，它们变得一文不值……作为一个成年女性，我怎么从来没有试着去理解她的行为……更好地了解她的个性呢？……现在我的脑海中浮现出了一些模糊而积极的片段，如一起去海滩，我非常喜欢那里……"经过很长一段时间的沉默，克劳丁说："这太神奇了，虽然我承认这些积极的片段并对我真正的母亲是什么样有疑问，但我还是不能摆脱这种我恨她的感觉……也许我不能容忍错过了我母亲的爱这个想法……我是否生活在自己想象的世界里而没有注意到真正发生的事情……我希望我现在可以用我所有的爱拥抱她，求她宽恕……"

怀旧似乎是叙事共鸣或罗生门效应的另一个方面，它代表了过去一些熟悉的情绪事件的自恋回响。与怀旧相关的情绪可能会通过气味、声音，或一种特别熟悉的、充斥自体的情感而与记忆痕迹共鸣。近期研究表明，临时出现的"怀旧反思"会唤起人们的归属感和依附感，并为他们的过去和现在提供生活的意义和连续性。[1] 因此，对许多人来说，怀旧可能是改善他们的精神状态和自尊的有力工具。我认为，从这个意义上说，怀旧代表着对记忆痕迹（熟悉的叙事）共鸣的健康的自恋进程，它将对当前体验赋予熟悉的积极意义。

从童年起，人们就保留着他们积极和消极的叙事和罗生门效应，这些代表着他们自体熟悉感的里程碑。在我看来，健康的自恋倾向是保持、免疫和恢复真实的自体熟悉感，以抵御陌生感，这种观点强调了自恋受损的根源，同时也承认，我们记忆中的某些细节最终可能被证明是不正确的，或者说，其他人可能以不同的方式记住它们。

伙伴关系的艺术

我常常惊讶于人们为了保持伙伴关系的凝聚性而维持（或协调）微

---

[1] 由洛尔尼克（Rolnik）所阐述的摩西和一神论也可能代表了这种罗生门效应。拉特（Rutter）也阐述了过去的经验对现在的影响。

妙的关系平衡。伙伴关系表示两个相互独立、截然不同的个体之间令人印象深刻而复杂的客体关系。当我们讨论伙伴关系时，我们通常指的是两个成年人参与到亲密关系之中。然而，我把这个概念扩大到包含父母和孩子之间的关系，因为我发现，童年的主观体验和叙事会在每个成年人身上反复不断地回响。在这一节中，我仅集中讨论口欲期和肛欲期客体关系 ① 中的伙伴关系。

在我看来，作为伙伴任一方的个体都试图通过父母和孩子、男人和女人，或者任何一对成年人之间的伙伴关系来恢复其心中根深蒂固的、熟悉的客体关系模式。这些模式（包括叙事和欲望 / 动机的目标）反复共鸣，成为个体的"自恋理想"。这些隐藏的自恋理想的回响，会刺激个体不断地寻求与伙伴结合的关系，这些伙伴与原始熟悉的父母的记忆痕迹相匹配，或者与他人和其关系的记忆痕迹相匹配。这样的寻找强调了"客体选择"的重要意义，"客体选择"是弗洛伊德提出的一个术语 ②。因此，伙伴关系往往倾向于恢复联合-分离的模式，偶尔希望恢复客体关系的共生模式，而事实上，该关系通常会是在这两者之间的某处的更新模式。有时，伙伴（或其中之一）主要受客体关系口欲期特征的影响，有时则受肛欲期特征的影响。

凯利认为配偶主要会受到他们应对羞耻的方式的影响："从童年早

---

① 显然，在随后的发展阶段，个体会遇到其他非常重要的伙伴关系问题，如性欲和性吸引力。

② 客体选择——这个术语通常用于爱的客体。他可能是一个像自己一样的人，或者是一个拥有自己希望拥有的属性（自恋的客体选择）的人，也可能是能够满足自己的培养和保护需求的人（一种依赖型选择）。布拉特（Blatt）进一步阐述了这一概念，他试图区分依赖型抑郁症和内摄型抑郁症，将抑郁类型与自体和客体表征联系起来。内摄型抑郁者会选择使用内摄和对攻击者的认同来试图在内部保留客体，同时保护其潜在的爱。客体需要为他们提供认同、接纳和爱，这意味着他们与那些在满足感 / 挫折感的需要上与客体联系的人比，处于一个更高级的发展水平（如超我）。注意，布拉特试图将依赖型抑郁症和内投型抑郁症与客体关系的发展水平联系起来，但他最初的研究结果未能通过大样本施测进行验证和推广。"客体选择"一词是用来指某一特定的人的选择（例如，他的客体选择是针对他的父亲），或者某一特定类型的客体的选择（例如，同性恋客体选择）。

期开始，我们都会发展出对羞耻的防御，以掩饰或减少其不愉快的本质。这些防御在一定程度上解释了为什么羞耻对大多数关系来说仍然是一个隐藏的挑战。"凯利也指出：

"自负"［的人］是那些感到非常羞耻的人，他们不能忍受任何人看到他们的弱点……他们刻板地在自己的周围筑起一堵墙，而这堵墙基本上没有人能够穿透，所以他们的婚姻常常是频繁变动且糟糕的。自恋的人会非常擅长隐藏自己的羞耻，以至于他们自己及其周围的人都看不到它。

与口欲期有关的是，当配偶中一方或双方暴露出自己诸如有多么需要、依赖或粘着另一方时，就会出现羞耻感。与肛欲期有关的是，当配偶中的一方或双方表现出自己对诸如掌控或控制的需要，具有特定的强迫性症状，或者有收集东西的需要（包括大多数人认为是垃圾的东西）时，可能会出现羞耻感。因此，正如凯利所言，当人们开始生活在一起时，新鲜感开始消退，但毫无疑问，我们的警觉性会再次增强，以保护我们不受伤害。

我们所有人，无论是儿童还是成年人，都在努力与配偶一起实现隐藏的、爱的（或爱的衍生物的）自恋理想。我们特别珍惜微笑、眼神交流、拥抱或亲吻这些我们最熟悉的爱和亲近的表现形式在我们身上产生共鸣。这些口欲期的表现对于加强两个独立个体（甚至大多数时候是成年人）之间的联系似乎是必不可少的，这样做是为了在他们的婚姻生活中保存、免疫和恢复每个人对爱的自恋理想，这一自恋理想有赖于他们独特的历史叙事。

我要强调的是，伙伴关系在弥合伙伴之间的自恋权力斗争方面会面临巨大挑战，尤其是在肛欲期开始后。伙伴会陷入无休止的争吵和自恋的权力斗争中，就像肛欲期的幼儿和父母一样，每个人都努力把自己的自恋理想强加给对方（见第五章）。虽然伙伴双方都有在爱的关系中建立联系的渴望，但鉴于客体关系原有模式的竞争在当下的激活，他们发现很难在关系的本质上做出妥协。

有时，一对伙伴会隐藏自恋理想，成功地共同做出可接受的妥协（即只有微小的差异时），并为此欢欣鼓舞。在其他时候，他们中的一方确信自己的理想应该被实现，所以可能会试图说服另一方接受自己所熟悉的模式，若另一方对此予以反对，他就会变得不安。每个人都希望证明自己是对的，另一个人是错的，似乎都忘记了现实原则总是主观的这一事实。此外，当伙伴中一方的行为反映出与配偶的自恋理想存在巨大区别时，或者当他不尊重伙伴的家族时，陌生感渗透进自体熟悉感中，羞耻感和攻击性可能压制住协调的需要，伙伴中的一方或双方可能会忽视他们的共享的伙伴利益（这是用来保护他们联合性的凝聚性的）。

在这种情况下，和解往往被视为一种软弱，而攻击和冷漠则被视为强大的表现。因此，尽管每一个伙伴都渴望温柔，但其中一方或双方可能会为原始的爱与和解的需要而感到羞愧，更愿意在分离中徘徊，以牺牲恢复和维持他们的联合为代价来维护自己的个体化。不幸的是，破坏这种关系似乎比恢复联合更容易。当一方克服了这些自恋伤害时，他可能会尝试谈判、妥协、和解，以诱使另一方更新他们对爱的关系的共同愿望，从而恢复联合。

综上所述，很明显，为了保持伙伴关系的艺术，我们必须最大限度地表达爱意，并对配偶的差异性及其信仰和态度保持宽容。正性的情感必须克服那些不可避免的负性的情感，这些负性的情感有可能损害关系或引发沟通危机。每一方都有义务为彼此的归属感做出贡献，并在必要时恢复这种归属感，从而维护他们联合性的凝聚性。这个过程阐明了伙伴关系的微妙之处。

在从幼儿园回家的路上，盖里（Gary）经常和母亲分享他在自己单独的自体空间和幼儿园的共享空间中所经历的愉快和不愉快的感受。他把自己的体验带入了与母亲的共享空间里并与她重新建立了联合："在幼儿园里很有趣；我们建了一个积木塔，然后把它推倒，再建……欧文（Erwin）是个坏孩子，不是我的朋友。"

这种分享弥合了他们的分离，让他们即使在分离时也能感受到他们联合关系的连续性和稳定性。同样的道理也适用于成年夫妇：他们与彼此分享越多外部共享空间中发生的事情，他们的联合关系就越丰富，伙伴关系也就越牢固。

尽管父母和幼儿有分离性和差异性，他们还是去解决他们的权力斗争，抑制攻击性的爆发，提高谈判与和解的水平，这能够塑造孩子/成人的伙伴关系。这些童年模式可能会在成年时无意识地触发典型的口欲型或肛欲型反应，并根据快乐或现实原则，以及适应或防御机制做出决定。因此，伙伴之间共享的感官和情绪交流对于能够回应、支持和与对方的差异性相处来说至关重要。

我们可以看到复杂的肛欲期联合加工的一个循序渐进的例子：在准备去幼儿园的时候，2岁10个月的娜塔莉成功地独立穿上了漂亮的衣服，没有向他人求助，甚至没有询问他人自己应该穿什么。然而，她还是希望能与父母分享她的成果，感受他们的联合与认同。

在第一阶段，娜塔莉将自己区分为一个独立自主的个体，并决定自己选择要穿的衣服。在第二阶段，她在他们的共享空间中邀请父母加入，展示她是如何成功地打扮自己的。在第三阶段，她意识到，由于他们的权威（或分离性），他们可能会做出愤怒的反应，并因此而不认可她选择的服装。在第四阶段，她的母亲高兴地加入了，但在娜塔莉需要母亲回应其成果时，看到这条裙子的母亲有所保留，并在心里说："哦，不，为什么是这条漂亮的裙子？"然而，她把自己的反应藏在了她的自体空间里。在第五阶段，在她们的共享空间里，母亲听到娜塔莉说："看，妈妈，我自己穿衣服；我不会弄脏我漂亮的衣服。"很明显，这表明娜塔莉在试图与父母协商，希望他们批准自己的决定时考虑到了母亲的差异性。第六阶段的相遇以双方在共享空间的共同伙伴关系告终。母亲克服了内心中批评的声音，为娜塔莉而骄傲，并对她的自主性和不弄脏自己衣服的承诺表示高兴，而娜塔莉也表达了对（认识到她个体化的）母亲的爱。这一次，她们都成功地在共同的联合空间中获得了一种良好的伙伴关系的感觉。

对娜塔莉和她母亲的描述表明，如果任何一方做出不同反应，例如，她的母亲说"你不能穿这件衣服"，而娜塔莉坚持说"我要穿它"，那么这种联合的氛围就会被阻塞。其后果将是一种分离或个体从共享空间中撤回到每个人的自体空间中，并感到愤怒、失望和被冒犯，直到她们能够在共享空间中重新和解。

30 多岁的卡罗尔（Carol）在她的治疗过程中与我分享了她婚姻的恶化："当西蒙（Simon）让我做某件事时，即使我不想做，我也觉得要一直说'好'。我无法对他说'不'，也无法就他或我的要求与他进行协商。他总是控制我，我总是顺从……我父亲也是这样，尽管我现在已经是一个成年女性了……我再也不能忍受这样的关系了。"

父亲下班回家。3 岁的巴拉克凭直觉知道，父亲不会满足自己想在他一进门就扑向他的愿望，因为父亲已经疲惫不堪。巴拉克能够容忍父亲的差异性，他知道，尽管遭到父亲的拒绝，但父亲仍然是爱他的。在他们的联合中，他学会了延迟实现自己的愿望，并说："爸爸，在你吃完饭休息时，我想和你一起玩。"巴拉克因此表达了自己的爱及其对父亲分离性的关心，也表达了自己对在双方的共享空间中和谐见面的期待。父亲被巴拉克的体贴感动了，热情地拥抱他，回答说："当然，我们等会能一起玩。"巴拉克耐心地等待着。当他的父亲吃完饭时，巴拉克用自己神奇的微笑召唤他，父子二人都喜欢在一起玩。就这样，巴拉克一步步改善了与父母的"伙伴艺术"。

我同意那些行为经济学家的观点，他们认为，经济原则与幸福的婚姻有关。例如，安德森（Anderson）和舒可曼（Szuchman）提出，经济学研究人们和社会如何分配他们的资源（如金钱、力比多、能量等），就像是"让你保持微笑"和婚姻（由两个伙伴组成的商业冒险）"蓬勃发展"一样。根据这些作者的观点，他们需要"艺术性"来创造和维持一种高度独特、个体化和情感亲密的夫妻关系，这种关系能识别夫妻各自的优缺点，并允许他们彼此保留自己的某些部分，以避免意外伤害。用我的话来说，他们接受了一个人的自恋是其健康的一部分，即能够保持分离，她能在联合中实现亲密。

每一次目睹这种联合过程，我都会被正常心理过程的微妙之处所打动，它使一对伙伴能够创造这些无限美妙的时刻。我认为伙伴关系是一种关系艺术，因为伙伴双方必须共同创造一种管理形式，以便宽容地协调他们各自的分离性。他们必须保持微妙的伙伴协调关系，不知疲倦地就差异性进行协商，并保持经过计算的期望、要求和反应。此外，他们必须在受伤和利益冲突之后达成和解，并通过彼此带着爱意的接触（身体上和情绪上）来抚慰彼此的伤害。这种艺术使伙伴双方能够保持共享伙伴关系的凝聚性和爱的关系的连续性，提高爱他人的能力，即使存在差异性差异性，也能够通过他们的联合关系和分离获得幸福和满足。

小 结

在本章中，我阐述了肛欲期——一个关注教育性需求（即清洁、秩序和纪律）、停用尿片和交流方面进步的时期——显著的联合-分离客体关系发展的方法。随着这些关键的、秘密的和解时刻的演变（特别是在口欲期和肛欲期）在各种共享空间的联合关系中发生，在共享空间中，伙伴们试图弥合他们的分离性和差异性，并体验亲密感。从肛欲期开始，这些关系的特点是父母的权威主张与幼儿自主性主张之间的自恋权力斗争，伙伴间的协商（当双方面对对方的差异性时），以及通过表达爱和共享利益的和解。父母和幼儿可以开始脱离共享的家庭空间，进入新的共享空间，形成家庭之外的联合关系。

幼儿通过习得口头语言（感官和情感交流的载体），巩固了其个体化和分离感，通过在共享空间的对话促进了其语言从独白语言到对话语言的过渡。从肛欲期开始的联合关系在父母和孩子、配偶、一个团队中的两个同事等的伙伴关系艺术中告终。关系的艺术可以被视为一个长期运行的合资企业，有一个共同的或共享的尊重家庭规则的动机并弥合个体的分离性和差异性。因此，伙伴关系艺术指出了分离的、差异巨大的个体之间关系的复杂性，而这些个体对爱和掌控的需求非常相似。

● 第八章 ●

健康和病理性自恋进程

自体熟悉感的形成

从出生的那一刻起，离开了子宫这个保护空间，新生儿就是一个独立于母亲的精神实体了，同时带有遗传基因结构和根植于子宫内的多种感官体验的生理感觉。这个心理实体被认为代表了感官信息的原始积累，可以说它是自恋免疫记忆网络上的经验记忆痕迹。从婴儿时期开始，这种原始的心理基础通过无限的主观体验得到丰富和强化，留下持久的记忆痕迹，不断组织成熟悉的"自体感"，我将其定义为"自体熟悉感"。换句话说，我们可以体验到并将自己识别为熟悉的，并且在不同的日常事件中感知并认识我们熟悉的自体。或者在某些情况下，我们会觉得自己是不熟悉的或陌生的，也可能是脆弱的、受伤的或受到创伤的。

接下来我将自体熟悉感的概念与斯特恩的观点联系在一起，并加以扩展："自体感不是一种认知结构，而是经验的整合。这种核心自体感将成为后来所有更加复杂的自体感的基础。"

摩尔和法恩对自体和"自体图式"的定义可能更接近我所称的"自体熟悉感",尽管我认为自体熟悉感是一种"经验整合",而不是一种认知结构：

一个在现实中作为整体存在的个体包括其身体和精神组织；他的"自己人"与"他人"或自己以外的客体形成对比……[自体图式]是持久的认知结构，它们积极地组织心理过程，并对一个人有意识和无意识地感知自己的方式进行编码；它们涉及的范围从现实的自体观到扭曲的自体观，即个体在不同的时期曾有过的观点……它们代表了身体或精神自体的各个方面，包括对个体自身和外部世界的反应所感知到的驱力和影响。在成熟过程中，各种自体图式被分层并良好地排列，然后形成一个整体的自体组织。

自体熟悉感还包括自体资产（如个人故事）——所有这些自体体验获得的记忆痕迹都被浓缩和塑造为表征。因此，我们可以结合自己生命中的无数故事来描述一个人的自体、客体、各种关系以及现实和成就。自体熟悉感的形成和所有这些成为自体资产的记忆痕迹的组合，以及它们的积累，都经历了高级的自我加工，如抽象、同化、适应、分离和再整合等。这种塑造主要受到客体关系积极方面的影响和强化，如促进亲密、分离和个体化等。自体熟悉感和自体资产也会受到客体关系消极方面的影响，如持久的自体客体和共生关系、拒绝分离、不宽容、感到羞耻及被批评等。

在最理想的情况下，婴儿的整个情绪组织可以被整合成一个紧密的自体熟悉感的凝聚体，其中正性的记忆痕迹压制了负性的记忆痕迹。也就是说，这种凝聚力可以固化成一种熟悉的自体的真实感，一种在口欲期被视为完美的自体。自体熟悉感和自体资产在肛欲期得到更新，同时不断累积并整合幼儿主观体验的记忆痕迹，如不完美或缺陷以及父母的鼓励等。现在，熟悉的自体的真实感可以被塑造和感知为全能的整体，带来一种包含分离、自主、联合和归属的自体熟悉感。在这方面，对整体的认识并不是一个理想的、普遍的、完美的整体，而是包括缺陷在内的自体熟悉感的主观完整性。对整体性的主观感知对于个体来说至关重要，因为它是一种最终的自恋免疫框架——用于识别自己，从其自体熟悉感或外部传入的东西中破译陌生感并在其客体中识别非自体或差异性（见下文）。

在负性记忆痕迹不断共鸣的影响下，整个情绪组织可能会以虚假的凝聚力或脆弱的组织或不具统一性的形式构成，引发与客体的融合感，从而形成自体客体熟悉感。这样的情绪组织可能会固化成以虚假和脆弱的自体熟悉感为主导，会交替地认为自己是理想的或受损的。

因此，重要的是要记住，在童年的主观体验中，婴儿的自体熟悉感包含几个有组织的记忆痕迹的集合，为其提供了其熟悉的自体和自体资产的各种感觉。在日常生活中，这些不同组织的童年主观体验的记忆痕迹会产生共鸣。这些共鸣的范围从正性的和巩固的记忆痕迹到负性的和脆弱的记忆痕迹，从奖励到伤害，不一而足。共鸣的记忆痕迹影响了熟悉的自体在当下的感觉；因此，个体通过一种占主导地位的自体熟悉感来认识自己，而其他不那么普遍的熟悉的自体的感觉偶尔会出现。

来自内部和外部的伤害常常会破坏主导的熟悉自体感（无论是自体熟悉感，还是自体客体熟悉感；真实自体或虚假自体）。这种凝聚力的不稳定性可能会导致在主观体验的不同时刻出现不那么重要的或次要的自体熟悉感形式，无论是正性的还是负性的。例如，在各种关键时刻，如及时、创造性的治疗解释后，一段爱的关系出现后，甚至是创伤性疾病的出现后，这些形式都可能唤起并激发那些在反复受伤的影响下被压缩、压抑或隐藏的、不那么实质的、积极的自体熟悉感。

每当自体熟悉感的凝聚力受到破坏时（如之前在第二章和第五章中详细阐述的），就会触发自恋免疫和恢复进程。

自体熟悉感的自恋免疫

一般来说，当我们讨论自恋时，我们谈论的是"自恋障碍"，而没有足够关注我认为的健康的自恋。因此，无论是在实践中还是在精神分析文献中，我们都可以在健康的自恋和病态的自恋的两极之间发现大量或轻微或严重的自恋障碍。在这一节中，我将讨论发生在这两个极端间的自恋进程，并强调它们之间的差异，旨在揭示最终导致这种不同的自恋免疫加工的隐匿的根源。

根据我的理解，从出生起，自恋内在的生存目标保持不变，即根据其原始或最初的联合，免疫并重建自体熟悉感和熟悉的自体资产，抵抗外来的入侵者（见第二章和第五章）。因此，健康的、扭曲的和病态的自恋都是同一种先天自恋进程的结果。

我同意史托罗楼对健康自恋和不健康自恋的区分，即它是否成功地保持了一个凝聚性的、稳定的和正性①色彩的自体表征。人们可能会问，为什么自恋能成功，在什么情况下自恋会失败［即不能保持自体熟悉感的正性色彩的记忆痕迹（表征）的凝聚力］？例如，自尊系统需要灵活到什么程度才能接受不完美的正性色彩的自体意象？这种灵活性是由什么组成的，又是如何实现的？在遭受损害其完整性的伤害之后，如何恢复凝聚力？需要多少时间？如何重新获得自体熟悉感？

斯特恩阐述了"前叙事包膜"，它建立在婴儿的模式识别能力及其

———————————
① 正性表示正性属性，优于负性属性。

将重复体验识别为普遍模式的能力之上。根据自恋受熟悉事物的吸引力和对陌生事物的抵抗力，我将这些认知能力定义为健康自恋的先天情感免疫进程。个体的熟悉程度代表了其记忆痕迹的自恋和自我组织①，这种记忆痕迹是由胎儿自在子宫里的第一次感官体验以来所收集和关联的反复不断的主观体验所形成的。情感框架通常与客体相关，随后与感官感觉一起凝缩（并以联想的方式联系起来），作为记忆痕迹存储。

正性（而非负性）记忆痕迹在当前事件中的频繁回响唤起了个体对熟悉事物的认知记忆，并影响了主观体验的意义。或者，正如斯特恩所说，婴儿认识到在所有变化中始终不变的特征，以及他的"无意识幻想"包含欲望、感知、行动、情感及释放。

个体对其积极的自体熟悉感的不断认可，巩固了其（熟悉自体的主要的、最熟悉的、凝聚性的感觉的）自恋保护和免疫。根据这种整体的主观框架，他的自体熟悉感可以在不稳定时通过（适应性）灵活性、连续性和完整性进行自恋的免疫、调整和恢复。

在一个人的一生中，自恋进程的逐渐改善和完善促进了其真实的自体熟悉感的免疫调节，当受到挑战时，个体会根据熟悉的整体主观框架加速恢复自体熟悉感。在这个意义上，自体熟悉感的恢复可以被认为类似于拼图游戏。在经历了来自内部和外部的伤害之后，健康自恋的自体熟悉感是否能成功恢复依赖于一个人的正性记忆痕迹的可用性。这些记忆痕迹（如上所述）除其他外，可能代表了一种主观体验，即除了"属于"客体之外，还作为一个独立的个体被客体所接受，也就是说，被视为熟悉的客体和客体的一部分。

5岁的巴拉克因为自己的行为受到父亲的批评，他感受到伤害并哭着回到自己的房间。他虽然非常爱自己的父亲，但在这样的时刻，他感

---

① 即记忆痕迹的联想，共鸣，同化并整合成为一个有凝聚性的整体这种自恋和自我功能运作。

受到自己对父亲的恨。他将自己为父亲画的一幅画揉皱并扔进了垃圾桶。然后他设法平静下来，捡回画并展平，坐下在另一张纸上画画——一对父母和三个孩子的家庭。他把这幅画拿给父亲，父亲热情地拥抱了他，并不知道巴拉克经历过的情绪风暴及其已经恢复的自体熟悉感。那天晚上，巴拉克在睡觉前告诉父亲，他生气的时候把画揉皱了，但是他已经把它展平了。他还告诉父亲，他认为一个警察可能会因为他的行为而生气，但他记得父亲曾经告诉他，他是一个好男孩，警察总会来帮助他而不会责备他。巴拉克的话深深地打动了父亲，他拥抱了巴拉克，跟他道了晚安，这让他们两个人都充满了爱并意识到自己已经控制住了自己的攻击性。

整个情绪组织，也可能在负性记忆痕迹不断共鸣的影响下，以脆弱的凝聚力或不具统一性的方式构成，唤起与客体的融合感，从而导致自体客体的熟悉感。这样的情绪组织可能会固化成一种虚假而脆弱的自体熟悉感，时而被视为理想的，时而被视为受损的。

一个有趣的观察结果显示：一方面，当个体当前发生的事情触发了带有正性记忆痕迹的自恋共鸣时，其自恋可能会根据灵活的、有改善的、近乎熟悉的免疫进程（灵活熟悉原则）来恢复其自体熟悉感。另一方面，当个体当前发生的事情触发了带有负性记忆痕迹的自恋共鸣时，其自恋通过一种刻板的、破坏性的、完全熟悉的免疫过程（刻板熟悉原则）来恢复其自体熟悉感。例如，一个人要么完全被其融合客体所接受，要么在表现出分离的迹象时受到抛弃的威胁。换句话说，在这样一个人的一生中，其自恋进程在很大程度上依赖于自体客体的条件的可用性，以至于它的改进和完善已经被扭曲了。在这些条件下，脆弱的、负性色彩的（表征）自体熟悉感被自恋地保留、免疫和恢复，导致个体形成病理性自恋。下面我将更清楚地说明这一点。

自恋图式的形成

除了在创造自体熟悉感方面的特点外，记忆痕迹还被组织成我所称的"自恋图式"。这些图式与个人日常体验的不断共鸣为其提供了一个熟悉的框架，用于自恋地承认或否认特定事件，以及处理熟悉或陌生的实际情况。

自恋图式的概念化可以理解为与皮亚杰使用的"图式"、桑德勒使用的"图式"、斯特恩阐述的"前叙事包膜"、汤姆金斯创造的"脚本理论"以及摩尔和法恩定义的"自体图式"有关。脚本理论强调了在每个主要情感类别中处理数据体验的重要性，并假设当个体体验到特定的情感或情感范围时，会将其保留和存储到以前发生过、经历过的事情中。这个表述实际上代表了上面提到的所有术语，而每个术语都与自体的某些属性相关，如情感反应、认知智力、自我功能、安全感和幸福感、动机图式、情感和客体相关体验的图式等。

我将自恋图式定义为记忆痕迹结构的持续联想，这种联想经常作为自恋免疫和自体熟悉感恢复的信号不断回响。自恋图式在个体的体验中有意识或无意识地在各种情感结构或组合（或者用汤姆金斯的术语则为"集合"）中共鸣，如感知、表征、联想、幻想、叙事和感觉等。因此，这些图式作为主观的结构或基础，使个体可以在过去经验的基础上，通过这些图式来回顾、解释和赋予自己日常体验以重要性和意义。此外，自恋免疫和自体熟悉感的恢复很可能与自恋图式的共鸣相协调。据推测，这些自恋的图式或模板也会影响未来的期望和客体关系。

最常引起共鸣的自恋图式会成为个体的默认共鸣（default resonance），成为个体处理实际事件和更新自体熟悉感的主观基础。因此，与未知事件相比，个体能更好地应对近乎熟悉的经历，并在能预测接下来会发生什么时更有安全感，从而避免了未知的不安全感。（因此，如果太阳在昨天闪耀，那么今天和明天它肯定也会闪耀，无论这是否符合逻辑。）

三个主要的自恋图式的概念如下。

1. 自恋有益图式（Narcissistic beneficial schemata，NBS），主要包含一系列与真实的自体体验、分离体验和应对非自体差异性的联合—分离关系相关的有利的、建设性的、正性色彩的记忆痕迹。

2. 自恋伤害图式（Narcissistic harming schemata，NHS），主要包含一系列伤害性的、负性色彩的记忆痕迹，这些记忆痕迹与个体被其客体伤害、批评、欺骗、挫败、蔑视或以其他方式侮辱等不常见的经历有关。

3. 自恋破坏图式（Narcissistic destroying schemata，NDS），主要包含一系列具有破坏性色彩的记忆痕迹，这些记忆痕迹通过不断遭受拒绝、羞辱和侮辱以及创伤的痛苦经历侵入自体熟悉感。这些NDS 的记忆痕迹大多是儿童期累积的创伤和反复被批评、嘲笑、粗暴对待、忽视、身体虐待和 / 或抛弃的结果。NDS 可能包含共生客体关系的信息，会唤起与自体客体融合的感觉，伴有创伤性分离体验，会触发毁灭焦虑。

为了澄清以上观点，让我们来看看 NHS 的例子，以及默认的 NBS 的影响的例子。

3 岁的阿尔文邀请父亲一起比赛打游戏。父亲拒绝了他并命令他停止在休息室里玩游戏，因为父亲觉得他太吵了。阿尔文感到被深深地冒犯了，他拿起游戏机，哭着回到自己的房间，途中喃喃自语："你从来不跟我玩，我不爱你了。"［阿尔文目前的体验与父亲过去对他的挫折和伤害产生了共鸣，激发了他的攻击性，我们可以称之为 NHS。］几分钟后，他还在房间里，但选择玩另一个游戏，并逐渐平静了下来。不知不觉中，他选择了一个他喜欢和父亲共同玩的游戏［他的 NBS 与父亲过去和他一起玩、爱着他的回忆产生了共鸣］。因此，几分钟后，阿尔文回到客厅，温和地邀请父亲一起玩："爸爸，请和我一起玩这个游戏吧。"［NBS 显然与他对父亲的正性评价产生了共鸣。］阿尔文似乎已经克服了自己的痛苦，他与父亲和解是很重要的。父亲积极地做出反应［父亲的 NBS 共鸣］并且恢复了两个人的关系。阿尔文真实的自体熟悉感是经由其健康的自恋得以恢复的，尽管他受伤了，但他设法保持了自己的完整性，尽管他感到十分沮丧和愤怒，但他也维持了父亲的正面形象。阿尔文的自我意识似乎也调动了适应机制，使他能够选择一种合适的游戏，并根据自己的意愿与父亲协商，让他们一起玩，这与他们熟悉的联合-分离关系相吻合。父亲的肯定和爱的表达增强了阿尔文的自尊心。

默认的 NBS 影响的例子是 2 岁 10 个月的安琪（Angie），她的情况与阿尔文类似。她无法忍受父亲的拒绝，会冲动地把游戏的东西摔在地上。她说："我恨你，你是个坏爸爸。"然后她气冲冲地回到自己的房间。她很容易受伤，在自己的房间里哭了很久，无法让自己平静下来，并反复宣称："没有人爱我。"［在 NHS 的影响下，她感觉受到了侮辱，所以沉浸在受伤的体验中。与此同时，安琪的自我激发了一种防御机制：她把自己的攻击性投射到"坏"父亲的身上，感到被他拒绝，而实际上咄咄逼人并拒绝父亲的人是她自己。］只有当安琪准备睡觉时，她才会配合父亲的晚安仪式并接受他做出的和解尝试［她的 NBS 可能在入睡前对表达爱意的仪式产生共鸣，这使她能够与父亲和解并恢复对他的正性表征，直到又一次受伤］。

在多次的分析过程后，50 多岁的阿诺德（Arnold）和我分享了他对自己职业成就的焦虑："成功之后是打击。"他沉默不语，然后联想道："我母亲过去常说，'别对自己那么满意，提防邪恶之眼。'"然后阿诺德陷入了另一次长长的沉默，最后他补充道："我的女儿玛丽琳

（Marilyn）20 几岁，她在舞蹈学校获得成功……我为她感到骄傲……但我仍然害怕表达自己的骄傲……昨天她打电话给我并告诉我，下周她有一个重要的表演，她需要我的支持……然后她补充说，'你从来没有真正鼓励我展示我的能力。你总是说小心点。我知道你爱我，但我也需要感觉到你对我有信心。你的支持对我很重要。'我几乎要哭了，我感受到与她的亲密关系十分珍贵……我非常想真正地鼓励她，但又非常愚蠢地不愿这么做。"

几分钟后，我解释道："你的女儿能感觉到你的爱，但她可能也会感觉到隐藏的邪恶之眼，就如你母亲所说的'当心邪恶之眼'（内摄）。"阿诺德回答说："邪恶之眼。我真的相信邪恶之眼吗……不！它与我无关。这是我母亲的迷信……我真的为玛丽琳感到骄傲，我想用我全部的爱来支持她。"

"别对自己那么满意，提防邪恶之眼。"阿诺德的 NDS 共鸣伴随着成功的体验而出现，这让他在事业上屡遭失败，也不愿鼓励女儿取得成功。在其他情绪状态下，如对女儿表达爱意时，他的 NBS 会不断引起共鸣。然而，玛丽琳抵抗住了父亲的 NDS 共鸣，她自己默认的 NBS 共鸣压制了她父亲的 NDS。她能够维护自己的自体熟悉感的完整性，抵御父亲 NDS 的入侵，而父亲却无法抵抗其母亲的 NDS 入侵其自体熟悉感。玛丽琳取得了成功，尽管她从来没有放弃对父亲持续的需要，并能够表达这一点［NBS 共鸣］。渐渐地，尤其是女儿的话让阿诺德能够认识到，他的 NDS 入侵者以"邪恶之眼"的形式出现，这对他来说是陌生的——他开始意识到母亲内摄的迷信"与我无关"。当他能够开始抵御入侵者时，他维护自体熟悉感和职业成就的动力就增加了，尽管"邪恶之眼"时不时地在他的内心回响，但它并没有侵入他的真实自体、破坏他的自体完整性。

在整个生命周期中，建设性和破坏性的数据丰富了自体熟悉感，并成为加工和处理数据的巨大存储库。这个网络类似于一个巨大的族谱，它的根与连接着各种其他自体熟悉感信息子集的分支相连。这意味着所有的自恋图式（NBS、NHS 和 NDS）作为我们日常生活中不可分割的一部分在我们每个人心中产生共鸣，其中一两种可能成为我们的默认共鸣，自恋通过这种共鸣自体熟悉感进行免疫。我们可以假设，健康的自恋是一种主要通过在日常生活中触发 NBS 反应的过程。相反，病理性自恋可能被视为以日常经验中主要引发 NDS 反应为特征的加工过程。通常，这些图式在我们未意识到的情况下在我们体内产生共鸣，而我们只会注意到它们的后果，即当我们真实的自体熟悉感受到影响 [1] 时。

自恋进程的任务

个体的先天免疫自恋不断解码自体与非自体之间的或微小或巨大的差异及其兼容性或不相容性，并将自体熟悉感与任何外来威胁区分开来。因此，个体的自恋被编码为通过自我功能运作和客体关系的影响，不断地（根据多重任务）加工，并相应地得到（或得不到）支持。自恋进程的主要任务如下：

1. 将熟悉的自体感免疫为真实的自体熟悉感；
2. 在与非自体的分离中保持自体熟悉感；
3. 保持对熟悉事物的吸引力，主要是对熟悉的非自体客体的吸引力；
4. 对来自他人的陌生感保持警觉；
5. 通过循序渐进地对待客体的分离来保持对客体差异性的宽容；

---

[1] 值得注意的是，当代基于一种行为学方法的创伤理论及其通过"躯体经验"治疗的方法将特定的身体事件与创伤后应激障碍（PTSD）的自由联系起来。

6. 边界感暂时模糊的情况下（如与非自体客体十分亲密感到幸福时）维护自体熟悉感的凝聚力和独立性，将其当作一个整体；

7. 激活抵抗外来因素入侵的能力，这些外来因素可能会破坏自体熟悉感的凝聚力；

8. 坚持将自体熟悉感（包括自体资产）与自恋图式的共鸣和输入的记忆痕迹进行匹配；

9. 损伤后，从与客体的共享空间撤回到自体空间，或在客体重新加入共享空间之前，对传入的数据进行加工或恢复真实的自体熟悉感；

10. 在由他人、不熟悉的和意外的或有害的事件引起的不可避免的伤害之后恢复真实的自体熟悉感，当一个人察觉到自己的自体熟悉感受到了侵犯时，他也会恢复真实的自体（如通过内摄，像上面阿诺德关于邪恶之眼的例子）。

然而，在某些情况下，正性或负性的意外事件可能不会引发类似的自恋图式的共鸣，或者可能反应不够快，从而使个体处于不安、不稳定、麻木，甚至创伤体验的风险之中。这意味着创伤反映了在熟悉的自体感中突然侵入的陌生感，而一个人的自恋在这种急剧入侵的情况下无法保持自体熟悉感。矛盾的是，意外的正性事件有时会因为上述相同的原因而被体验为麻木或创伤，或由于自恋图式的共鸣而导致威胁、伤害、灾难或创伤（NDS）的意外出现。在这些时刻，个体的正性、快乐的经历可能会变成焦虑，可能是有意识的，也可能是无意识的，持续几秒甚至更长时间。有时个体可能会因之而变得茫然或困惑。

下面是一位接受精神分析的女士的例子，她的自恋进程通常以健康的自恋为主，而她的 NDS 在偶尔的关键时刻［我在括号中强调了情绪动力学］会产生共鸣。

在一次治疗中，30 多岁的米娜（Mina）告诉我："昨天我和米克（Mick）在公园里进行了一次浪漫的约会。我们都很愉快［当前体验符合 NBS 共鸣］。突然，我有一种无法解释的恐慌感，好像有什么灾难即将发生，从而将永远摧毁我们的幸福……米克感到被冒犯了。"［NDS 压制了 NBS，与当前的幸福体验产生了不恰当的共鸣。］在长时间的沉默之后，米娜将她的感受与她 5 岁时的创伤体验联系在一起："我们有一次非常愉快的家庭郊游，突然，在一片花丛中间，我父亲因为剧痛难忍倒在地上。我妈妈叫了救护车，他被送到了医院。我害怕我的父亲会因为我而死，因为我太快乐了……我的母亲总是批评我的快乐行为。她希望我快乐，但要保持冷静。她会说，'不要太高兴，因为它可能以不幸告终'……她是对的，不幸的事情发生了。"

总体而言，米娜喜欢通过健康自恋进程和自我适应机制维持联合关系。然而，在她和男友极度幸福的时刻，创伤叙事的无意识的毁灭的（NDS）回响将她的快乐与父亲的崩溃、母亲的警告联系起来，压制了默认的 NBS 共鸣。在上述情况下，她的情绪压力水平上升并破坏了她的快乐。米娜在治疗中的洞察释放了她健康的自恋进程，以恢复真实的、凝聚性的自体熟悉感。她决定与米克分享她的创伤记忆，为她的行为道歉，并与他和解（适应机制）。几个月后，她注意到，虽然这些创伤性的暗示继续出现并且很麻烦，但总体而言不会破坏她的快乐了。

将真实自体熟悉感作为整体进行自恋免疫和恢复

我们可以通过个体的肢体语言、情绪表达，尤其是其被伤害时的反应来辨别个体的真实自体熟悉感。这种被我们共享空间中的伙伴伤害的感觉（NHS 共鸣）破坏了我们自体熟悉感的幸福感，并唤起了羞耻感。因此，我们可能会感到受伤、孤独、被拒绝、被孤立或被疏远。为了不体验这些痛苦的感觉，我们常常感受到大量的愤怒情绪。在这样的时刻，当我们与伙伴情感联系中断时，我们倾向于撤回到我们的自体空间之中，在那里，健康自恋可以通过 NBS 的共鸣和自我适应机制来恢复真实的自体熟悉感。因此，愤怒的爆发（同时运行的 NHS 和 NDS 压制了 NBS 的共鸣）和对丧失幸福的哀悼在一个人的自体空间中发生。然后逐渐通过与侵犯者（联合-分离关系）的设想、协商和协调（适应机制），自体和客体的正性倾向得以重建（NBS 共鸣压制 NHS 共鸣并成为主导）。现在，个体健康的自恋可以恢复熟悉的自体感，默认的 NBS 共鸣会将主要自体熟悉感特征当成整体。个体甚至可能在被他人暂时入侵后恢复其真实的自体熟悉感，例如，当他人的指控使他感到内疚（NDS）时。

这些恢复与和解的经历有助于增强个体的自尊、培养其自体熟悉感，使其尽管有缺陷（健康自恋），但能增加自恋的整体性；尽管失败（自我的适应机制），但能增加自我能力的价值；就算受到了伴侣的差异性的伤害，但能增进他们爱、沟通和亲近的关系。

在口欲期，整体的感知是绝对的（基于全或无原则和绝对熟悉原则）。婴儿将他自己、他的父母以及他与他们的关系体验为一个完美的整体，这有助于他形成理想自体和理想客体。然而很明显，当偏离这些理想，这种完美被伤害时，他很容易受到影响。从大约 18 个月（肛欲期的开端）开始直到整个生命中，通过健康的自恋和自我适应机制间的和谐运作，个体在与其客体的联合-分离关系的影响下，尽管仍有缺陷，自体熟悉感的感知还会不断向更完整的方向更新。事实上，健康的自恋进程证明了持续的自恋情绪结构，即内在记忆痕迹之间的联系和分离，如同自体表征和客体表征之间的联系和分离一样。被伤害会引起分离、愤怒的爆发、对丧失完美的哀悼，以及对各种缺陷、残疾和新环境的联想和重新融合。这种能力代表着灵活性和弹性，而不是刻板性和脆弱性。

　　一个追求完美的孩子或成人，基本上不会体验到熟悉的自体的完整性。他通常对自己的成就不满意，认为自己有缺陷并且没有安全感。这类人通过强迫性的（肛欲期）完美主义者的愿望和活动，拼命地追求（口欲期的）完美。

　　在我看来，其个体的真正的作为整体的自体熟悉感如何应对其不足似乎对于其自尊，尤其是他的能力和自信（这是在管理和克制的体验中获得的）而言至关重要。此外，这种整体感和基础感似乎对其个性发展、其与他人的创造性交流和关系及其爱他人的能力和快乐的能力至关重要。请注意，一个人眼中的完整性可能会被另一个人视为有缺陷——即看到半杯水是半满还是半空的区别。

　　我想让大家注意爱与被爱的能力，以及对自己的命运感到幸福的能力，这是健康自恋的结果。我们通常会发现，爱他人并不像表面上看起来那么简单——这一事实与童年时期的客体关系模式有着密切的联系。

　　我们经常能意识到客体关系在执行相当复杂的任务。其中至少有两个不同的个体［如婴儿和父母（或伴侣）］不断地被吸引去体验爱的关系。每个人都被吸引去与熟悉的非我他者结合，视其为自己的客体，并对自己原始的或童年的亲密体验以整体形式予以恢复（根据其主观体验和自恋图式的共鸣）。与此同时，每个人都不断地受熟悉感所吸引，抗拒陌生感和差异性（自恋进程），并被激发去调节自己的本能、动力和情绪（自我功能）。

　　我的一个重要信念是，成年人爱另一个人的能力似乎是通过其父母与其一起享受亲密关系的能力、尊重其分离和尊重其差异性的能力来实现的（在自恋图式中，童年的经历根深蒂固）。在这种能力之外，成年人必须尊重父母的差异性。这意味着我们接受孩子/父母的本来面目，接受他们的优点和美德，接受他们的心理健康问题、情绪障碍或不足，特别是能够感激他们在整个童年时期给予我们的爱。

没有人是完美的，大多数父母都只是足够好的。父母需要通过或根据自己的个性技能和缺陷对自己的孩子做出回应，珍惜和爱护他。在潜伏期之前，孩子的情绪需求是成为父母认可的伙伴，并给予和接受父母的爱。与此同时，他需要同时欣赏父亲和母亲，把他们各自视为一个有价值的、熟悉的整体，并能给他提供一种安全感。问题出现在青春期：大多数青少年失望地发现，他们的父母是不完美的，并未达到他们想象中的完整和完美，这是一个正常的情绪发展过程，但他们无法恢复和更新并将父母视为完整的熟悉感。他们往往会把自己的不足归咎于父母（他们会无意识地责怪父母"破坏"了他们从小就形成的对父母的熟悉），然后父母就会感到内疚。与青春期不同，在这一点上成年期的特点是，就算父母犯了错误，个体依然能够欣赏自己的父母，并认同差异性和各种不完美的事情，没有人可以避免犯错误或造成伤害（无论是对父母、孩子或伴侣）。

温尼科特对这种模棱两可的说法作了令人钦佩的阐述，因此，虽然我之前引用过，但这值得再提一次：

在任何情况下，你［指父母］都可能犯错误，这些错误会被视为或被感受为是灾难性的，即使你实际上对此并没有责任，你的孩子也会试图让你感觉你需要对挫折负责……如果有一天你的女儿要求你临时帮她照顾一下孩子，这表明她认为你可以做得令人满意；或者如果你的儿子想在某些方面像你一样，或者爱上了一个你在年轻的时候会喜欢的女孩，那么你会感觉得到了回报。这种奖励是间接的。当然你知道你不会被感谢。

客体关系模式及其对健康或病理性自恋的影响

《梦幻骑士》(*Man of La Mancha*)①中的杜尔西内亚主题说明了阿尔东沙(Aldonza)希望能够用她熟悉的自体感得到认可和爱。她希望作为阿尔东沙被爱(代表她缺乏自体熟悉感和复杂的客体关系)，并拒绝作为陌生的淑女杜尔西内亚(Dulcinea)被爱。在这个例子中，我们可以看到堂吉诃德(Don Quixote)的 NBS 共鸣的持久性和阿尔东沙的 NDS 共鸣的稳定性(黑体是我用来强调这些问题的)：

堂吉诃德：**……我梦见你太久了，/……/但我全心全意都想认识你/……**/虽然我们总是分开。我的女士……**现在我找到了你，/……**/杜尔西内亚……杜尔西内亚！

阿尔东沙：**我不是你要找的女士！**……/**我不是什么淑女！**/母亲在水沟里生下我**并将我抛弃在那里**/**我赤裸着身体，又冷又饿不停哭泣**/……/然后，当然，还有我的父亲/有人告诉我，年轻的女士/可以带着少女的骄傲认出她们的父亲/我父亲是在这一个小时内在这里待过的人中的一个……当然，这也很适合我的出生/最随意的出生。

堂吉诃德：你仍然是我的女士。

阿尔东沙：**他还在折磨我！**/女士！我应该如何成为一个淑女？/一位淑女应该有一种谦恭少女的神态/应该有一种我怀疑自己缺乏的美德/**你不能看看我吗，看看我**/看看满头大汗的厨房荡妇/……/一个被人利用和遗忘的废物……**把遮挡住你眼睛的乌云移开，看看真实的我！**/你让我看到

① 由戴尔·沃瑟曼(Dale Wasserman)创作的音乐剧《梦幻骑士》，由乔·戴理昂(Joe Darion)作词，米奇·利(Mitch Leigh)作曲。灵感来自米格尔·德·塞万提斯(Miguel de Cervantes)的《堂吉诃德》(*Don Quixote*)，由沃瑟曼改编自他 1959 年创作的非音乐电视剧《我，堂吉诃德》(*I, Don Quixote*)。作品于 1965 年着次在百老汇公演。

了天空，/但天空有什么用呢？/对一个只会爬的生物来说，天空是美好的吗？/在所有折磨我、殴打我的混蛋中/你是最残忍的！/你看不出你那些温和的无礼让我多么难受吗？/夺走我的愤怒，让我绝望！吹吧，别再吹捧你的"甜蜜的杜尔西内亚"了！/我不是任何其他人！我什么也不是！/我只是妓女阿尔东沙！

[阿尔东沙的自恋促使她恳求堂吉诃德承认她的自体熟悉感，她是一个妓女而不是一个淑女。她把他的温柔视为残忍的入侵者，并将他的温柔视为外来物。]

不同的客体关系模式可能通过父母无意识的愿望影响婴儿的自体熟悉感和自恋免疫系统。例如，父母可能希望他们的孩子能表达自己的个性，或者希望他是完美的和理想的；他们可能希望他能弥补他们的不足之处，或者把他视为自己的延伸，建立并代表他们成为完美的父母；或者他们可能会争取使家庭具有凝聚性，或者忽视团结的概念。

在成人关系中，隐藏在每个人内心中的孩子会影响他们之间的互动模式。我们可以观察到，伴侣积极自恋图式（NBS）的共鸣之间的兼容性可能会产生亲近和亲密，以及伴侣之间的协商、和解与沟通，从而产生巨大的满足感和幸福感。这些有益的关系是健康的自恋、自我的主要适应机制以及普遍存在的客体关系的联合–分离模式的发展结果。因此，个体遇到了他所爱的客体的差异性。虽然每个人都将这些分歧视为微小的差异，但他可能会保持足够的开放，以将伴侣近乎熟悉的经历融入他们熟悉关系的连续体中，将其视为一个整体。然后，他可能会享受这个丰富他们关系的附加属性。

帕特里克（Patrick）是一个已婚男人，他在治疗过程中告诉我："多年来，我拒绝参加我妻子的原生家庭在周六晚上组织的家庭聚会。我不明白他们在这些聚会上能得到什么，但对我来说，这一切都是痛苦的。在我的家庭中，这样的聚会只有在特殊场合才会举行。在家里，我和我的兄弟会先吃饭，然后我的父母亲才会坐下来吃饭。我很确定我妻子的家庭很古怪。现在我的孩子们都长大了，我开始喜欢每周的家庭聚会，我尽最大的努力去参加。我感到自己在孩提时代错过了什么，我还帮助妻子为我们四个人准备餐桌。"

然而，伴侣对 NBS、NHS 和 NDS 关系的共鸣之间的不兼容性可能会引发暂时或持续的陌生感、抗拒、伤害、警觉、痛苦和焦虑，甚至是创伤性体验。不兼容可能会引发相关个体之间的激烈利益冲突，并激活对抗性冲动和情绪的消解——攻击与力比多无关，主要是由爱生恨。伴侣中每一方都可能在其固有的、反复出现的童年客体关系模式的影响下，对对方的情绪表达进行感觉和反应。有害的关系往往是扭曲甚至病态的自恋或创伤性反应、自我主导的防御机制、客体关系的共生模式被触发的结果。当伴侣中的一位将这些差异视为他童年时期的客体关系模式的主要差异或偏差时（如阿尔东沙和堂吉诃德），他可能会体验到陌生感，这种陌生感往往会以不同的形态和形式引发焦虑、愤怒和痛苦的情绪。然后，个体倾向于脱离这段关系，撤回到他的自体空间中，或者他可能会勃然大怒，破坏这段关系，甚至攻击自己的伴侣。

关系可以在一个范围内被概念化，从客体关系的联合-分离模式到共生或创伤模式，在两者之间存在不同的结构。正如第四章所述，从出生到 6 个月，这两种模式都表现出类似的结合过程。然而，每一种模式都是基于父母对待孩子的方式的本质不同这一前提。这些前提的范围从认同到否认婴儿的分离，并将在整个生命中持续（通过记忆痕迹）产生共鸣。

应该强调的是，几乎所有与父母一方有共生关系的婴儿都可能与其他客体建立联合的客体关系。然而值得注意的是，尤其在对成年人进行精神分析的过程中，与探索联合模式相比，探索共生模式似乎在日常体验中占主导地位。这可能是由于一种对融合幻觉的"成瘾"，以及在共生模式下被抛弃焦虑的影响。个体对联合模式的寻找可能会处于隐藏的状态，或者与存在联合模式的客体一起重新出现。

让我们从自恋进程和自我功能运作的角度来阐述两种客体关系模式，即联合-分离关系和共生关系之间的区别。从出生开始，联合-分离（见第四章）便发生在第三共享空间中，这意味着每个个体暂时从自己熟悉的空间中走出来，并在共享的虚拟空间中与他人联合。个体从口欲期的亲密关系开始融入一个共享空间，并会在整个生命中不断改善融合的能力。这种融合的自发变化可能出现在其他家庭成员、朋友、伴侣，甚至在两个以上的伙伴之间。每个人都可以通过熟悉的标志彼此分离，并撤回到自体空间或加入其他共享空间。当伙伴开始交流他们的可及性时，他们可能会再次联合。联合和分离之间的这种通道或转换可以在个体之间发生，条件是他们之间的分离是熟悉的、被认可的并受尊重的（由于记忆痕迹和健康自恋，以及占主导地位的 NBS 共鸣）。

个体在第三共享空间的体验，为丰富每个伙伴的有益的准熟悉记忆痕迹（NBS）提供了实质内容，并有助于加强其真实的自体熟悉感，增加自体资产。每一个参与者都可以作为具有差异性的个体而加强与其伙伴的沟通，并扩展对差异性的微妙理解。每个人都可以巩固自己的语言表达能力以便更好地被他人理解（适应机制），同时强化对差异性的容忍（健康的自恋）。伴侣之间的这种情绪动力增强了他们的相互关系。因此，联合-分离关系代表了个体的健康客体关系通过个体的自我适应机制加强个体在协调功能中的健康自恋。

然而，即使在共享空间中，个体也无法免受伤害，而且经常会因为源自差异性的意外反应而感到沮丧、被冒犯或受伤。这种伤害往往会唤起并放大其 NHS 共鸣。面对这样的伤害，个体可能会退缩，痛苦地回到其自体空间，并在那里试图治愈伤口，哀悼丧失，最后通过在其熟悉度内保留丧失（如记忆）从而恢复其对自体和客体的熟悉感，然后与其客体沟通和协调（健康的自恋和适应机制）。

我将摘录几个精神分析治疗片段[①]中患者和分析师之间的情绪动力来阐述上述问题。

乔治（George）在我们治疗的共享空间中告诉我："今天来这里之前我又和老板发生了一次冲突，他批评了我并希望我向比我更了解材料的同事咨询。和往常一样，我很生气，主要是因为他对我大发雷霆［共享空间］。我克制自己不顶撞他；相反，我怀着一种愤怒的心情走回我的办公桌前［自体空间］，试图理解是什么引发了他对我的批评，因为我真的很欣赏他看待事物的方式，但我讨厌他大喊大叫［保留积极的客体表征、他的自体资产，同时将消极的问题与整体分开］。"沉默了一会儿，乔治接着说："这次我为自己感到骄傲［健康自恋］，因为我能理解老板的意思［NBS 共鸣］，稍后我们就能进行谈判并展开建设性的对话了。"一段时间后，乔治联想到［NHS 共鸣］："我喜欢和父亲玩某些游戏［共享空间中的适应机制］，但我害怕他的喊叫和批评……我恨他，我清楚地记得，当我愤怒地回到我的房间［撤回自己的自体空间］时，我愚蠢地决定，为了惩罚他，我不再和他玩任何游戏［防御机制］。"在治疗快结束时，他说："我意识到，尽管我有缺点［注意到我们的联合和分离］，但你帮我拥有了我与他［他的老板/父亲移情］讨论事情的能力。"

正如乔治联想的那样，我可以在我们的共享空间里感受到他的缺点，他对他的父亲/老板的差异性的仇恨和恐惧，他们在他们与他的共享空间里大喊大叫，但是他对父亲/老板的爱/欣赏［NBS 共鸣］这次

---

① 治疗片段主要集中在自恋、自我和客体关系的角度；为了阐明主要问题，省略了所有其他动力性思考。此外，在整本书中，没有提供任何可识别的身份信息，以确保匿名性和保密性。

转移到了我身上。在我的自体空间中，我思考了乔治对自我克制的强调，他的肛欲期适应机制在分析中经常出现。我被他关于伤口愈合的联想所感动，这表明他真实的自体熟悉感的健康自恋的恢复，通过这种恢复，他重新掌握了控制权并有能力与他的父亲/老板和解，而不是像过去他习惯的那样和老板斗争，甚至几乎要被解雇了。这也是他寻求分析的原因。我指出，在他与"冒犯"他的老板的对话中，他的自尊得到了提升，而且他对我们工作的欣赏也显示了其客体关系的联合-分离模式的 NBS。

然而，在另一次治疗中，乔治带着我们逐渐了解的弱点来到我的诊所，告诉我："昨天晚上我与妻子和朋友们去了一家餐馆。我突然看到我妻子盯着我朋友的眼睛［他们的共享空间］，这让我难以忍受。我尽量不表现出我的愤怒［他的自我空间］……然而，从昨天开始，也许这是愚蠢的，但我现在只能想到和她离婚。我可能是病态的嫉妒！"乔治继续诅咒她，没有像往常那样联想或修通。他突然说："我敢肯定你迫不及待地想见你的下一个患者，因为我今天难以交流。"

我能感觉到，在我们的共享空间里，乔治对我的移情，以及他在这种压力下的脆弱性，以及在这种情况下，他真实的自体熟悉感所受到的威胁。我在我的自体空间中反思，在这种情况下，他的自体凝聚力似乎都受到了暂时或长期的破坏；当他的 NHS 甚至 NDS 在他体内无意识地产生共鸣时，他感到自己不被人所爱［退回自我口欲期的防御机制］。这些影响使他产生了毁灭性的冲动，想要用咒骂、报复和离婚的计划来淹没他的话语，并与所有客体保持距离，无论是他的妻子还是我。他自我的投射的防御机制被无意识地调动起来，乔治把他的攻击和仇恨投射到他的妻子和我身上。在我看来，乔治的情绪状态的特征是，他的攻击性冲动与他的力比多相融合，而这种融合正在分解。它可能表明个体从自我对驱力和情绪的调节暂时回归到本我本能地释放破坏性冲动状态

（NDS），或者是他分解本能的爆发，而不管客体是什么（见第三章关于死本能的讨论）。因此，我寻找一种移情的解释，希望能帮助他撤回自体空间那里治愈他的创伤，重新整合和调节他的驱力。这样的撤回也许会帮助他恢复真实的自体熟悉感，就像他经常承认自己的 NDS 共鸣一样，并像他与老板／父亲一样，再次与妻子建立关系。

过了一会儿，我解释道："当你想象我在等下一个患者，或者你的老板建议你去咨询同事，或者你看到你的妻子盯着别人看时，你过去经历的一件特别痛苦的事情似乎迸发出来了。"乔治回答说："首先，我确信每个人在这种情况下都会感到被背叛……"乔治陷入沉默，撤回到他的自体空间，我通过保持沉默表达共情。之后，他回到我们的共享空间并像往常一样开始联想。他说："我母亲曾经说我弟弟出生的时候，我已经 15 个月大了，我的父母会盯着我的弟弟看，而我会走到他们中间，张开双臂，不让他们走向弟弟的摇篮……从大约 3 岁开始，我记得有很多次我受不了她盯着我的弟弟看。我常常大喊，'你讨厌我，你只爱他。'而且我拒绝和母亲一起玩……"又一次沉默之后我解释道："这对你伤害很深，你感到病态的嫉妒，在这里你想象我会像你的妻子、你的老板或者你母亲一样，对你没有兴趣，并且期望去见下一位患者。"

在我的自体空间里，我想到年幼的乔治，在 15 个月大的时候，可能经历了意外的凝视，并将其视为一种背叛、抛弃或创伤（记忆痕迹）。他痛苦的联想（NHS 和 NDS 的共鸣）阐明了他的恨意，以及他与父亲／老板的疏远（在前面的片段中有描述）是作为一种避免痛苦的防御机制而存在的。

我解释道："因为你习惯于母亲盯着你看，所以当她出乎意料地盯着你的弟弟看时，你可能有点震惊。所以你总是保持警惕，并产生病态的嫉妒，为她盯着别人看做好准备。"沉默了很久之后，乔治又说："我突然想起母亲曾经瞪过一个我不认识的男人，这是我记忆中看过她最痛苦的眼神。那时我大概 3 岁。我不知道他们之间发生了什么。我再也没有见过那个男人，但我记得我从母亲身上感受到的仇恨。我从来没有和她或其他人谈过这件事……我希望我现在可以问她，但你知道，她患了老年痴呆症。当我去看望她时，她盯着我看，但我觉得她没认出我来……这很痛苦……"乔治似乎在默默地哭泣。

当乔治的母亲盯着他看却认不出他时，我能感觉到他内心深处的痛苦，这种痛苦与其他情况下的痛苦并列在一起，就好像一个陌生人（如他的弟弟、陌生男人、同事等）侵入了他与母亲／妻子／父亲／老板的共享空间一般。这些无意识的 NDS 对他"病态的嫉妒"情绪的影响可能破坏了他看待他所爱之人的有益记忆。

乔治继续说："我想你认为当她盯着我的弟弟看时，等等，当她像我妻子一样盯着这个男人看时我会感觉痛苦……这个比喻真的让我很困惑……这就是我喜欢在治疗中做的，我可以自由联想，发现一些自己早已忘记的联系，并感觉你能够理解我……我很好奇今晚我与妻子见面会是什么情况。"

乔治平静下来，我能感觉到他对生活和爱的渴望。我想到了他那原始的分解本能和联合本能的循环（本我调节，见第三章）。现在他似乎被他熟悉的母亲／妻子客体重新吸引，并且可以和他的父亲／老板和解。这意味着他的自我适应机制可以避免破坏关系，他真实的自体熟悉感再次通过他的健康自恋进程得以恢复；他也被他熟悉的爱的客体——他的母亲／妻子所吸引，并且能够从他自己的内心认同他母亲的爱。此外，他知道他对他们愤怒的来源［他的妻子／母亲，还有被移情的我（NHS 共鸣）］。通过他的自我适应机制，他对他的客体／妻子／老板／分析师的驱力和情绪被重新整合并投入到与其联合-分离关系中。下一次的凝视事件也许会让他的痛苦重演，但希望乔治能在这个共享空间里更好地保留其爱的感觉。

如前所述（见第四章和第七章），我建议将父母与子女之间的联合-分离视为从出生开始的正常客体关系模式。联合-分离为个体在亲密和沟通中与他人建立关系的能力发展奠定了基础，也为他在分离中的个体化提供了基础。此外，它可以为增强儿童天生的健康自恋和自我适应机制提供基础。在此背景下，我想从能影响儿童的父母的观点上强调联合-分离关系的五个主要方面：

1. 父母通过与婴儿亲密接触而获得的愉悦感，使他们在共享空间中的边界感暂时模糊；

2. 父母尊重孩子的分离，包括孩子撤回到其自体空间或在（其他）共享空间与他人联合；

3. 在孩子和/或父母经历了自恋伤害的体验后，父母鼓励其和解（通过模仿）；

4. 父母支持并包容孩子的差异性，爱其本来面目；

5. 父母为孩子个体化提供帮助和支持。

在伴侣关系中，就像父母和孩子之间一样，伴侣可能会共同体验从接近到疏远、从分离到重新结合的各种转变。在这些转变中，他们可能会体验亲密、爱和交流的正性和负性情绪状态，包括愤怒、伤害、谈判与和解（NBS 和 NHS 共鸣）。

在这些体验的基础上，熟悉的自体感可以被塑造成一种真实的自体熟悉感，与熟悉的非自体客体分离。由于自恋免疫系统通常会在形成时免疫自体熟悉感，因此个体的自恋被触发并免疫从而恢复与其他熟悉感不同的、真实的自体熟悉感。在整个生命中，自体熟悉感和其他熟悉感之间的区别变得更加复杂，这取决于先天健康的自恋免疫进程。健康的自恋通过能够在亲密、交流和分离的时刻，以及在体验积极和消极的影响时保持真实的自体熟悉感，在人的一生中不断被完善。

现在让我们仔细研究一下这种共生关系。共生关系发生在一个单一的融合空间中，在这个空间中，父母和婴儿就像任何共生的伴侣一样产生了融合的幻觉，一个无所不能的系统——在一个共同边界内的双重统一。反复体验融为"一体"的感觉会让人兴奋，并沉迷于这种非分离的"理想"统一。另外，分离、分离性和差异性在共生的伴侣中引发了一种强烈的脆弱性，激起了对被拒绝、被抛弃或毁灭的过度焦虑。这种融合的精神状态迫使共生个体中的一个（或两个）伪造其真实的自体需要，并强化了对自体客体的依赖，同时努力避免被驱逐出融合的空间。对于这两者来说，通过相互依附和依赖而获得的不分离感代表了爱的终极情绪状态。就算是撤回到自己的自体空间或者满足其他个人需求后，分离也会被视为抛弃。由于过度焦虑，他们非分离的体验和对自体客体分离的否认在个体内心留下的大多是有害的、破坏性的记忆痕迹（NHS和 NDS 共鸣）。

在这些体验的基础上，熟悉的自体感觉被塑造成一种融合的自体客体熟悉感，即一个脆弱的虚假自体。自恋的免疫系统通常会对自体熟悉感产生免疫，因为它主要是根据熟悉的整体主观框架形成的。因此，共生个体的自恋作为一种共生的自体熟悉感被加工用于免疫和恢复自体熟悉感，形成融合的自体客体整体。这意味着先天的自恋偏离了它原始的免疫加工功能——抵抗非自体并在分离中保持真实的自体熟悉感——被转化为一种病态的加工，这种加工保留了一种虚假的、脆弱的、融合的自体客体熟悉感。

这种病态加工无法抵抗来自父母的自体客体对被抛弃的焦虑入侵到孩子的自体熟悉感中。每当隐藏的对分离的自体需要出现时，婴儿 / 儿童立即压抑或否认它，这是由于父母被抛弃焦虑这一外物侵入所留下的记忆痕迹的影响。因此，婴儿 / 儿童试图满足他的自体客体的需要，就好像这是他自己的需要一样，在取悦自体客体的过程中，他放弃了自己的个性。

当被抛弃焦虑或毁灭焦虑充斥自体时，个体的自我就会频繁启动防御机制，如拒绝分离和压抑对个体化和分离的真实自体需要。这样做的结果是对自体客体的依赖性和依附，并将攻击性投射到那些没有参与融合的人身上，如父母中的另一方或第二位照顾者，通常是他自己的自体客体的熟悉感发生了分裂。

持续的融合错觉（NHS 或 NDS）不会触发或促进个体与客体的差异性进行协商或交流的需要。其结果是个体化受到阻碍，亲密关系的体验是永久的边界模糊并伴随着被抛弃的威胁（NDS）。双方都没有与他人协调的需要，也不知道沟通和关系中时机的重要性。而且，他们既不需要为了更好地理解对方的差异性而提高自己的语言表达能力，也不需要在他们各自与别人的交流中取得进展。简而言之，差异性被认为是一种威胁，分离被认为是不可容忍的（NHS）。

最后，这些自恋图式（NHS，NDS）在个体日常体验中的持续影响为其客体关系和自恋免疫加工中的病理属性提供了物质基础：脆弱性、易碎性、低自尊、焦虑和自恋型人格障碍，以及自身免疫症状。

以下两个详细的片段 ① 展示了在几次精神分析过程中，分析师和患者在移情中共生的情绪动力。

蒙蒂（Monty）是一个 35 岁的单身男士，他分享了自己的痛苦："我一文不值，我不需要任何人……我总是害怕被遗忘……事实上，你对我来说就像一台机器［没有共享空间］……如果我允许自己对你有感觉，我很容易在你的自我中迷失自我［融合进自体客体］我再也不知道我到底是谁了［放弃他真实的自体］……当治疗在规定时间结束时，你

---

① 和之前一样，这里给出的片段都仅限于自恋的角度；省略了所有其他动力性思考，以便专注于这些主要问题，另外也是出于谨慎考虑。

的下一个患者就会进来。我将独自承受可怕的痛苦。我受不了了！我现在恨你……你激发了我对被爱和融入你的渴望……"几次治疗后，蒙蒂联想道："有人告诉我，我曾经紧紧地抱住我的母亲，当她生病被送进医院时，我从她的怀里被拽了出来。那时我大约 2 岁。我什么都不记得了，但我知道她再也没回来……这是我独自一人被遗忘的痛苦。"

在我的自体空间里，我考虑了蒙蒂被迫与共生的母亲分离的创伤。这些无意识的创伤性记忆痕迹通过创伤后破坏性 NDS 继续在他的体内产生共鸣，导致他无意识地攻击甚至破坏他的融合的自体客体熟悉感。这表明病态的自恋会保留、免疫并恢复一种孤独的、被遗忘的、不值得拥有的自体客体的熟悉感，这种熟悉感是对爱的渴望，也是对它的恐惧。随着焦虑的增加，蒙蒂的自我意识调动了一种压抑的防御机制来对抗他被爱的需要和渴望。

40 多岁的詹姆斯（James）的创作生涯非常成功，而家庭生活却不断遭受挫折。他说："我知道我看起来像一个粗俗的年轻人［虚假的自体］。我有时甚至喜欢保持这样的外表……我通常是一个乐观的人……我可能会暗自感激我生命中所拥有的［真实的自体熟悉感］……但有时我会突然感到压力。一种深深的痛苦的感觉让我感到不安，我不知道我到底是谁［融合的自体客体］……我可能会无缘无故地突然爆发［NDS］……有时候我需要觉得我和妻子之间是完全匹配的［融合的自体客体］，否则我会勃然大怒并破坏我们的关系［本我强迫性的本能释放］。她会哭，但我不在乎。"

我想到在过去的几个月里我们的治疗一直停滞不前。我感觉詹姆斯坚决抵制我的差异性并且不允许我在共享空间中融入他进行修通。他把他对自体客体的需要转移到我身上，希望我能准确地理解他，而不必他用语言表达。当我不理解他的时候，他会生气并且粗鲁地回应我，甚至对我大喊大叫。我感觉我们的交流被他虚假的自体所主导。有时，有那么几分钟，我能感觉到他隐藏着的正性的情绪交流，主要表现为他离开房间时对我真诚的微笑。我觉得我必须耐心等待机会，通过结构化的解释向他表达我的想法。

有一天，詹姆斯在治疗开始而不是结束的时候给了我一个真诚的微笑，我被深深地感动了。我感觉邀请他进入一个共享空间的机会到了，我为他提供了一种解释，从而唤起他的真实自体的联想："在许多次治疗时，我觉得你有一个'粗俗的年轻人的样子'，就如你告诉我的那样，但是今天我从你的微笑中感受到你的两种需要，即隐藏一些事情和分享隐藏的真实情感。"接着我被詹姆斯的回答深深打动了："事实上，我感到很尴尬和羞愧地告诉你，在我的内心深处，我有一个真实的、温柔的、有创造力的灵魂，［NBS］与我的外表非常不同……"

几次治疗之后，我们就能揭露粗俗的自体熟悉感的根源了，詹姆斯可以开始解开他的童年之谜。我在这里展示一个有关揭露的小片段，这种自我揭露突然迸发出来，仿佛等待了很长时间来表达自己："我父亲嘲笑和批评我温和的态度，他会用'就像一个女孩子'这样的话来羞辱我［NDS］，我强迫自己取悦他［自体客体；虚假的自体；'展现出我不喜欢的粗俗一面'；入侵他的自体熟悉感］……这是从小到大照顾我的父亲，他会在晚上等我，会对我窃窃私语，他也是唯一一个关心我并且可以保护我的人［无意识信息表明母亲是没有价值的］……他希望我能像他一样成为一个坚强的男孩［自体客体］……有时他给我的印象是他在塑造我。我记得当他陪我去幼儿园或去学校的时候，他总是说'要做这个和那个，注意这些和那些'。当我在学校参加竞争或比赛时，我的父亲永远在那里，我必须为他赢得比赛，否则他会感到痛苦，就好像这是他的比赛。他曾经告诉我，当我奔跑的时候他感觉自己好像在我体内和我一起奔跑并赢得比赛……我知道他对我尽心尽力，花费大量时间陪我运动和写作业，但我不能告诉他我想和母亲待在一起，或者我想在一个朋友家过夜。他常说，'你有我了，你不需要任何人'……他的确是一位了不起的父亲。我钦佩他并从他身上学到了很多。他是一个很棒的父亲的前提是：我要继续依赖他……如果我不依赖他，他就会对我发火，大喊大叫，好像我对他做了什么坏事似的［NDS］……事实上，当我还是个孩子的时候，我会感到焦虑。即使我母亲在家，我也不能在他回家之前睡觉。每当这些时候，我就会去母亲的床上，但是当他回家的时候，他就会生我的气……在成长的过程中，有好几次我都在想，母亲是怎么让他把她推开的……她天性善良而温柔……哦，我的天，我讨厌这个想法，但令人惊讶的是，我感觉你在等待这样的想法来推进我们的工作……难道我父亲那么讨厌我身上源自母亲的真实的、温柔的、有创造力的灵魂吗？……我隐藏了我对她的爱吗？……我从来不尊重我的母亲，就像我不尊重你一样……这就是为什么我想知道我现在怎么能感觉到你的感受。我也不尊重我的妻子……我对她大喊大叫，甚至在我们的孩子面前……她说，对我来说，她就像不是作为一个人而存在一样……我想你也试图解释我对她的不宽容，但我从来都不明白你在说什么。"

在这次治疗中，詹姆斯流畅的话语和他的疲惫让我印象深刻。我觉得重要的不是打断他，而是继续思考他在我们共享空间中的联想。这次治疗与以往的治疗有很大不同。我不知道是什么打开了他的联想，让他显露了真实的自体。也许是我意识到了他的真实性？父亲和孩子而非母亲和孩子之间的共生关系是很少见的，我对此感到好奇。在这次治疗之前，我一直认为詹姆斯非常聪明，但他的情商很低，在联想上也有困难，他不知道妻子的痛苦，也无法理解我对他情绪的描述。现在我可以看出，他隐藏了这些能力，可能是由于父亲的批评及父亲需要与儿子建立共生关系，这两件事从詹姆斯出生开始就侵犯了他的自体熟悉感。结果是，詹姆斯通过对自恋病态的加工保留了虚假的自体，同时无意识地隐藏了真实的自体。他需要取悦他的理想化的父亲，他这个原始的自体客体总是能理解他，为他做一切，为他规划，保护他。差异性对于詹姆斯和他的父亲来说都是无法忍受的。

父亲毁灭性的嘲弄和喊叫侵入了詹姆斯对自体客体的熟悉感中，成为恶性的、毁灭性的记忆痕迹，以至于这些 NDS 在他的日常夫妻生活中不断产生共鸣并破坏他的家庭关系。他的母亲对他来说"无关紧要"，就像她对他的父亲一样，在这样的移情下，我和他的妻子也变得"无关紧要"。尽管如此，他可能确实有过一种隐藏的与母亲的亲近感，一种更接近于联合-分离关系的感觉，这种感觉被父亲的嘲笑所掩盖。他继续保持着与母亲的关系，就像他"真正温柔而富有创造力的灵魂"（NBS）一样，当他对我微笑时，我能感觉到这一点。显然，他与父亲的共生关系支配着他基本的共同关系。

在我的研究框架里，从出生开始，父母与子女之间的共生关系被认为是一种病态的客体关系模式。共生关系可以将基本的自恋网络推向病态的自恋进程，即免疫并保留融合的自体客体熟悉感、虚假的自体熟悉感和易被分离的特点，并导致自我调动主要的防御机制。

我想强调共生关系的六个主要方面，这些方面无一例外地包括下列父母概念（我在这里指的是母亲，尽管这些概念可以同样适用于父亲或父母双方）。

- 父母从与孩子的亲密关系中获得快乐，而在他们的融合空间中，他们之间的边界，一直很模糊。
- 由于被抛弃的焦虑，父母否认孩子的分离，阻碍孩子分离的需要及其与他人联系的倾向。
- 父母支持孩子对差异性的不宽容。
- 父母阻碍孩子的个体化。
- 父母鼓励孩子与自己融合。
- 被抛弃焦虑和毁灭焦虑经常淹没父母的自体并侵入孩子的自体，使孩子充满焦虑。

以上六点意味着儿童 / 个体在"一体空间"中与自体客体融合或合并的幻觉有被粉碎[①]的危险，从而暴露在被抛弃的焦虑以及暴露在虚假和对放弃脆弱、自体障碍[②]、自体毁灭的真实自体的焦虑中。这些情绪状态往往对他的个体化、自尊以及与自体客体的关系有害。个体可能会缺少应对挫折和伤害的能力，产生频繁的自身免疫情绪现象（见下文）。

下面是 30 多岁的伊桑的例子，他与我分享了对最近假期的感受，这也许能说明一个人通过健康的自恋进程表现出的自体熟悉感的统整性和凝聚力与另一个人（他的朋友马蒂）通过病态的自恋进程恢复的脆弱易碎的自体的区别。

伊桑兴奋地告诉我："我刚刚整理完我和马蒂去印度旅行的相册。这真是太有趣了，就好像我在重温那次旅行，重新体验旅行中的气味、颜色、人、风景以及我和马蒂的友谊……就好像记忆里的这些经历现在正在发生一样，所以我可以很容易地按时间顺序排列照片，并添加一些描述事件顺序的评论。[伊桑在他健康的自恋进程中，保持了记忆痕迹的连续性，并保持了自体熟悉感的凝聚力。]"

"我还遇到了布拉德，他刚从印度独自旅行回来，我们互相分享了各自的经历。布拉德向我描述了香料市场上令人陶醉的香味，我感觉自己似乎也闻到了香料的味道，仿佛我和他一起去了一样 [NBS]。我真的很喜欢香料和气味，但我们最终还是决定不去布拉德说的那个地方，

---

① 乌尔曼（Ulman）和布拉泽斯（Brothers）持另一种观点。他们认为，创伤和创伤后应激障碍的概念导致了原始的自恋的"中心组织幻想"的破碎，这些幻想涉及自体和自体客体，如对夸大或理想化的幻想。

② 自体障碍：也称为"自体客体障碍"，这发生在自体未能获得凝聚性、活力或和谐时，或者当这些品质在尝试性地建立却失败时。主要的诊断类别……总是意味着自体结构的完整性和强度被损害，继发于错误的自体客体反应能力的体验。

我对此很遗憾。但是，没关系，下次我会去那里的……布拉德给了我一张他在香料种植园里拍的照片，但我真的没想过把它放进我的相册里，因为我没有去过那里。它和我自己拍的照片不一样，甚至与马蒂和我在一起时拍的也不一样。[他保护他的自体熟悉感，它不同于他朋友的。]"

"昨天晚上我去拜访了马蒂，我对我的相册非常满意，所以想和他分享。我们交流了彼此的记忆，但最终这次交流很令人失望。我会回忆起一些马蒂不记得的经历，如乌鸦的叫声，或者我们遇到的一些了不起的印度人，每当这时他的反应就会很愤怒，就好像是我编造了这些事件一样，或者好像这些是我和别人在一起时发生的一样……这让我很震惊；他屏蔽了所有分享记忆的方式。当他准确地记得我描述的事件时，他显得很兴奋，但当他不记得确切发生了什么时，他就显得很疯狂……这样死板！……这样僵硬！我无法理解他这种脆弱。就好像他必须确保我们记住的是完全一样的事情。直到现在，我才理解了我们在旅途中发生的一些冲突。"[注意，除了那些他亲身经历、记忆或拍摄的事情外，他无法与人分享事情时的脆弱性和易碎性。为了保持他的自体熟悉感，他可能需要依赖一种扭曲的或病理性的自恋进程。]

伊桑获得免疫的自体熟悉感和凝聚力使他在真实的自体熟悉感中感到安全，并将自己的叙述与马蒂甚至布拉德的叙述区分开来。伊桑愿意从他的朋友那里听到他们体验的差异性，但不允许他们侵入他的自体，混淆他自己的体验。因此，布拉德的描述唤起了伊桑对相关气味的记忆，唤起了伊桑想要体验这些不同但很熟悉的地方，想要去那些他错过的地方游玩[这表明了他健康的自恋]。

受伤后恢复自体凝聚力所需的时间取决于自恋进程在日常生活中的主导地位，以及其在健康、扭曲或病态方面的相对贡献。它还依赖于自我功能的适应机制（如象征化和整合）和防御机制（如投射和分离或其他解离机制）。

病态的客体关系可能会形成不安全的和破坏性的关系，依赖和依附或冷漠，对抛弃和毁灭的焦虑，偏执的感觉和想法（这也许能帮助进一步区分自体和他者的边界），心理病态关系或状态，以及恨和爱的丧失。

自身免疫情绪现象

没有人是完美的，无论是我们自己、我们的孩子、我们的父母或我们的伴侣都不是完美的。当我们面对缺陷时，无论是在我们的客体身上，我们的身体上，我们的关系中，还是我们的自体中，我们都会面临自恋伤害。与我们熟悉事物的正常偏离所构成的缺陷，如失败、疾病、器官移植、衰老、痛不欲生的丧亲之痛，甚至怀孕或性发育，这些往往与我们体验到的自体熟悉感相异。这些偏差可能会对自体的完整性产生消极影响，并破坏其凝聚力。每当个体体验这些生活事件完全不同于他的自体熟悉感、他的自体或他的客体时，他有时会无意识地激活自体毁灭过程。他可能会否认这种变化或障碍，或否认它们的意义，而不是友善地把它们当作属于自己的东西。因此，他可能会对自己发起攻击，如在面对衰老时降低自尊，寻求神奇的、可选择的修复性手术来干预，或者在失败后陷入抑郁。

辛德勒（Schindler）写道：

[生物] 免疫系统是一个由特殊细胞和器官组成的复杂网络，它们的进化是为了抵御"外来"入侵者的攻击……它能够记住以前的经历并做出相应的反应……免疫系统的核心是区分"自体"和"非自体"的能力。人体的免疫防御系统通常不会攻击带有自体标记的组织。但是，当免疫防御者遇到携带"外来"分子的细胞或有机体时，免疫部队会迅速行动，消灭入侵者……在异常情况下，免疫系统会错误地将自体识别为非自体，并执行错误的免疫攻击。其结果可能是引发所谓的自身免疫性疾病，如类风湿关

节炎或系统性红斑狼疮、过敏等。

让我们来观察一下我在心理治疗中遇到的一个非常聪明、通常很快乐的来访者——阿尔伯特（Albert）。他是一名成年人，他在大部分专业、学术和家庭活动中都取得了成功。他健康的自恋通常会加工新输入的信息，并与自我对各种适应机制的调动以及他的联合-分离客体关系相协调。然而，由于他习惯缺席重要的演讲或考试，这常常有损并威胁到他的学术生涯，他无意识地、错误地认为这是对他自尊的威胁。自幼以来，尽管意识到自己具有积极的认知能力，但他一直很抗拒由于注意力缺陷多动障碍（ADHD）所致的学习、感知障碍和巨大困难，仿佛这是一个入侵者，破坏了他积极的自体熟悉感。这些童年受伤经历的后遗症是他往往会推迟到最后一刻才会开始学习，这是一种对失败焦虑的无意识防御。因此，他为自己最终的糟糕表现找到了借口："我没有足够的时间准备，所以我不可能取得更好的成绩。"尽管如此，他通常还是取得了不错的成绩。

我相信阿尔伯特的注意力缺陷多动障碍在无意识中被他的自恋免疫系统错误地识别为外来入侵者或对他的自体熟悉感的威胁。因此，这些障碍不被认为是他的自体熟悉感困难的一部分，他也无法把这些困难作为整体融入他的自体熟悉感中。因此，面对各种挑战和考试，这些恶性数据（NDS）在他的内心产生共鸣，他的自恋被触发去攻击他的"入侵者"自体资产，即他的 ADHD，并通过将失败体验为他熟悉的自体的内在部分，然后将他熟悉的自体视为失败的。因此，他不是为了完成任务不断学习和准备，以克服困难和障碍，而是去逃避（防御机制）学习，从而避免出现威胁他的自尊的情况。就算他的考试成绩已经足够好，但这对于恢复他的健康自恋，即让他的自体熟悉感能包含这些特殊缺陷并将其视为一个整体并没有帮助，他也不愿意让自己的自尊接受任何评估。

　　尽管具有以上困难，但由于其他共鸣（NBS）回响，阿尔伯特在生活的其他领域获得了成功。例如，通过顺利地绕过他的 ADHD 缺陷来增强他的领导能力和社交技巧——这一过程使他能够提升甚至享受他的认知能力。

　　在压力下，生物免疫系统可能会因致命的错误而攻击和破坏健康的身体组织，产生自身免疫性疾病，如青少年糖尿病和类风湿性关节炎。我认为"自身免疫情绪现象"的产生方式与自身免疫性生理疾病相似。

　　正如我们所见，婴儿在长期的伤害经历中积累的记忆痕迹——如被过度批评、虐待、拒绝或创伤，以及与另一个（自体客体）融合——被组织成自恋破坏图式（NDS）。这些负性的体验，在幼儿日常生活中NDS 共鸣的支持下，可能会侵入幼儿的自体熟悉感，扭曲幼儿对熟悉的自体的真实感受。因此，婴儿的自恋就像上面描述的生物免疫系统一样，错误地将这些非自体视为自体，而不是用自恋的免疫进程将这些"入侵者"视为外来物并加以对抗。此外，似乎健康的自恋无法对抗这些 NDS 破坏性"入侵者"的入侵。相反，婴儿病态的自恋进程攻击、摧毁、转而攻击自己和自己的身体，对他的真实自体进行错误的免疫攻击，试图摧毁它——仿佛他的真实自体是一个非自体，是一个入侵者。在这种情况下，病态的自恋被触发，以恢复与这些入侵者的 NDS 相匹配的自体熟悉感。婴儿被侵犯、攻击和破坏的自体熟悉感可能会产生容易被理解为自身免疫情绪症状的表现，使人联想到自身免疫性生理疾病。因此，个体感觉他熟悉的自体是不被爱的、被伤害的、被羞辱的、没有安全感的，并体验到低自尊，或者感觉自己是个失败者并对自我予以否定或者进行自我剥削。他可能会遭受负性的、肮脏的、不光彩的身体自体意象的折磨，不再追求个体化，可能会用头撞墙，表现出强迫性症状，以及出现咬指甲症、厌食症、性倒错、拔毛癖（拔头发）、自伤行为和自杀倾向。

此外，由于对被抛弃和毁灭的过度焦虑，这个人可能会对变化时刻保持警觉。针对这些焦虑的防御机制可以表现为永久性的退缩，或在死本能的影响下将仇恨投射到他人身上，或者直接将自体毁灭投射到自体上。

我们还可以看到奥巴赫（Orbach）描述的情况：

自体保存和自体毁灭根植于身体经验和身体照顾的发展过程中。身体，作为一种满足和快乐的源泉，增强了保护生命的倾向、对生活的吸引力，并起到了抵御自体毁灭的作用。身体的感觉，如对身体疼痛的反应和对身体内部过程的敏感，会产生警告信号，旨在提醒身体系统警惕由内部和外部危险而造成的身体伤害。

就我的理论而言，这一概念可能指健康自恋的加强，以及 NBS 和 NHS 共鸣的结构。

负性的身体体验、扭曲的身体体验，以及负性的态度和感受可能会增强自体毁灭的倾向。因此，身体仇恨、对身体的排斥、身体的分离、身体的快感缺失、对身体暗示的不敏感，以及其他扭曲的身体体验可能会促进自体毁灭。根据我的理论，这种概念化可能指破坏性 NDS 共鸣的结构，并增加触发扭曲和病理性自恋进程以及自身免疫情绪症状的可能。让我们来详细说明一个幼儿在肛欲期的过度焦虑，即不受控制的攻击性（与力比多分离）可能会爆发在他那令人受挫的爱的客体上的焦虑。他可能会感到害怕和内疚，因为他幻想他的父母可能会被他伤害，特别是在他缺乏明确的父母的边界的情况下。同样，由于投射，他可能害怕他父母的愤怒爆发，甚至可能害怕被这种愤怒杀死。为了保护他心爱的父母，孩子病态的自恋可能会错误地将自己的攻击性识别为自体熟悉感的外来物（而不是对它友善、调节和容纳它），从而把自己的攻击性（最初体验为对父母的）朝向自己，出现自体毁灭症状，如强迫自己用头撞墙等。通常，当婴儿的自体熟悉感受到自毁性的攻击时，他会寻求父母过度关注和关爱的补偿。他冒着无意识地产生身体或自身免疫情绪症状的风险，而这些症状通常会被客体注意到。例如，慢性便秘、选择性缄默症、胃痛、头痛、拔毛癖、厌食症、强迫观念和行为、心身疾病以及自杀未遂。

　　6岁的丽塔（Rita）是一个非常聪明的女孩，儿科医生将其呼吸困难和胃痛症状诊断为心身症状后，然后将她转介给我。丽塔很听话，如果她觉得周围的人对她的话或她的行为有抵触，她常常会请求他们的原谅。在我们玩洋娃娃的治疗过程中，她对成为一个"强壮的女孩"的焦虑浮现出来。在这个特殊的治疗中，她对洋娃娃小声说："有人可能会受伤……你的父母可能会出事……也许是意外……因为我……你很强壮……你不能呼吸？"丽塔看起来既焦虑又疲惫，我试着解释她的感受："你很害怕如果你的洋娃娃像你一样强壮，有人会受伤。"丽塔突然大哭起来，转向我，喃喃地说："我家后院有只小鸡，我不小心把它绊倒了，它一动也不动。妈妈说它死了。这太可怕了。都是我的错。"过了一会儿，我解释说："你担心你的父母会出事，就像你的小鸡一样，因为你很强壮……当你不能呼吸时，你确信他们会照顾你。"丽塔睁大眼睛看着我，回答说："你确定如果妈妈知道我很强壮也没有关系吗？"当她的母亲来接她时，她像往常一样以一种过度保护的方式讲述了丽塔的病情。丽塔的反应令人惊讶："不，不，妈妈，我没病。我可以自己穿外套。我是一个强壮的女孩，我爱你。"她们互相拥抱的场面让我非常感动。我突然想到，为了安全起见，她在我面前测试她的母亲。

　　当时，我没理解她所说的"强壮"的意思，但我试着用她的词来回应她。几个月后我才能够理解，对她来说，"强壮"是指健康和愤怒，丽塔的呼吸困难使她的父母去关注她的疾病，而不是注意到她是一个健康、可爱的女孩，有能力做一些她认为"坏"的行为，如表达她的愤怒情绪等。

下面是几个精神分析治疗片段，展示了一个年轻女性的自恋及其自身免疫情绪反应的病态过程。

20多岁的阿德拉（Adela）是家中唯一的孩子，被诊断出患有边缘型人格障碍（BPD）。她谈到了自己持续的痛苦、深刻的孤独、强迫观念和频繁的攻击性爆发。她抱怨自己在建立和维持亲密关系上非常困难，尽管她"再也无法忍受独自一人了"。在她的精神分析中，阿德拉经常以各种形式表达她主导的无意识的恶性叙事（我用楷体字强调）。例如，她戏剧性地描述了前一天发生的一件事："我在超市排队时，突然一个粗鲁的老人在前面推搡，这侵犯了我的权利。我开始大喊大叫准备去找他并推开他……我的恶意爆发了，好像我被诅咒或被蛊惑了一样…"她继续说道："我害怕暴力，因为我父亲对我母亲非常暴力……因为她的强迫观念［她的母亲患有强迫症（OCD）］……我有时害怕他会杀了她……我不想和他一样！母亲要求全家人不要坐在她的椅子上或床上，因为她害怕我们会用细菌或病毒污染她。"在下一次的治疗中，她说："母亲告诉我，当我还是个婴儿的时候，她非常高兴，一直把我抱在怀里。她有种好像她还在怀孕的感觉……现在，我不确定她这么亲密地抱着我是因为她爱我，还是因为她对感染的强迫观念……我总是很嫉妒别人，尤其是对孕妇……我也很嫉妒你；你拥有一切，而我一无所有……我常常担心有人会侵犯我的权利，甚至是你……我不信任你……我为需要你的感情而感到羞耻……你可能会离开我。"沉默了很久之后，她继续说道："我觉得父亲对我很温柔，尤其是在我小时候……我几乎忘记了这一点。"又一阵沉默之后，她说："就在我觉得离某人很近的时候，我开始大量出汗，我觉得和我在一起的人可能会看到或闻到它……你注意到了吗？"她问道。"当我觉得你理解我的时候，我就会出汗……

然后我会觉得被你拒绝并开始恨你。"

我解释了她的创伤性叙述："你渴望母亲把你当成婴儿一样抱在怀里的爱。"我停顿了几秒，然后继续说道："你也渴望父亲的爱和我的感情，但是你的汗水在你面前把它推开了，然后你的恶意爆发了，就好像你被蛊惑或者被诅咒了一样，所有这些都侵犯了你被爱的权利。"在这种解释之后，阿德拉少有地能将自己的破坏性心理化了。她回答说："这太愚蠢了……我总认为是你或其他人拒绝了我，或者可能侵犯了我的权利……因为我的气味，因为我爱发火，所以没有人会爱我……这是真的，我非常渴望爱，但当我感觉到爱就要来的时候，我就会出汗，这会破坏我的一切。"

这一次，我们共享的空间扩大了，我能感觉到她需要我的爱时的屈辱，以及她担心失去"几乎被遗忘的"、慈爱的父亲的焦虑。我猜测，这种焦虑会激发她的自我意识，从而调动起一种认同攻击者的防御机制。因此，她会像父亲一样充满暴力从而为他辩护，就像她被蛊惑了一样。

在接下来的一次治疗中，阿德拉承认她对母亲的强迫性要求感到愤怒，这种要求"侵犯了她的权利"，正如她父亲对她母亲的暴力一样："今天早上我父亲不在家，我母亲冲我大叫，让我不要坐在她的椅子上……我恨她。我几乎像父亲一样对她大发雷霆……我想用暴力病毒污染她，就像她警告我不让我做的那样……但我尽我所能保护她免受我父亲的暴力［自我防御机制的反应模式］，我真希望我能死去，逃离这一切暴行。"

我想到的是，当她因为心爱的母亲的强迫症想要对她施加暴力时，她就会出现自杀倾向，当她有压力和恐惧时，她可能会向她的母亲或"一个在我前面推搡的粗鲁的老人"［一个以多种形式出现的联想］发泄她的愤怒并攻击他们，以代替对自己的攻击。我想进一步探索她父亲的暴力，因为这种暴力侵犯了阿德拉的自体熟悉感，而她未能正确地免疫其真实的自体熟悉感的被爱的权利，即在不摧毁她爱的客体或被湮灭的情况下被爱。她渴望被爱（她对父亲爱的 NBS 共鸣），但事实上，她不觉得自己被任何人所爱，也不是特别爱自己或别人。同时，她被可怕的暴力行为所欺骗和击退（她对父亲暴力的 NDS 共鸣）。她的渴望和排斥之间的无意识冲突通过她过度出汗的心身症状（一种原始的防御机制）得以解决，这也使她避免亲密。正如她所说："我是邪恶的、被蛊惑的、被诅咒的。没有人能爱我。"我意识到，她父亲积极的表现和对她的爱（NBS）的记忆痕迹深深隐藏在她的默认的 NDS 共鸣之下。我能否帮助她恢复这些 NBS 以平衡她的 NDS？

阿德拉的边缘型人格障碍可以理解为她的应对需要，即应对将会到来的分离或被拒绝①的威胁，以及外部的爱的客体的丧失——欺骗人的父亲和排斥、强迫、共生的母亲。因为她无法表达对爱的需求，她的创伤经历（"我怕他会杀了她"）在没有"足够好"的容纳的客体的情况下出现。她的客体关系受到损害（她无法维持关系），她以牺牲自我适应为代价启动了主要的防御机制（对攻击者的认同、反应的形成、出汗和死亡的愿望）。通过自恋的病态加工，她保持了自体熟悉感，即被暴力迷惑或诅咒、被拒绝、不被爱、气味难闻，她的客体表征（她的自体资产）是消极的。她非常脆弱，很容易在攻击中爆发（见第三章，关于本能的爆发），并担心自己的权利被侵犯。她扭曲的自我认知、暴力的爆

---

① 边缘型人格障碍（borderline personality disorder，BPD）的基本特征以人际关系、自体意象和情绪不稳定为普遍模式，往往表现为冲动。此外，个体对即将分离或拒绝的感知，或者外部结构的丧失，可以导致自体意象、情感、认知和行为的深刻变化。他们会体验到强烈的被抛弃的恐惧和不恰当的愤怒，即使面对现实的、有时限的分离或者计划中不可避免的改变（例如，当临床医生宣布一个小时的结束时，他们会突然感到绝望；当他们的重要他人仅仅迟到几分钟或者必须取消约会时，他们会感到恐慌或愤怒）。他们可能认为这种"被抛弃"意味着他们是"坏的"。这种被抛弃的恐惧与无法容忍独处以及需要他人陪伴有关。

发、出汗、自毁、病态客体关系、自恋障碍，这些都是 BPD 诊断的依据，在我看来，这些也可以被视为自身免疫情绪症状。

如上所述，自杀倾向通常出现在诊断为 BPD 者的共生关系中。奥巴赫及其同事声称："自杀和共生关系之间的联系建立在对完全融合或完全被抛弃同时具有恐惧之上。"或者，根据我的概念，这种自杀倾向可以被认为是一种自身免疫情绪现象：个体陷入了无意识的幻想中——幻想自己的自体客体是一个外来入侵者，要么与自己融合，要么完全抛弃了自己。在这两种情况下，个体都失去了自体熟悉感，体验到一种异己的自体感，并准备与自体客体 [1] 一起自我毁灭或自杀。

下面的例子展示了一个过度共生的人的病理性自恋，她将自体熟悉感与原始的自体客体融合，并攻击分离，将其视为外来物的入侵，导致她试图自杀（自我免疫情绪加工）。

南希是一个年轻的女人，在一次自杀尝试失败后来找我咨询，当时她发现了她的女朋友（女同性恋）离开了她："我的生活毁了……我不能没有丹尼尔……我们的关系如此亲密，就像是一体的……我母亲对我来说就像一个紧身外套……她的动作和我的姿势永远一致……只有当我感觉我们合为一体时我才能意识到我的存在……我觉得这类似丹尼尔给我的感觉……我想让她填满我的每一个缝隙……否则我就不存在了。"

"奇美拉"（Chimerism）[2] 的概念为我提出的自身免疫情绪现象的观点提供了另一个有趣的视角：

---

[1] 在父母谋杀自己的孩子时，可能会发生同样的灾难性加工。

[2] 德班（Durban）指出："在遗传医学中，奇美拉是一种生物体，它具有两种或两种以上不同遗传的细胞群，来自不同的受精卵……每个细胞群都保留了自己的特征，由此产生的生物是一个无法融合的混合体……熔接部分留在身体上接着又与身心融合……这个嵌入其中的孩子的自体碎片对他们来说是恶性的外来物［以及］他们自己对于自己来说也是外来物"。德班是第一个提出"心理奇美拉"术语来描述患者对分析师的解释不可避免的免疫"反基因"反应的人。

在其病理生物心理幻象表现中，奇美拉被描述为一种混乱的有机体，可能会对自身产生反作用，因为它的一部分被体验为外来物并受到免疫系统的攻击……产生了一种心理遗传畸形和混乱的有机体，它无法……检测什么对它来说是熟悉的以及什么是外来的……对自身过敏并自我攻击。

德班强调，在无意识的幻想中被熔接了病态的、自体毁灭的特性，与外来的精神遗传物质熔接在一起，这些物质被认为烙印在身体里，影响人的心理进化。

正常情况下，生物免疫系统会抵抗任何外来的遗传物质。然而，在子宫内，胎儿可能会因外来的非自体因素而感到不安，如触碰到他的细胞膜不一致，但他可能无法拒绝。我想，许多自闭症儿童和其他避免接触、对触诊（自身免疫情绪现象）敏感的人的生理症状是否可能是这种外来的宫内感觉的结果。

D. 奎诺多茨对眩晕症状和客体关系的阐述在我看来与自身免疫情绪现象有关。奎诺多茨声称，眩晕（一种自身免疫性疾病）可能是一种对分离焦虑的表达，出现在与空间和时间有关的身体感觉上。奎诺多茨遵循弗洛伊德的观点，将焦虑的成因归结为分离和客体丧失。基于一个有趣的例子，奎诺多茨认为患者与其客体的关系不是将其当作一个存在的人，而是其自我的延伸。

以下是他的观点：

有时，当患者会意识到自己生活在一个"无客体"的世界里时，他发现它是空虚的，在一个没有任何边界的世界里可能会有一种眩晕的感觉……患者焦急地寻找一个客体的边界，以便感知他自己的边界并感觉到自己的存在。

患者表达了自己受到威胁的幻觉："我觉得缆车在我下方打开，就像我从肚子里掉下去一样。"他重现了从母亲的肚子里生出或被母抛弃的焦虑；他在分析中无意地重复了这一点：如果他不紧紧抓住我，我就会让他退出治疗。他还有一个不可抗拒的愿望，那就是跳进"虚空"——如跳出窗户。接着，他通过另一个幻觉继续他的联想："肚子里还有一种可怕的特性，仿佛这是一个永远不会让我离开的漩涡……漩涡变成了一只凶猛的狗的嘴巴，随时准备把我吞下去。"在其他的治疗中，这位患者表示他需要"与自己的分析师'成为一体'，以迫使其无法与自己分开"。在另一次治疗中，他感到呼吸困难。或者，他给分析师的印象是，他在跟她说话，但实际上他是在跟自己说话，好像她和他融合在一起了。奎诺多茨提醒我们："幽闭恐惧症可以追溯到被关在母亲危险的身体里的恐惧。"

在奎诺多茨对这个患者的治疗中，眩晕似乎是其分离焦虑的表现。奎诺多茨能够观察到："可以从这一症状在治疗中的变迁来看客体关系的变迁……从融合相关的眩晕到被抛弃的眩晕，到与渴望相关的眩晕，到与囚禁和逃脱交替有关的眩晕，再到与虚无的吸引力相关的眩晕。"我同意奎诺多茨的观点，即当患者意识到融合的危险时，广场恐惧症和幽闭恐惧症是眩晕的表现形式。

我还建议将这位患者的眩晕幻觉视为其无意识和原始记忆痕迹的共鸣，这可以追溯到其在母亲子宫中的时光，这让人想起上文所述的"奇美拉"现象。似乎患者在与母亲子宫成为"一体"的封闭状态中或者在进入无边界的世界时都将无法自己呼吸。从这个意义上说，眩晕是一种熟悉的体验，它在日常体验中作为自恋的自身免疫现象而引起共鸣。

除了自身免疫情绪现象外，个体扭曲的自体熟悉感或其人格障碍可能还会产生其他的病态的自恋进程。例如，形成虚假、脆弱、易碎的自体熟悉感；自体剥夺和自体毁灭；不成熟的自恋型人格；强迫性、冲动型和强迫型人格；偏执的人格；还有边缘型人格障碍。

小 结

在详细阐述口欲期和肛欲期的过程中，我们发现，自恋和自我的内在功能可能会在儿童生活各种事件的影响下得到改善或被扭曲。这些事件包括从有益的到创伤性的自体体验和客体关系体验。这些童年记忆痕迹的共鸣被构造成自恋图式，提供对个体现状和经验的主观解释，其本质是一个影响所有经验的过滤器。先天免疫自恋的概念以及自恋图式的后续影响也许能解释为何人们会受熟悉感（无论是有益的还是有害的）吸引并且难以忍受陌生感：它阐明了在这些共鸣的影响下，孩子与父母之间、兄弟姐妹之间或伴侣之间的关系是如何被轻易切断的。

本章还尝试去描述客体关系的复杂加工，以便在病理与健康之间、共生的客体关系模式与我所定义的联合-分离的客体关系模式之间的连续统一体上做出更清晰的区分。具体的阐述涉及病理性自恋和我所认为的自身免疫情绪现象。

第九章

总结

《童年之谜》是我的理论创新与临床实践的结晶。这本书有助于个体澄清早期的心理体验，以及它们如何影响婴儿的正常或病理发展路径的演化。它还关注童年体验如何在成年、伴侣和父母身份中得到体现。我的理论来源于已形成普通共识的精神分析理论和心理文献以及我多年来的临床工作经验，两者相互借鉴，相辅相成。

《童年之谜》阐述了婴儿从出生到口欲期和肛欲期的正常情绪发展，强调了可以预期的婴儿与父母关系的本质。我详细研究了新生儿在进入（完全不同于他在母亲子宫中所习惯的空间的）世界后所经历的情绪过程。

本书追溯了新生儿在依赖于子宫中的熟悉感知而在巨大变化中生存下来的能力的奥秘。这些生存技能帮助其适应和熟悉其新的身体体验及其所进入的新世界，其中包括其养育者。

我详细阐述了起初作为婴儿最终成为成年人的我们在接受新挑战之前所具有的倾向性，即掌握熟悉而恒常的事物，并更新在我们自身内在和在我们所处环境中发生的变化。我还注意到我们作为成年人的技能：

用我们内在的孩子来保持自体、管理与他人的关系，这通常发生在我们最亲密的伙伴表现出其差异性时，他们以这样的表现不知不觉中挑战了我们熟悉的自体感。

我提供了许多例子来说明婴儿的发展、熟悉和适应的情绪路径（亦即改变），其对外来物的抵抗、对焦虑的防御，以及其在客体关系中需要协商并最终克服的障碍。

在口欲期和肛欲期，"修通"主要集中在四个基本概念方面：自恋、本我和自我、客体关系以及分离／个体化。

关于自恋

在这里，我区分了先天健康的自恋和不断演变的病理性自恋。先天健康的自恋是我提出的一个新概念，它首先在子宫里形成，然后在人的一生中不断完善，以保持真实的自体熟悉感。我认为健康的自恋进程是一种情绪免疫系统，通过这种系统，自体熟悉感可以作为一种有机的主观整体进行免疫、恢复和保护。与此同时，这种自恋免疫系统对任何可能威胁到自体熟悉感整体的陌生感保持警觉，包括抵抗和／或拒绝任何外来入侵或者入侵熟悉的自体感。外来的非自体可能包括任何偏离自体熟悉感、家庭圈子之外的他人、陌生人、未知的元素或非常规事件。自恋的警觉性可以被描述为对那些被认为是陌生的、未知的甚至正在经历变化的事物的抵抗，并可能导致嫌恶感、排斥感、焦虑感和恐慌感，甚至是对陌生人的或种族主义的仇恨。相反，警觉可能以好奇心的形式出现，好奇心反过来又可能导致其友好对待差异性和陌生感，掌握未知，甚至享受探索、冒险或危险。健康的自恋关注于区分自体熟悉感和非自体，熟悉的非自体和陌生人，以及发展和增加对其他人的差异性的宽容。

在亲密和幸福的时刻（如在联合的客体关系中），个体可能会暂时感觉到分离的边界变得模糊；尽管如此，个体仍然保持着自恋的警觉性，以识别外来非自体的感觉和感知。健康的自恋和客体关系之间的联系强调了我们的自恋需要得到我们所爱之人的认同。因我们是我们自己而被人所爱，因我们的独特性和独立性而被人们所熟知和欣赏，这增强了我们的自尊，使我们能够保持自己的自体熟悉感。

从口欲期开始，我们的自恋主要根据熟悉感和直觉来加工输入的数据：从肛欲期开始，我们的自恋根据身体意象的自体熟悉感来加工。我们自恋地被熟悉的感觉所吸引，同时仍然容易受到陌生感和差异性的伤害。因此，可以将自恋免疫系统与生物免疫系统相比较，即认同熟悉的细胞蛋白并拒绝外来物。

我认为天生健康的自恋是我们人格中至关重要的原始成分之一，是继本我、自我、超我和自我理想之后的第五个（如果自出生就具有）人格组成部分。健康的自恋经历了不断的改进和完善（以自我功能和联合客体关系为支撑），这是一个动态的多阶段过程，其基础是逐渐放弃对完美的幻想，伴随着对完美和理想不再的哀悼，并不断地采取一种更新的、熟悉的自体完整感。随后，一种熟悉的自体完整感得到巩固，并适合于情绪发展的每个阶段。

关于本我和自我的功能

我区分了与客体无关的本能张力的宣泄（生物和本我调节）和与客体相关的满足的驱力和情绪紧张的宣泄（自我调节）。在口欲期，父母通过充当婴儿的辅助性自我来支持婴儿的自我。在肛欲期，幼儿内化了父母的规则和由父母和/或现实建立的边界，从而巩固了自我的功能。我重新审视了自我的调节，以及适应机制与防御机制如何被以不同的方式调动起来。在我看来，这些差异基于三个标准：情绪目标、运作模式和情绪成本与收益。

适应机制代表着从婴儿期到成年期效率不断提高的复杂手段，其目的是以一种有益的方式调节个体的驱力和情绪。随着个体的发展，适应机制可以实现自我成就，对各种任务进行长期投入，包括共享项目、与他人交流。因此，与这些共享项目相关的关系，以及与个体的客体和环境相协调的关系可以被获得，从而激活和唤起愉悦感、满足感、自尊感和自我控制感。防御机制代表了防止个体被焦虑压垮，缓和焦虑的强度，或者产生症状和自身免疫情绪现象来替代焦虑体验的一系列内在机制。

关于客体关系

我区分了两种客体关系模式，即联合-分离和共生。根据我的理解，客体关系的正常模式应该被视为从出生开始就具有的联合-分离，并在人的一生中通过与他人的交流而不断完善。在我看来，分离是一个重要的部分，它起源于口欲期，并从出生开始，作为婴儿健康自恋的结果，可以将自体分离感与任何非自体区分开来。父母对孩子的分离和个体化以及对他们与孩子的联合关系的态度进一步塑造了这种关系。

我将联合-分离关系定义为规范性的三元客体关系，它基于健康的自恋，并被自我启动的适应机制所促进。当关系中的每个伙伴（如婴儿与父母、伴侣或同事）从其自体空间中走出来，加入到虚拟的第三方共享空间中时，就会发生联合。每个人都能感觉到有机会与伙伴和谐地分享亲密，进行交流，同时也能感觉到对方的陌生感和差异性的痕迹以及即将分离的暗示。在很大程度上，通过在共享空间中的相遇，关系实现了从接近和分享到疏远和分离的微调，这是一种来回流动的关系，并最终成为伙伴关系。口欲期的联合主要表现为父母和子女之间的亲密关系，肛欲期的联合则主要表现为协商、伙伴关系与和解。

在我看来，共生应该被视为一种客体关系的原始二元模式，是自恋受损的结果，即自恋无法区分自体的分离性与非自体客体并将自体熟悉感保持在融合状态下。在共生关系中，对抛弃焦虑的防御机制被过度启动。共生的客体关系模式发生在一个融合的自体客体空间中，其特征是对分离的否认和虚假自体的假设，以及在个体化和与他人的有差异性的关系中缺乏进展（如发展迟缓）。因此，从这方面说，共生模式可能被认为是病理性的。

关于分离-个体化

我的方法是建立在从生命之初（口欲期）就存在的对分离的感知，这种分离感与婴儿非自体的自恋意识的演变相互交织和被感知。在生活中，对外来的非自体的警觉性伴随我们一生。个体化和对差异性的感知可以被视为分离感知的衍生物。通过健康的自恋来改善婴儿的个体化，在分离和自我适应机制中保持真实、凝聚性的自体熟悉感。父母的鼓励、伙伴关系和亲密关系以及父母与孩子分离的方式以及他们使孩子能够与他们分离的方式，可以增强孩子的个体化和自主性。在这个意义上，父母成为孩子的"教练"——他们管理孩子，让他们的生活走向自主和个体化，并管理孩子与他人的关系和交流。

对分离和差异性的感知是每个个体意识中最复杂的方面之一，因为它们可能会威胁到个体的自体熟悉感和亲密感，并增加其孤独感和孤立感。我在本书中一直强调，当客体存在差异性而不可避免地让个体有被伤害的体验时，个体因无法容忍伙伴的差异性存在而破坏关系要比维持关系容易得多。然而，父母和婴儿，就像包括伴侣在内的任何伙伴关系一样，可以相互强化共同伙伴关系的归属感和共同利益，在面对客体产生的差异性时，通过弥合利益冲突，促进协商与和解。这种微调是提高伙伴关系艺术的一种手段。

本书描述了婴儿在口欲期如何主要通过自恋的感觉及其本我的快乐原则来定义个体化的自体空间。他主要是通过自己的感官，自己的直觉来区分其共享空间及其不同的客体，而亲密关系发生在他们的共享空间的联合−分离关系中。从肛欲期开始，幼儿也通过对自己身体自体意象的自恋区分以及对其个体化和自主性的主张来定义其自体分离空间，依据则主要是其自我的现实原则。在其与不同客体的共享空间中，其个体化主要表现在通过协商家庭规则、参与权力斗争、沟通和调整联结关系等方式进行表达。

本书还涉及了病理性自恋和病理性客体关系的各个方面。病理性自恋可能会产生我所定义的情绪自身免疫现象，包括各种形式的自毁性以及我们通常所说的自恋障碍、强迫症、自恋型人格障碍或边缘型自恋人格。病理性客体关系包括各种形式的自体与自体客体的融合（包括在精神分裂症中看到的那些）、破坏性客体关系，以及我们通常所说的关系中的干扰、对差异性过度脆弱、对抛弃的日益焦虑、行为和情感障碍，以及精神病态关系。

《童年之谜》强调了最初在口欲期和肛欲期形成、之后伴随我们一生的无意识的情感检查和平衡，每当个体（如婴儿和父母或夫妇/伴侣）参与包含以下因素的关系时都会有所体现：

1. 在受熟悉事物所吸引和对差异性保持适当警觉之间的连续统一体上的自恋免疫平衡；

2. 情绪爆发与情绪克制、情绪平静与情绪愉悦之间的自我调节平衡；

3. 客体关系在亲近和疏远、接近和分离之间的精确比例上取得平衡。

　　我的基本观点是，一个反映我们童年体验的"孩子"隐藏在我们每个人的内心。这些经历与从早期生活开始的无数层记忆痕迹和叙事产生共鸣。"隐藏的孩子"会在当下产生反响，从而影响我们现在的行为，并有助于我们给亲密、爱、工作和伙伴的差异性赋予意义。此外，我们童年的故事影响着我们所创造的人际交往和沟通，这些联系和沟通在决定我们在日常生活中体验幸福或痛苦的程度方面起到了很大的作用。

　　作为具有微小变化的准熟悉的记忆痕迹，我们一生中积累的经验的记忆痕迹不断地在童年的各个层面上并列和组合起来，给我们过去和现在的经历赋予了几乎全新的意义。正是在这种持续不断的联想、前进、后退、再前进的精神运动的基础上，使充满活力的并列的记忆痕迹巩固了自体熟悉感的整体。联想的流动唤起了攻击性的能量，结合了爱的力量和工作的动力，共同产生了自尊和幸福的感觉。就像潮起潮落，海浪拍打着海浪一样，这种与自体熟悉感相关的联合-分离的复杂动力学构成了童年之谜，它在各个心理阶段都具有多重含义和动力学的解释。

后 记

　　贯穿《童年之谜》的最重要的主题是先天自恋免疫系统在保护真实自体熟悉感方面所起的关键作用，该自体熟悉感在面对不熟悉的事物时以一个凝聚性的实体和整体而存在。我们的伙伴的差异性中包含的陌生感、不熟悉感、未知感隐藏在我们内心和周围，持续地威胁着我们的完整性和幸福感。因此，从出生到成年，我们一直在寻求"外部力量"（父母、领导、伴侣、治疗、信仰或科学）或"内部力量"（自尊、自信、掌控感和爱情）来保护我们所爱的客体和我们的爱的关系，保护我们免受未知的威胁，以及使我们能够控制外来物。我们通过好奇、探索和科学研究，主要是通过维持熟悉的自体感、爱和幸福的感觉，在未知中寻找路标、工具和指引。

　　《童年之谜》揭示了我们每个人内心中隐藏的孩子的主观描述如何影响我们的日常体验。童年的共鸣，无论是正性的还是负性的，都会影响我们对各种事件的解释。与他人有共同兴趣的记忆痕迹的回响激励我们与他人进行交流，并与他们在共享空间见面，从而创造亲密感。随着我们之间的边界暂时变得模糊，我们被一种伙伴关系和幸福的感觉包围，与此同时，我们也在不断地寻求分离-个体化。

　　通过个体化的过程，我们不断地在生理和心理上与我们最爱的客体保持距离。然而，与此同时，为了维持内在客体，我们发展出了复杂的方法，并创造技术手段来让我们彼此保持同步，拉近我们的距离，如手机、Facebook 及其他社交网络等。我们试图在联合-分离之间保持一个足够好的平衡，在共享空间中与他人联系，同时提高我们撤回到自己的自体空间的能力。对分离的意识似乎增强了我们将自己与他人区分开的能力，增强了我们对他们的差异性的好奇，增强了我们与他们成为朋友的能力，增强了我们在情感上的亲密感，尽管我们对陌生感有一种内在的自我保护意识。

隐藏在我们内心中的孩子似乎影响着我们成年后的生活，无论是好是坏。因此，很多时候，在受伤、失望、沮丧以及随之而来的羞耻感之后，我们可能会无意识地陷入与他人的斗争中，这个过程中的情绪是愤怒、仇恨和报复。在这些时刻，我们对他人的容忍和弥合利益冲突的技巧下降，就像幼儿与其父母在肛欲期发生的情况那样。然后，利益冲突可能压倒共同利益和相互分享尊重、爱和伙伴关系。这种关系是迄今为止我们通过如此多的情绪努力巩固的（无论是在家庭中、与我们的伙伴之间，甚至是在国家之间）。这种多年来建立起来的爱的关系恶化的情况可能发生在我们的孩子、我们的父母和兄弟姐妹，尤其是我们的伴侣身上。培养生活的艺术似乎是至关重要的，所以尽管有无数的挫折和失败，我们总会设法保持稳定的动机，对家庭和工作进行长期投入，加强夫妻关系，保持持续的爱，使其压制住我们的破坏性仇恨，让客体得以存活下来。当获得幸福时，这无疑是这原始的爱和工作的艺术的结果。

在这种微妙的联合与警觉的"制衡"中，任何干扰都可能导致缺乏警惕性和不适当的过度友好。由于过度被熟悉感所吸引，或者由于极端的移情作用，我们使对方变得熟悉，这可能会无意中让自己成为不适当交友的对象，甚至性诱惑的对象，即让外来因素侵入真正的分离的自体空间。（在某些特定情况下，这可能是乱伦或虐待儿童的动力的一部分。）此外，忽视熟悉感中的陌生感可能会导致我们在适当照顾自己方面松懈。

我们所生活的技术时代让我们越来越多地面临一系列的情绪和教育难题：我们如何将智能手机、电视机和计算机等新技术设备带入我们受保护的家中，并仍然保留适当的工具来辨别这些媒体是提供有用的信息还是扮演了特洛伊木马的角色？我们鼓励孩子去探索未知事物的本质方面的同时也要承担他们会暴露在危险和不适当信息之中的风险，我们怎样才能改善我们的直觉呢？

我们中的许多人，无论大人还是孩子，都在"上网"，这一活动拓宽了我们获取重要数据、接触各种潜在合作伙伴和企业的渠道。然而，这种行为也可能使我们暴露在入侵者面前，特别是当我们缺乏工具来确定数据是否真实以及"聊天"伙伴是朋友还是掠夺者时。此外，由于我们通常在诸如家庭之类的安全和熟悉的环境中使用互联网，因此我们对于看不见的陌生感的警觉性会降低。这一系列因素更容易使人产生正进行"熟悉的"交谈的错觉，从而降低对陌生人和外来威胁的警惕性，这些威胁可能会使人受到诱惑、虐待、欺诈，有时甚至使人面临身体的危险。重要的是要记住，外来因素可能会侵入真正的分离的自体空间，从而引发对防御的需求。

此外，对于任何陌生的、不同的、变化的或新奇暗示的过度警觉和怀疑都会导致焦虑和带有偏执色彩的边界防御，甚至是种族主义反应。

如今，许多孩子沉迷于通过智能手机"分享"和展示自己，而不是将精力投入到与朋友之间的交流上。因此，他们可能肩并肩地坐在一起，却每个人都拿着自己的"安抚奶嘴——智能手机"，而不与他人共享对话空间。

最后，我想谈谈对我来说最重要的问题：当我们承认隐藏在每个成人内心中的孩子的影响时，心理治疗或精神分析如何帮助我们获得更好的制衡体系？

在我看来，即使是最熟练的心理治疗师或精神分析师也无法改变患者的主观叙事，因为其经历在自恋网络上留下了永久的、文身式的记忆痕迹。治疗师不可能取代其真实的父母，也不可能成为其理想的父母，在这方面，不可能产生一种"矫正性情绪体验"。

然而，治疗师和患者在治疗过程中始终如一的专注和正念，对于处理患者关于其叙事的独特、重复、类似的关联（在他们共享的空间中，我们通常称之为"修通"）至关重要。强调这些联系可以让患者抓住它们与实际发生的事情之间的无意识联系，将他的注意力吸引到自我联想的来源上，治疗师就可以根据此时此地的移情来解释它们，就像治疗师和其他人之间的关系所表现的那样，这很可能会导致患者的记忆痕迹发生显著性的改变。此外，这个加工可能释放出在其他破坏性叙事中被无意识压缩或压抑的重要的、原始的、任性的记忆痕迹。它们的重现可能会纠正建设性记忆痕迹和破坏性记忆痕迹之间的平衡。

总体而言，心理治疗，尤其是精神分析，因为它们建立在患者和分析师的联想之上，同时结合了治疗师的解释和技巧，所以为好奇的、有心理学头脑的患者提供了一次绝佳的机会。患者可以加入其治疗师的旅程，进入自己的心灵深处，与自己内心隐藏的孩子相遇。这个过程可能会为患者的童年经历提供新的洞察，进而帮助其认识到自己的叙事和原型的重要性，以及它们对当前生活的影响。

这个过程能激发患者的动机，让他向自己或重要他人展示其真实的直觉和真实的自体熟悉，这些是他在受伤、创伤和缺乏客体关系时，在固有的外来入侵的影响下所放弃的。他也许能够认识到自己现在的感觉、反应和行为的隐藏的根源，这些根源来自于他童年时的自恋的打击和伤痕，这些伤痕曾经伤害过他，现在，这些伤害仍然存在。这可能会让他对自己强调邪恶和灾难的倾向（他对自我防御机制的调动）有新的洞察，并对自己将自我归属感、爱和幸福最小化有新的洞察。

他甚至可能发现，无论父母的真实个性好坏，他都需要对之有足够的认识，并承认其性格中积极的部分，而这部分在他心中迄今一直被伤害、失望、仇恨或嫉妒的感觉所压抑和抑制。他甚至可能意识到，期待重新建立因这些创伤而错过的关系是徒劳的，并接受这样一个事实：即一个人只能渴望自己所经历过的，并已在其记忆痕迹中留下印记的东西。这种"修通"将有望揭示患者宝贵的、内在的关系网络，以及他迄今为止隐藏的个体化和沟通能力，揭示他在爱的关系中的个体化技能，促进其与工作相关的潜能的实现，这些能力都在很大程度上仍然处于闲置和未开发的状态。

然后，我们可以逐渐重新建立一种精妙的平衡：与他人交往，对陌生人保持警惕，受熟悉的事物吸引，抵制陌生感，并在被工作带来的满足感所吸引和投入到家庭生活之间达到最佳平衡。我们可以更好地处理与最亲密的人之间不可避免的误解和利益冲突，这些误解和利益冲突往往是建立在与熟悉的自体感的分歧之上的。因此，积极的自体资产和情绪力量的出现可能会重新点燃希望，重新激发我们的动力，让我们加深与他人的沟通，与真实自体熟悉感的不完美和我们所爱的人的差异性和解。因此，尽管存在各种障碍，我们仍可以恢复和养育我们的自尊心。

最后，我们可能会认识到善与恶都根植于我们每个人的内心，我们需要被规范、被认可，我们渴望亲密和温柔，我们可能会热切和满足地结合在一起，以克服分离、孤独和各种被伤害的感受。

即使只实现了上述的一部分，它也可能使我们更好地管理我们的生活，主要涉及管理我们的破坏性冲动，并释放爱的表达，这些表达通常受到抑制，但对我们的幸福感仍然至关重要。摆脱过去的一些枷锁，我们可以享受我们的工作，追求隐藏在童年之谜中的伙伴关系的艺术。

我想以弗洛伊德在《文明与缺憾》(*Civilization and its Discontents*)

中的重要论述来总结：

如果职业活动可以自由选择，那么它就是一种特殊满足的来源——也就是说，通过升华，让利用现存的爱好、坚持或本质上强化本能冲动成为可能。然而，作为一条通往幸福的道路，工作并没有得到人们的高度重视。人们不像追求其他可能的满足一样去追求它。

开拓爱是为了获得内心的幸福。

爱，和工作或任何有创造性的事业一样，都隐含了我们幸福的秘诀。

术语表

适应（Accommodation）：一种自我适应机制，使婴儿能够重新组织其认知或情绪结构，为新信息腾出空间，让其可以在旧元素中进行相应的处理和调整（同化）。适应涉及结构的变化。

适应机制（Adaptation mechanisms）：我们认为适应机制是由生本能的能量激发的。通过适应机制（如内化和移情），个体的自我将新兴的刺激与可能带来满足/愉悦的客体联系起来，从而提高其效率和效益。适应机制从它以前的功能中出现并演化而来，可能退行或倒退到它们之前的功能。如通过内摄的吸收来内化和认同等方式实现的进步，反映了个人的认知能力和情商的提高。

情感（Affect）：一种复杂的心理生理活动链，包括主观体验、生理和认知成分。可与感觉、情绪和心境相比较。

情感理论（Affect theory）：对于现代情感理论而言，情感是情绪的纯生物学方面：当刺激激活一种机制而释放已知的生物事件模式时，就会触发一种情感。

"全或无"原则（All-or-nothing principle）：本我可能被认为是一种古老的自我调节机构，它被激活以根据"全或无"的原则来调节天生的本能张力，类似于激活神经系统的性质。这意味着当压力达到一定的阈值时，本能反应是完全的和强迫性的（全），当它低于这个阈值时，没有任何刺激反应会发生（无）。

肛欲期（Anal stage）：是情绪性心理发育的第二阶段，年龄为 1 岁到 3 岁。由于身体的成熟和对括约肌的掌控能力，幼儿的意识与肛门区有关。它为性欲满足（肛门性欲）和攻击性的满足（肛门施虐）提供了进一步的来源，并获得了掌控的满足感（性欲与攻击性融合）。这种情绪阶段的发展刺激了新的内心冲突，如照顾者和幼儿之间的冲突，与断奶过程（如厕训练和清洁训练）有关。这一过程可能会"印记上"经常性的行为特征，如过度的约束、滞留、固执和秩序，或混乱，以及矛盾、主动 / 被动、掌控、分离和个体化。可与口欲期相比较。

万物有灵论（Animism）：认为无生命的物体也是有生命的，并且具有生命的品质，如感觉和意图等。

毁灭（Annihilation）：一种原始的焦虑，表明一个人对自身的存在有着强烈的危险的情绪体验。

焦虑（Anxiety）：一种强烈的情绪状态，伴随着生理上的唤起，其特征是对即将到来的危险的不愉快的预感。

联想（Association）：形成"联想链"的两个或多个心理元素之间的纽带。联想也出现在过去记忆痕迹与当下事件产生的回响中。

依恋（Attachment）：两个人之间的一种联结，每个人都能从这种情绪关系中获得安全感或安全依恋。儿童在早期生活中会有不同的依恋关系模式。

依恋理论（Attachment theory）：人类婴儿参与社会互动的倾向。

意识（Awareness）：注意和认识到、感觉或感知到迄今被忽视的事物的能力。

身体意象（Body image）：对一个人身体的整体主观体验。

界限（Boundaries）：个人和社会的准则，规则或对行为的限制，包括哪些行为被允许，哪些不被允许；表明被感知或被表征的分离性结构以及控制身体和情绪的能力。

投注（Cathexis）：对某个人或事物的兴趣、关注或情绪投资。它可以被概念化为他人的投资价值、对他人的感受或驱力。

认知（Cognition）：一种感官输入的转换过程，心理上将其存储为数据，方法可以是进行编码、抽象、详细阐释、适应性地吸收和适应，或者对其予以恢复和将其作为知识运用。储存的知识可能出现在当前的经验中，诸如通过概念化、推理、思考、心智化和判断的方式进行感觉、感知、记忆、表征、想象，做出行为，形成情感脚本，以及进行学习和记忆。

强迫（Compulsion）：一种不可抗拒的行为冲动，不管一个人的动机在人际情景中是理性的还是恰当的。

冲突（Conflict）：内心冲突指的是心理的不相容的力量或结构（如保留/释放），而外部冲突则是个体与外部世界的属性之间的斗争（如需要考虑客体的需求和自体的需要）。

死本能（Death instinct）：死本能是由本能控制的，渴望将张力降低到最佳水平，或者回到无机状态。不受管制的死本能与生本能都可能导向自我毁灭。可与生本能相比较。

决策（Decision-making）：在不同的选择间做出选择的过程；根据短期意图或长远意图选择或拒绝可用的选项。

防御机制（Defence mechanism）：我们认为防御机制是由死本能的能量所激发的。通过防御机制（如否认和压抑），个体的自我能够成功地从唤起焦虑的对象（刺激）中脱离出来。因此，自我设法保护自体免于被焦虑和随之而来的危险所淹没（如毁灭、失去客体、失去爱、失去控制等）。可与适应机制相比较。

否认（Denial）：个体无意识地拒绝承认某些痛苦的属性或者对其

内在或外在现实的感知，是一种原始防御机制。因此，自我保护自体免于被焦虑和／或其他不愉快的情感或担忧所淹没。

发展阶段（Developmental stages）：由重大转变或生理／心理功能运作的变化来划分的生命周期。前生殖器阶段：口欲期和肛欲期。生殖器阶段：俄狄浦斯期、潜伏期、青春期和成年期。

驱力（Drives）：本能（生与死）和驱力（性欲和攻击性）之间常常会有混淆。本能似乎是由本我调节的（见本我和本能）。驱力是由自我调节的，自我设法将本能的能量投入到一个对象上以获得满足／愉悦。

自我（Ego）（**拉丁语的"我"**）：人格最初的三大主要能动性——本我、自我、超我，现在还加上了自我理想（ego ideals）和天生自恋（innate narcissism）。由于自我被理解为从本我发展而来，因此被认为是相对更连贯、更有组织的。自我在自体保存中的主要功能是调节驱力和情绪、中和外部世界的需求，引导它们指向适当的客体关系和表达。这本质上是通过适应和防御机制发生的。

自我理想（Ego ideals）：最初与超我可交替使用，自我理想已经成为自我实现的一个项目。它可能会激发一种幻想（如对游戏的内在想象过程），唤起人们实现这些目标的动力。

情绪（Emotion）：强烈的生理唤起在心理上的主观体验（如快乐、痛苦、恐惧或愤怒等），这种唤起会让个体在心理状态、认知过程和行为反应方面产生改变，就像那些主观性词汇描述的那样。当一种情感与记忆中同样的情感产生共鸣时，他们所激发的这些情感就是我们所说的情绪。可与情感、感觉和心境相比较。

情绪共鸣（Emotional resonance）：对他人的面部表情和身体语言、感知和感觉的共情性协调。即使在没有共同语言的情况下或在不同物种之间，也可能产生有意义的交流和互动。这种共鸣对人类婴儿的生存和亲子关系至关重要。

共情（Empathy）：一种通过替代性体验（以有限的方式）对他人心理状态的感知或"感受"的方式。这是一个在情感理论和自体心理学中非常重要的概念。共情帮助个体理解另一个人，弥合人与人之间的差异性。

嫉羡和嫉妒（Envy and Jealousy）：拥有他人财产的欲望或贪婪（如"全或无"）。嫉羡通常与毁灭（一无所有）焦虑或客体丧失的焦虑相关联。

性感区域和性心理发展阶段（Erotogenic zones and psychosexual stages of development）：前生殖器期（口欲和肛欲期）和生殖器期（俄狄浦斯期）代表了极易受到刺激、引发感官兴奋的主导身体区域。在这些发展阶段，婴儿将其愉悦/色情和动机性/解释性活动（首先是婴儿期和母亲一起体验到的）聚焦在相关的性感区域，如口腔或肛门区域以及皮肤上，婴儿也随之在情绪、精神运动和认知智力方面获得发展。性爱愉悦（来自希腊词 Eros 或性爱/上帝之爱）伴随着心理生理变化，如心跳、血压和荷尔蒙分泌的变化；兴奋蔓延到其他系统，同时涉及生理和心理两个方面。

虚假自体（False self）：虚假自体的概念描述了个体为满足其照顾者的期望并维持他们的爱而篡改其真实自体的需要。如果存在虚假自体，就意味着个人放弃了其真实的自我表达。

熟悉原则（Familiarity principle）：天生的自恋被激活，依据熟悉原则，使婴儿的自体凝聚力得到免疫，因为它在两个极点之间交替：受熟悉的事物所吸引和对激起陌生感的事物予以抗拒。

幻想（Fantasy or phantasy）：这个概念可以被视为在想象中的"演奏"。它是一种重要的适应机制，允许个人面对现实并与他人交流。考虑到与客体的爱的关系和他们的期待，不能公开表达驱力和情绪，于是在想象中进行演奏，并为它们找到出口。

固着（Fixation）：在本书中阐述的正常的精神发展过程中，如果婴儿与特定客体的事件和关系让他们过度满足，婴儿可能会对这种满足方式上瘾。另一方面，婴儿可能经历令人沮丧的创伤经历，对婴儿而言在当时依靠自己完全无法整合。这两个极点都可能成为固着的点。在压力或焦虑的影响下，如果根据其能力和发展水平无法应对或运作，个体则倾向于退行到这些早期的固着点上（例如，一个已经不再用奶嘴或尿布的婴儿突然退行到吮吸奶嘴或大便失禁）。

挫折（Frustration）：当个体为了获得满足而在特定的客体身上或特定区域投入其驱力和情绪时，他却失败了，或者被剥夺了，或者被禁止获得需要的满足。

融合 / 去融合（Fusion/Defusion）：通常情况下，生本能和死本能同时运行，在融合中共存。除非由于挫折或创伤而导致其去融合。融合也可能发生在自体及其客体之间，当每一个组成部分对整体都产生显著影响时融合就特别明显。该术语可以用不同形式来表示，在不同的组成部分之间获得平衡。去融合意味着每一个组成部分都根据自己的目标和特性分别运作、不平衡、独立于另一人。这种不平衡可能占据了很大的比重。

好客体 / 坏客体（Good object/bad object）：一个客体（或者一个客体的部分）对个体驱力和情绪的自我投注提供满意或令人满意的互动则被体验为好客体；而让自我投注失败或受挫的客体，则被体验为坏客体。

习惯性（Habituation）：就像有机体一样，心理过程也倾向于适应重复的刺激，这种刺激不再是新奇的，不会引起太多的注意力。

幻觉（Hallucination）：尽管在所处的近似的环境中不存在某种外在的物体可以对个体构成感官刺激或者让个体感知到外部事物（运用五种感官中的任意一种感知），但个体认为其是真实存在的。

健康自恋（Healthy narcissism）：我把健康自恋定义为一种天生的情绪免疫系统，保护个体的熟悉感和幸福康乐，使其不受外来感觉对自体的侵入。自恋是根据熟悉原则来加工信息的，包括受熟悉所吸引和对陌生予以抗拒。在面对熟悉的人（事、物）的时候我们感到幸福康乐，而面对陌生的人（事、物）的时候我们会有所警觉，呈现易受影响的敏感。从孩提时代起，熟悉的人（事、物）就充满诱惑，而陌生感，无论是来自内部（疾病）还是来自外部（差异性），都会唤起人们的警觉甚至是不能耐受。自恋免疫的进程可能与生物免疫系统的活动相似，生物免疫系统识别细胞中熟悉的蛋白质并排斥外来蛋白（细菌、病毒）。（与病理性自恋比较）。

本我（Id）：本我是弗洛伊德人格结构模型的三种能动性（本我、自我和超过）之一。从经济的角度看，本我是由生本能和死本能的能量储备构成的。它代表了人类精神生活最基本的寻求释放 / 满足的动机。从动力学的角度来看，本我与自我和超我都存在冲突。

理想化（Idealisation）：口欲期的自我适应机制之一，理想化让婴儿可以通过将客体提升到完美的水平来保存好客体，从而保护其免受攻击性。

免疫系统（Immune system）：生物免疫系统保护人体细胞蛋白质的编码，将其作为一种熟悉的、恒定的状态，同时识别外来的不同的蛋白质编码，将其视为可能危及人体细胞完整性的入侵者，并阻断它们。我提出了健康自恋的概念，其为我们提供了一种情绪免疫系统，揭示了情绪和生物免疫过程之间的相似之处。我们也认识到生物自身免疫性疾病与自恋免疫系统的病理特征之间的共同点。

印记（Imprinting）：被认为是一种原始的生存学习形式，类似于内摄。经验在自恋神经网络留下了记忆痕迹的印记，起到锚定比较数据的作用，来确认熟悉、抗拒陌生。

合并（Incorporation）：代表自我在口欲期最原始的适应机制之一，为婴儿释放本能提供了一个吸收（如吮吸）客体的模式。可与内摄、内化、理想化相比较。

洞察（Insight）：理解或识别隐藏的叙事或脚本的能力，这些叙事和脚本无意识地影响个人对日常事件的体验和解释。洞察力是一种情绪状态的启蒙，即现在从不同的角度来看待。通过关注自由联想及其在身体中的体验、其过去和现在的区别以及不同联想链接和途径的重新整合可以达到洞察。

本能（Instinct）：一个活着的实体所固有的迫切欲望，以恢复其先前被迫放弃的事物状态。除了那些促使人们不断重复的旧有本能之外，还有一些本能推动着产生新的形式。本我代表生本能和死本能的蓄水池，它是出生时所继承的一切，自出生就存在，贮存在构造中。

智力（Intelligence）：一种天生的心理潜能，在人的整个发展过程中为其提供适应现实和环境的技能，并允许其有效地利用其精神运动、认知和情感能力。

内化（Internalization）：肛欲期重要的适应机制之一。被认为是自我心理将外部的输入吸收、消化并整合到内部的过程，为基本的自我和自我巩固的基础提供"建构模块"。内化的过程需要同化（吸收和消化）和适应（整合）的互补过程。这些模块构建也涉及人际关系领域和客体关系的内化。

解释（Interpretation）：是精神分析和动力性心理治疗中最重要的指导原则、工具和技巧；旨在揭示病人无意识或隐藏的叙事和冲突。分析师通过将病人的叙事与病人的联想、感觉和焦虑、感官输入和身体感知、记忆和梦联系在一起，赋予其意义，并产生新的连接。在双方共同"修通"的过程中，病人能够心智化和意识到看待这些交流潜在意义的新视角或理解。这一过程有希望促使病人能更加活在当下，更有活力地应对内在世界和外在日常生活。

内摄（Introjection）：婴儿的一种原始（口欲期）适应机制（在合并之后），它通过吸收来自外部的客体感官特征来运作，类似于吞咽的身体活动。就好像婴儿在吞咽父母的感官特征——如声音、回应的音调、温暖的感觉和节奏——而不去消化它们。内摄通过五官感知来确认客体，使婴儿熟悉其父母每一方的感知独特性，并在感知他们的时候保持他们的特征。可与合并、内化相比较。

直觉（Intuition）：一种基于先天自恋的直觉的过程，它允许觉察、感知和观察周围的环境。

隔离（Isolation）：一种从肛欲期及其后开始运作的防御机制，用来对抗情绪失控的焦虑。将情绪或经验从事件中分离出来，以此阻止恐惧的爆发。（与合理化比较）

嫉妒（Jealousy）：压力引起的情绪反应，在肛欲期有占有欲需要时出现嫉妒。因兄弟姊妹之间的竞争，幼儿可能会感受到他们"诱拐"父母之爱的威胁，这唤起了他排斥竞争对手的潜意识愿望。

联合-分离客体关系（Jointness-separateness object relations）：联合-分离是一个较新的术语，我用它来描述婴儿出生后发生的正常客体关系模式。联合-分离被定义为一个动力学进程，它代表着两个独立的个体之间共同接近对方、在共享的虚拟空间中相遇的依恋和交流的情绪系统。联合-分离表示两类个体（单独的自体空间）——婴儿的自体空间和父母的自体空间——之间的三元关系，即在一个虚拟的第三方"空间"中发生的关系，在这里他们暂时是在一起的。在他们之间，可能发生界限的暂时模糊。我把自体空间想象成一个象征着独立堡垒的壳。通过感官，婴儿／成年人认识到其壳的边界，并探测到其周围的非自体。从分离的自体空间中，个体可以部分显现出来，并与体验到的非自体联系在一起，也就是说，另一个个体也部分伸出自己的壳外。在这些时刻，每个人都能在共享空间中感知到他人的存在，从而可以进行交流（无论是言语的还是非言语的）。个人总是保持其独立性和内心的自由感，要么和客体在共享空间中亲密，要么从非自体中退出，停留在自体熟悉的空间中，直到准备好了再次外出冒险为止。因此，从婴儿期到成年期，情绪上受到伤害是不可避免的，因为另一个人，即使是对我们来说很亲切而熟悉的人，也仍然是一个独立的个体，存在其差异性。联合-分离客体关系是一种健康的发展，它依赖于健康的自恋，并产生分离-个体化、沟通和关系。联合代表母-婴、心理治疗师和病人之间的相遇，或双方在保护分离性的同时，也体验到彼此的亲密。

力比多理论（Libido theory）：力比多被理解为能与身体能量相媲美的精神能量，自我可以将其投入到其客体上。力比多的投入被称为"投注"（cathexis）。自我将力比多能量投注到客体上，跟这个特定的力比多客体重复愉快的体验，并重新获得熟悉的满足感、幸福和愉悦感。

爱（Love）：力比多投注在客体上时体验到的相关情感或情绪。这种情感从自我的力比多能量成功投注到力比多客体上的经验中产生。个体的投注或"重新发现客体"可能会被体验为满足、快乐、幸福的状态、兴奋或欣快感。爱的情感是巩固自尊、自信和客体关系最重要的情绪之一。爱通过婴儿体验到的与父母亲密的关系而不断得到充实，并随着对客体恒常性、分离性和联合性的感知而增强。

记忆痕迹（Memory Traces）：我们认为，事件是以被"铭刻"在记忆上的方式帮助个体将原始事件的痕迹与类似的痕迹联系在一起的。记忆可以在一个联想性语境中重新实现，而在另一个联想语境中，记忆却无法到达意识层面。我认为，抽象的感觉特征和情感数据被印记并存储在自恋网络中，作为识别熟悉感和抵制陌生感的基础。在过去和现在的经历中回忆痕迹的共振和回响的相似性，唤起了人们的熟悉感。当记忆痕迹的共振不符合当前的经验时，个体通常会体验到陌生感。一天中，大部分潜意识的记忆痕迹都在我们体内回荡，影响着我们感知自己、现实以及他人和我们的关系的方式。此外，它们还会影响他人如何与我们关联。

独白和对话（Monologue and Dialogue）：保持独白意味着个体在说话时不考虑他人的存在，而保持对话则表明个体考虑到另一个人的存在。在这里，个体有责任倾听和被倾听、交流和被理解每一种感知。这里伴随着想要得到认可和与他人保持交流和关系的愿望。

哀悼（Mourining）：任何具有重要意义的或被爱的客体的丧失（如人、动物或过渡性客体等）都会引发痛苦的感受，这会破坏自体熟悉的凝聚力。人们可能会觉得自己好像失去了自体的一部分，就像童年失去粪便和牙齿一样。因为思念客体或自体的部分，就可能会出现陌生感。一个健康的自恋免疫进程，主要从肛欲期开始哀悼，并倾向于将重要的丧失作为自体资产和财产保存下来，来恢复自体熟悉感，作为一个包含了对所丧失之物或人的表征的熟悉的整体。哀悼过程可短可长，包括从外部兴趣或投注中回撤。当完成了哀悼时，个体会感觉更坚强，更有弹性——就像其设法控制或将其财产内化了一样，这些财产包括了重要客体或重要理想的丧失——同时创造一个新的连贯的自体意象，拥有其限制、能力和关系。

自恋（Narcissism）："自恋"一词源于有关那喀索斯的神话。那喀索斯爱上了自己的意象，爱上了自己。弗洛伊德的原初自恋和次级自恋的概念关系到三种现象：客体选择、关系模式和自我理想（自尊的概念事实上已经演化为自恋的代名词）。在理想化、全能和迷恋的王国中，力比多投注仅仅直接指向自我/自体或客体可能会唤起一种极度兴奋的体验。当表面上不再需要外部客体的时候，它也可能唤起幸福的状态（被定义为快乐）。虽然我们不愿放弃童年的自恋性完美，但有机体痛苦和疾病的环境却往往导致对外部世界的兴趣的回撤，而在有机体恢复后又重新获得这种兴趣。

我们可以区分正常的和病理性的自恋：健康的自恋激活了一个免疫过程，重建了自体的凝聚力、完整性和活力，在受伤之后还能恢复与他人的关系，尽管具有差异性。健康的自恋有助于改善爱的关系，增强对分离性、差异性和回撤的耐受，以及通过亲密改善联合。此外，作为适应变化过程的一部分，它支撑着情商，并强化对环境的好奇心和研究。它还为关联到差异性提供支持，增强个人的生活乐趣。

相比之下，病理性的自恋则表明个体过度脆弱和焦虑，缺乏自体凝聚力和自信以及对差异性和分离难以耐受。这伴随着（部分是由于）需要依赖另一个人来得到满足（自体客体），或者是将自体理想化为一个夸大的自体。这两种情况都会导致脆弱的、原始的或受损的客体关系。在我看来，病理性自恋意味着一种会攻击自体的情绪自身免疫系统。这可能会背叛对自体完美的不懈追求，交替出现权利感、愤怒爆发或对自体的毁灭性力量，并具有产生心理病理症状的风险。

涅槃原则（Nirvana principle）：指的是精神上试图减少和保持恒定的张力阈限的努力，伴随古老的自体需求——表现为回撤、隔离或深度睡眠。

非自体（Non-self）：任何能给自体熟悉感带来陌生感的东西。

客体（Object）：最初被理解为本能能量可能由此得到满足的中介，我认为客体是自我驱力为了实现令人满意的情绪投注的一个目标：个体的自我将驱力和情绪投注到一个特定的或指定的客体上会带来其所希望的满足，不论这个客体是照顾者还是一个没有生命的物体，如某些过渡性客体。客体应该区分于自体，同时又对自体很重要。

随着对客体恒常性感知的巩固（大约 7 个月时），外部客体可以在心理上被感知、表征或想象。它可能是客体的一个内在意象，对应但不完全与外部客体一致，因为它包含了与这个外部客体有关的主观自体体验。力比多客体是一个有吸引力的对象，并且主要是为了满足个体对爱的关系的需求。

客体恒常性（Object constancy）：这是婴儿的一种主要的适应机制，使婴儿能够依恋于其客体，尽管客体经常消失。五六个月之前，婴儿只有在可见和"满足"的情况下才会感到客体的存在。从大约 7 个月以后，婴儿就会保存客体和 / 或其表征 / 意象了，即使该客体不在眼前：对客体的感知是恒常的。如果婴儿与客体的关系是连续的、恒定的、稳定的和永久的，婴儿就会在客体消失的时候去搜寻他们。气味、声音和触摸表征着稳定而整体的客体。

客体关系理论（Object relations theory）：客体关系可以用来特指人对其客体的态度和行为，无论该客体是一个真实的人还是一个精神意象。客体关系理论包括：（1）从婴儿早期的亲缘关系发展到复杂的心理功能运作和成熟的成人关系；（2）关系的动机；（3）个体有特征性的持久而独特的关系模式。

口欲期（Oral stage）：是情绪–性心理发展的第一个阶段，时间为从出生到 18 个月。在这个阶段，快乐、满足、熟悉感和关系的主要来源都与嘴、嘴唇和皮肤的刺激有关。

差异性（Otherness）：表示从熟悉的客体中散发出来的陌生感，唤起一种该客体不是那么熟悉的感觉。

感知（Perception）：自我功能通过调动适应机制将传入的感官刺激扫描并转换为心理信息。这是登记和识别内在感觉和外在现实体验的必要过程，感知同时具有意识和无意识的内容。

现象（Phenomenon）：一种熟悉的感觉事件，可以独自体验，也可以通过在与另一个人的亲密中分享该体验。它可以被感知为一种过渡性现象，情绪上把分离的个体联结在一起。

快乐原则（Pleasure principle）：自我调节的第一个经济性原则就是快乐原则：个体受到吸引或被激励去重复、再造或再现与客体的即时的、最大化的满足和愉悦的体验，并避免不愉悦的体验。愉快或不愉快是与熟悉或不熟悉的张力水平有关的体验。可与现实原则比较。

投射（Projection）：自我为保护自体免于被陌生焦虑或毁灭焦虑所淹没的原始防御机制之一。个体拒绝和驱逐（就像吐口水或呕吐）无法耐受的情绪、感觉或愿望，否则便会引发这些焦虑。当我们把这些无法忍受的感觉从自体中驱逐出去时，我们倾向于将其置于外部，即置于另一个人身上。

本体感受（Proprioception）：源于拉丁文"proprius"（即自身的），与"感知"结合在一起。感知和感到身体的位置、定位、方位和运动的能力，以及它与身体之外的空间的关系部分。本体感受器是感觉神经末梢（如在肌肉、肌腱中），提供有关身体运动和位置的信息。

防护盾（Protective shield）：保护机体（或自体）以防止其受到来自保护层刺激的需要，从而让保护层过滤掉那些威胁其稳定性的刺激或兴奋。在我看来，自恋是保护自体的免疫屏障。

合理化（Rationalisation）：一种由自我调节动员起来的防御机制，从肛欲期开始发挥作用，对抗不受控制的事件或未知事件以及陌生焦虑。幼儿/成年人试图为（自己或他人的）行为提供主观的原因或解释，并为自己的行为和想法（根据他的现实原则）找到借口和提供正当的理由。这将使其能够减轻自己的焦虑及其对未知的无法耐受的感觉，保持或重新获得控制。成年人经常在意识形态和信念的伪装下使用合理化。

反向形成（Reaction formation）：从肛欲期开始，防御机制被动员起来对抗失去控制的焦虑。意识到情绪和情绪爆发被一种反向形成所阻断，这种反向形成将情绪转换成与其相反的方向，例如，从吸引转变到排斥。

现实原则（Reality principle）：自我调节的第二个经济原则，是在肛欲期出现的现实原则。这意味着个人受到吸引或激励去重复、再造或再现长远的满足，与加诸在客体 / 家庭 / 社会 / 现实上的规则相一致。个体愿意延迟即时满足，让自己的行为以一种归属于客体的形式得到满足，同时避免愤怒和被惩罚。可与快乐原则比较。

识别（Recognition）：个体自恋与相关的记忆痕迹产生共鸣的能力，这种能力是天生的、无意识的，使其能够对人进行认同或者体验到熟悉感。

退行（Regression）：自我动员这一防御机制来对抗毁灭焦虑，当个体无法有效地应付当前的冲突时，这种焦虑就会压倒自体。为了更好地应对，自我便回到更早的心理功能运作的固着模式中。例如，强迫性的情绪爆发可能暗示着心理自我调节的退行，而这是一种生理上的本我调节，即对本能的张力的强制释放，而这种本能的张力仍然与任何客体无关。幼儿经历了一种压力或者一种与强烈的嫉妒、背叛或失去安全感有关的创伤性事件，就会像他 8 个月大时那样呕吐。我们可以区分三种形式的退行：（1）与客体相关的退行；（2）与力比多阶段相关的退行（如前面举的那个例子）；（3）在自我调节功能运作的发展成熟中退行到之前的位置上，如上面举的第一个例子（退行到生理本我调节）。

强迫性重复（Repetition compulsion）：本我调节本能的刺激释放的古老默认模式——与客体无关，不受与快乐原则相应的自我调节的影响。

表征（Representation）：一种适应机制，个体的自我通过这种适应机制能够将体验和客体识别为熟悉的。自我将广泛的主观数据浓缩和合并到重要客体、关系、自体感或事件的图式复制品种。在当下体验中（如感官感觉和联想的形式），对这些复制品的自恋性共振使个体能够通过识别自己熟悉的事物并在不同的事件中将它们区分出来去应对。因此，这些表征总是个人的和主观的。

压抑（Repression）：一种从口欲期开始的防御机制，由自我动员起来对抗对毁灭焦虑。该防御机制不自觉地被激活将本能和驱力断开，或者将情绪刺激和令人满足的客体断开，该客体可能会触发对无法忍受的沮丧、创伤和对毁灭焦虑的共振。压抑试图掩盖这些痛苦的共鸣，不让意识察觉。尽管如此，被压抑的本能和驱力经常会重新浮现并重新出现在意识中，然后被自我重复压抑以避免焦虑。

阻抗（Resistance）：从口欲期开始，一种由自我动员起来的防御机制，它与自恋的免疫能动性结合来运作，激发其受熟悉吸引和对陌生抗拒。联合的防御保护自体免受来自内部或外部世界的陌生或毁灭的焦虑。

自体（Self）：许多个体经历的感知、感觉和记忆痕迹群，主观地形成一个统一的、持久的结构，一种熟悉的自体感的结构阻抗一切非自体的东西。从出生开始，婴儿慢慢地对其熟悉的自体感开始结晶，使其可以在不断变化的环境中确认自己是熟悉的，能识别并被一个熟悉的非自体所吸引，同时将自己与任何陌生的事物区分开来。随着婴儿与非自体的互动，其天生的自恋不断被触发以保持一种熟悉的自体感，这也是增强自尊的过程。

自体淹没（Self-flooding）：自我暴露于情绪失控以及驱力和情绪错乱爆发，这导致焦虑，使自我必须通过防御机制来应对。这种焦虑可能会呈现为与发展相关的各种形式。此外，自体淹没也被理解为在某一特定时间点个体的自主神经系统对创伤性事件的生理激活反应。

自体客体（Self-object）：这个词指的是婴儿（或儿童/成人）对他人的体验，即满足需要的存在——为自体服务，却没有与自体分化（不是一个截然不同的非自体）。

分离性（Separateness）：表示感觉和察觉与熟悉的自体感相异的感知能力，将这种相异体验为非自体。渐渐地，婴儿也能感觉到其个人的"壳体空间"有别于其他非自体，认识到其客体与其自体是相分离的，而不仅仅是一个熟悉的非我。认识分离性和差异性的能力取决于健康自恋的巩固。我们的主要困难之一是认识到另一个人的分离性和差异性，对自体熟悉感总是一个非我，是未知和陌生的。不可逾越的界限将人与人之间分离开，尽管个人有情绪共鸣和共情协调，但不能真正地认识到另一个人的壳的"内在"，即其自体空间。

分离（Separation）：这一术语指的是在陌生感和非我出现时一种回撤的需要，自出生就存在。它可能是一种身体行为或心理行为，将自恋的吸引或驱力投注从外部客体转移到内部来。它也指分离-个体化的动力学过程（见下文）。然而，通过客体关系，婴儿及其照顾者都体验到并再造了分离仪式，帮助他们准备好从共同的纽带中解放出来。否则，突然或毫无准备的分离可能会被感受为被放弃、被拒绝、创伤或焦虑。

分离-个体化（Separation-individuation）：自体感巩固为独立于客体的独特实体功能运作的过程，塑造着一个人的个体化，并容忍客体的分离性。马勒的四个亚阶段理论（分化、练习、和解、前往客体恒常性）包含了分离-个体化的过程，标志着婴儿逐渐从与母亲的共生双重统一体中成长出来，将自体与客体区分开来，并发展他自己的个性特征和自体表征。

羞耻（Shame）：骄傲的反面，这是一组被称之为羞耻-羞辱的痛苦情感的广泛连续谱。羞耻包括尴尬、屈辱、无价值和耻辱的感觉，这可能伴随着一种被拒绝、被嘲笑、暴露或失去对自体和他人的尊重的感觉。虽然早期的经历中被看到暴露和嘲笑是产生羞耻的重要事件，但羞耻可被更广泛地理解为在表达持续感兴趣-兴奋的或者其他正性情感（如享受乐趣）受到阻碍时产生的情感反应，但它也可能在体验到负性情感（如复仇或厌恶）时出现。羞耻感的前驱症状可以从早期的厌恶眼神和后来的陌生焦虑中看到。羞耻可以通过各种各样的感觉、情感、图像和记忆组合而成，从而为每个人提供一个独特的体验／情感脚本。作为一种性格特征，它防止不光彩的暴露，从而保持自尊。此外，它还维持了个体和文化层面的价值观和理想。

躯体化（Somatization）：是一种原始的机制，从早年婴儿期就被动员起来对抗任何陌生感。心理对躯体的影响（心理躯体化）涉及个体自我调节以调动原始防御机制来抵御过度焦虑引发的自我淹没的倾向。个体对刺激和痛苦的反应表现为生理和躯体的症状，而不是表现为受到心理情绪调节。我们注意到疾病和／或自我毁灭常常和攻击性、对丧失有意义的客体的焦虑或者和陌生焦虑／毁灭焦虑有关。人们还注意到，通过适应机制调节情绪需要心理表征和象征化，从而达到心理和身体的整合。

分裂（Splitting）：一种原始的防御机制，在口欲期由可用的自我调节所调动，以克服毁灭焦虑和客体丧失焦虑。在我看来，在自恋原则的基础上，自我会动员分裂这一防御机制——受熟悉所吸引、对陌生予以抵触。只要主要照顾者提供熟悉的愉快满足，并立即对婴儿新产生的需求全部予以满足，该照顾者就会被婴儿体验为一个好客体，婴儿就会被其吸引。只要照顾者让婴儿受挫或者引起陌生或不愉快的感觉时，他就会被婴儿体验为一个坏的客体，婴儿就会对其予以抵触。因此，同样的父母客体被交替地体验为熟悉的、善良的、理想的或者坏的、邪恶的和陌生的。从 8 个月开始，自我设法保存一个完整的、好而熟悉的、令人满意的客体实体。它将分裂开来的好、坏客体整合（整合是适应机制）为一个单一、恒常和足够好的人物，而对让人沮丧的好客体的攻击性被投射或置换（投射和置换是防御机制）到陌生人身上。因此，实际的客体被投注以好客体，尽管其不可避免地令人沮丧，同时不熟悉被体验为邪恶的陌生人（"好人和坏人"之间的分裂）。在某些极端的创伤或焦虑的特殊情况下，自我分裂的可能不是客体，而是自己的自体（边缘型人格或精神病；解离性身份障碍，如多重人格）。

陌生焦虑（Stranger anxiety）：对未知的或陌生的人（事、物）予以抵抗的情感反应，通常被称为八个月焦虑。婴儿可能会有恐惧或痛苦的反应，会退缩、拒绝接触（特别是眼神接触）、哭泣，甚至尖叫。

结构理论（Structural Theory）：弗洛伊德试图解释心理功能运作的持久、有组织性和相互关联性的方面，所以他将心理（心理装置）置于三个相对持久的动机性配置"结构"中，即本我、自我和超我（见各自定义）。后来查斯特盖尔-史密尔热又在其中加入了自我理想，在我看来，天生的健康自恋也应包含在内。

升华（Sublimation）：从肛欲期开始的更复杂的适应机制之一，激发创造力、梦想、工作和艺术。个体将无法忍受的冲动或任何形式的冲突——在家庭或社会关系中——以一种可接受的形式表现出来，如感受、思想和创造力，并以一个转换的、调节的精神目标为特征。弗洛伊德强调了性本能的力量，它被置于文明活动的支配之下，转向一种有价值的非性的目标。升华包含"崇高"的感觉。因此弗洛伊德解释了社会价值的来源和基础，显然是非性和无冲突的活动。

超我（Superego）：超我被认为与早前的自我是有所区别的。它代表了父母态度、反应和价值观的内化，从而在俄狄浦斯期掌控了性和攻击性本能，这被认为是人格的道德方面。它包含了良心，所以个体愿望可能会激起其内疚感。

共生（Symbiosis）：共生的概念代表了母婴之间相互依存的关系，二者相互作为满足需要的客体，即自体与客体没有分化。婴儿和母亲认为他们的二元性是一个共同边界内的全能统一体。共生可能代表了婴儿和母亲的心理状态，就好像他们是一个双重的统一体，在他们和世界其他地方之间有一道屏障。共生可能被认为是一种防御机制，以对抗毁灭焦虑，当它们之间出现分离的迹象时，就有可能淹没双方的自体。

象征化和象征意义（Symbolisation and symbolism）：两个概念都使

用象征，即常规的使用符号或字符，常常是对一个客体、功能或过程的无意识表征。在这个过程中，一种心理表征可以通过模糊的暗示、约定或偶然的关系来代表另一种心理表征。从肛欲期开始，象征化被认为是一种重要的适应机制，使精神调节、交流和梦能得到改善。

症状形成（Symptom formation）：神经症性症状的形成意味着自我动员对抗焦虑的防御机制，特别是当原始防御不足以抚慰和控制焦虑时，需要对防御操作予以加倍。症状是自我用来阻碍被压抑的冲动、愿望、幻想、记忆、感觉、情感或冲突重新出现在意识中的一种妥协形成。个体可以通过症状体验到部分的满足，这一般被视为继发性获益。个体不是通过力比多驱力的表达，将客体在亲密关系中保持"在线"，而是设法通过症状来获取并保持客体的注意力和援助。

阈限水平（Threshold level）：对刺激的感官反应的生理水平，产生一种伴随运动表现的情绪体验。在口欲期，阈值水平较低，根据全或无原则来运作，表现出对不可避免的挫折和伤害的过度敏感。

移情（Transference）：是一种重要的适应机制，允许个体对未知的人或情况体验到熟悉感。在每一段有意义的关系中，个体自发地重新体验并重新管理其最初的童年依恋关系。移情允许我们重现过去婴儿期与原初客体的体验。移情不仅在日常生活中出现，在精神分析中尤其如此，如在移情神经症中。因此，它为分析师提供了一个重要的途径，让其遭遇病人过去的无意识情绪体验，也就是在病人不同生命阶段与不同的重要客体之间的关系，或者说隐藏在个体身上的童年图层。有时，移情可能会引发对分析或分析师，还有对领导人物的阻抗，但更普遍的是，它会激发人们受到这个重新熟悉的客体的吸引。

过渡性现象，过渡性客体，过渡性空间（Transitional phenomenon, transitional object, transitional space）：温尼科特引入这些术语来定义一种现象或者对孩子具有重要价值的客体，它们被放置于内在世界和对现实原则、外在世界的感知之间。过渡性现象被认为是创造力的源泉。过渡性客体代表婴儿的第一个"非我"资产；它可能是孩子的玩具、孩子身体的部分或母亲身体的部分，通过它孩子可以得到安慰。在我看来，过渡性现象是一种非常重要的适应机制，将这个"中间区域"儿童和照顾者都体验为过渡性现象（客体、现象和空间），它弥合了他们之间的分离性，对两个独立的个体予以调节，如在婴儿和父母之间。

创伤（Trauma）：创伤可能被认为是激起了对自体伤害的破坏或打击，还会影响到自体熟悉感。在这些破坏或崩溃的时刻，自恋免疫和刺激屏障或防护盾被侵犯，哪怕父母已提供了最理想的保护。在这种情况下，自我感到不知所措，不得不动用过多的保护性防御机制。然而，要强调的是，急性创伤后的症状可能会随着自体熟悉感的恢复和自我及其韧性的增强而恢复，还可能调动适应机制并加速重组，尤其当健康自恋和自我可以共同作用的时候。此外，创伤可以被理解为在特定时间与特定神经系统发生的事件。创伤性症状既是生理上的，也是心理上的。

三元客体关系（Triadic object relation）：我认为，客体关系自出生起就是三元关系，即父母的空间、婴儿的空间（每一次非自体的感知）以及一个虚拟的过渡性空间。婴儿和父母之间的界限可能会在他们之间亲密时刻的影响下在过渡的共享空间中暂时模糊。相比之下，马勒和其他一些人则认为，客体关系在出生时是二元的。

真实自体，虚假自体（True self, False self）：足够好的母亲懂得欣赏孩子的自然姿态，他们提供的接纳和关怀的氛围促使真实自体发展。这一过程如果受到阻碍，可能会导致孩子从真实性和自发性中退缩，而对一个充满敌意的世界做出微妙的反应，就会形成冒充真实的虚假自体。虚假自体表现为一种防御机制，自体被自我保护对抗被抛弃焦虑和陌生焦虑：真实自体被隐藏，被虚假自体所取代，从而抑制了孩子的个体化。

离奇（Uncanny）：描述当某件事发生时所体验到的不安和恐惧感，似乎证实了一种早期的嵌入的信念，即思想的全能性和 / 或重新激活一种万物有灵论的思维模式。例如，看到一个人的"重影"，似曾相识，感到死去的那个人还活着。

潜意识（Unconscious）：（形容词）描述在某一特定时间内无法获得意识知觉的精神内容，但在其他事物中表现为口误、梦、不连贯的思想和联想，还有身体的感知、情感和行为。与本能和冲动有关的情感倾向会产生愿望和动机，这些愿望和动机会努力追求有意识的表达，但会受到其他力量（现在被概念化为自我和超我）的反对。（名词）潜意识是弗洛伊德在他早期提出的心理装置的地形学理论中描述的一个动态系统。他认为，本能的一部分精神内容和活动从来没有被意识到（原始的压抑），并且被前意识否认不让其进入意识而通过严格的审查机制强制其留在潜意识中。其他的内容最终获得了意识，但随后被压抑（压抑得当）。压抑是通过一种特殊的能源来维持的——反情感投注。这种精神能量分布和相互作用的概念构成了弗洛伊德的元心理学的经济学观点。

抵消（Undoing）：指肛欲期开始的防御机制，以对抗失去控制和体验内疚的焦虑。个人通过其魔幻性思想试图让自己和他人都相信，某些特定的想法、言语、手势、活动或行为从未发生过。

断奶（Weaning）：指分离-个体化-社会化这一循序渐进的过程。母婴双方都必须从他们亲密无间的关系和对母乳喂养的无限满足中分离出来，由此婴儿可以自主地吃各种食物。然而，没有人愿意对自己拥有的幸福时刻和满足感断念，除非有其他满足感带来的鼓舞和愉快感。这些在很大程度上描绘了个体化的巩固，在此过程中，亲密和满足感可以在过渡性现象中得到保护。在整个生命周期中，个体经历了从沉迷于享乐的倾向中到各种不同形式的断奶，这个断奶过程总是会引起内在冲突或者与外部需求的冲突。第一个断奶过程是指婴儿停止吮吸和吸收母乳（和牛奶替代品）的口头愉悦，同时被鼓励从家庭和社会习俗允许吃的食物中寻找满足和快乐。第二个阶段是肛欲期停用尿片。一个蹒跚学步的幼儿从尿片中解放出来的行为，鼓励孩子根据家庭和社会礼仪表现出对身体保留和排泄的掌控。断奶过程影响着婴儿和照顾者之间的关系，也涉及许多问题，如友好对待其他来源的满意度，总体上扩展一个人的熟悉感以及自体和非自体、情感距离和亲密之间的人际界限，尤其是涉及关系和家庭中有关控制和权力的事宜。

回撤（Withdrawal）：在遭遇外界威胁后，从随之而来的诸如疼痛、不适或痛苦等感受中脱离出来、逃向自身的需要。它也可能代表着一种强烈的被抱持（容纳）的渴望。例如，一个内化的令人宽慰的意象或资源的表征。

致 谢

　　我很荣幸能跟随我们这一代最伟大的心理学家和精神分析学家学习，包括日内瓦大学的让·皮亚杰（Jean Piaget）、瑞士精神分析学院的雷内·斯皮茨（René Spitz）、洛桑市心理健康中心的雷内·亨利（René Henny）、耶路撒冷以色列精神分析研究所的埃里希·冈贝尔（Erich Gumbel），他们都为我揭示心理的美好世界打开了大门。我深深地感激洛桑市的马塞尔·洛克（Marcel Rock），他是我的导师，在他的指导下，我选择了将精神分析作为我一生的工作。我能够在本书中提出我自己的理论贡献以理解儿童的情绪发展是继承了我老师的遗产，这让我深深地感动。写作本书是我感谢所有老师的方式，还包括那些我没有提到过的老师，感谢他们向我传授知识。

　　非常感谢我亲爱的丈夫，海姆·索兰（Haim Solan），因为他对本书进行的语言处理、概念化和将我的手写笔迹转换成一本易懂的书所做出的巨大而富有挑战的贡献，使我们能够在我们的关系中达到创造性伙伴关系的新高度。感谢我的女儿，阿娜特·本-西米·索兰（Anat Ben-Artsy Solan），她的批判、动力学发展和整合的心理学思考对本书的专业编辑贡献良多；感谢我的其他孩子们，扎克·索兰（Zach Solan）和希拉·索兰-肖汉姆（Shira Solan-Shoham）——以及他们的伴侣，谢伊

（Shay），马利（Maly）和阿维夏伊（Avishai）——感谢他们温暖、充满爱的鼓励以及持续的支持。感谢我所有的孙辈们，因为他们让我有幸成为亲密的参与者，并让我对他们的发展的奇迹有了一个迷人的视角。非常感谢露丝·希达洛（Ruth Shidlo）博士帮助我将本书概念化，感谢她的科学编辑协助。最后，感谢我的翻译和编辑伊恩·德雷尔（Ian Dreyer），感谢他能毫不费力地翻译希伯来文。

此外，我还要感谢奥利弗·拉斯伯恩（Oliver Rathbone）及出版社的所有工作人员，包括康斯坦斯·戈文丁（Constance Govindin）、罗德·梯迪（Rod Tweedy）、汤姆·霍金（Tom Hawking），特别是塞西莉·布伦奇（Cecily Blench），感谢他们在整个出版过程中坚定的、最专业的协助。很荣幸和他们一起工作。

版权声明

THE ENIGMA OF CHILDHOOD：*The Profound Impact of the First Years of Life on Adults as Couples and Parents* by Ronnie Solan

Copyright © 2015 by Ronnie Solan

This edition arranged with Karnac Books Ltd. through BIG APPLE AGENCY, INC.

Simplified Chinese edition copyright: 2019 Posts and Telecom Press Co., Ltd.

All rights reserved.

　　本书简体中文版由Karnac Books Ltd. 经由大苹果著作权代理有限公司授权人民邮电出版社有限公司独家出版发行。未经出版者预先书面许可，不得以任何方式复制或者发行本书任何部分的内容。

　　版权所有，侵权必究。

好书推荐

基本信息

书名：与青春期和解：理解青少年思想行为的心理学指南

作者：［美］劳伦斯·斯坦伯格（Laurence Steinberg）孙闯松 译

定价：75.00 元

书号：978-7-115-51492-9

出版社：人民邮电出版社

出版日期：2019 年 8 月

推荐理由

- 被选为教师资格证考试备考读物。
- 北京大学心理与认知科学学院教授苏彦捷、山西大学教育科学学院院长刘庆昌倾情作序。
- 清华大学积极心理学中心特约研究员、哈佛大学心理学硕士安妮，北京大学副教授、临床心理学博士、精神科医师徐凯文，有书 CEO 雷文涛，家长帮，父母必读联袂推荐。
- 本书作者劳伦斯·斯坦伯格是美国研究青少年及青春期的权威，也是美国天普大学杰出的心理学教授，同时，他还是全美公认的亲子关系和发展心理学专家。
- 本书基于最新的脑科学成果重新划分了青春期，并将青春期延长至 15 年（10-25 岁）。书中涵盖青春期的所有相关话题。

推荐语

　　大概每个父母乃至教育工作者都经历过、正在经历或即将经历令他们头疼的与叛逆的孩子交流的难题。我想他们都渴望知道如何解决这个问题，本书中就有他们想要的答案。

——徐凯文　北京大学副教授、临床心理学博士、精神科医师

　　青春期是一个特殊的时期，但并非注定是一个困难的时期！斯坦伯格为我们呈现了青春期正面的、可引导的、可控的一面。他提供的建议均以事实为依据，帮助父母成为孩子所需要的陪伴者，为孩子提供恰当的、有原则的爱。

——安妮　安妮育心学苑创始人、哈佛大学心理学硕士、清华大学积极心理学中心特约研究员

　　虽然我们现在对青少年的心理有了更多的研究，但是青少年心理问题的发生率之高令人触目惊心。《与青春期和解》可以解答我们的疑惑，希望每个孩子成年后都能感谢陪伴他顺利度过青春期的人。

——雷文涛　有书 CEO

　　完整的教育至少包含身体健康、心理健康、品格力、知识技能四个维度。稳定的情绪、良好的社交关系以及爱与感恩等心理象限，想象力、创造力、领导力、协同等品格教育，在青春期都显得尤为重要。青少年的成长离不开父母和社会的支持，只是各个阶段支持的方式不同而已。《与青春期和解》通过科学的指导帮助父母、教育工作者、心理学研究者全面地了解长达 15 年的青春期。

——王良　父母必读创办人

　　这是一本让青少年的父母备受鼓舞的书。当青春期遇见中年期，生活不会失控，亲子关系不会恶化。当孩子平稳地度过人生中这一特别又再正常不过的阶段时，你会感谢这本书。

——家长帮　好未来旗下全面教育服务平台

好书推荐

基本信息

书名：依恋与 12 种亲子关系力

作者：张琳琳

定价：55.00 元

书号：978-7-115-52432-4

出版社：人民邮电出版社

出版日期：2019 年 12 月

内容推荐

父母对亲密关系的看法，如何影响孩子对亲密关系的看法？

我们与父母的关系，如何影响我们和下一代的关系？

情绪管理会给孩子和整个家庭的"气压"带来哪些影响？

父母看待和评价自己的方式，会如何影响孩子的职业发展？

关系决定关系，亲子关系胜过一切教养技巧，《依恋与 12 种亲子关系力》教你面对依恋困惑，完善自己的同时教导孩子更独立、更自信、懂得拒绝、懂得控制情绪，经营出高质量的亲子关系，让孩子拥有健康的原生家庭。

作者简介

张琳琳

- 北京师范大学发展与教育心理学硕士，师从著名发展心理学家陈会昌教授，研究方向是儿童青少年生理和心理发展规律。

- 国家二级心理咨询师，咨询领域为婚恋关系、亲子关系、个人成长，并作为心理培训师为多家 500 强企业做心理健康培训。

- 有了女儿后，探索将发展心理学理论、心理咨询实践与育儿实践相结合，从毕生发展和发展回溯的角度传播儿童发展规律和特点，为父母们的育儿实践提供参考建议。